国家出版基金项目
NATIONAL PUBLICATION FOUNDATION

"十三五"国家重点出版物出版规划项目

光电子科学与技术前沿丛书

有机-无机复合光电材料及其应用

陈红征 段 炼 等/编著

科学出版社

北 京

内 容 简 介

有机-无机复合光电材料因具有兼具有机、无机光电材料优势的可能性,而成为近年来广受关注的前沿研究方向之一。本书对聚合物-无机纳米晶复合光电材料、三维和二维-准二维钙钛矿材料在太阳电池、发光和光电探测领域的研究进展和重要成果进行了梳理与归纳。

本书可作为有机-无机复合光电材料领域研究人员的专业参考读物,也可供高等院校材料、化学、物理、信息专业的本科生、研究生参考阅读,同时也适合对该领域感兴趣的社会人士阅读。

图书在版编目(CIP)数据

有机-无机复合光电材料及其应用/陈红征等编著. —北京:科学出版社,2020.3

(光电子科学与技术前沿丛书)

"十三五"国家重点出版物出版规划项目 国家出版基金项目

ISBN 978-7-03-064425-1

Ⅰ. 有… Ⅱ. 陈… Ⅲ. ①有机材料-光电材料-复合材料-研究②无机材料-光电材料-复合材料-研究 Ⅳ. TN204

中国版本图书馆 CIP 数据核字(2020)第 026220 号

丛书策划:杨 震 张淑晓/责任编辑:张淑晓 付林林/责任校对:杜子昂
责任印制:肖 兴/封面设计:黄华斌

科 学 出 版 社 出版
北京东黄城根北街 16 号
邮政编码:100717
http://www.sciencep.com

北京通州皇家印刷厂 印刷
科学出版社发行 各地新华书店经销

*

2020 年 3 月第 一 版 开本:720×1000 1/16
2020 年 3 月第一次印刷 印张:13 1/4
字数:248 000
定价:118.00 元
(如有印装质量问题,我社负责调换)

丛书序

光电子科学与技术涉及化学、物理、材料科学、信息科学、生命科学和工程技术等多学科的交叉与融合，涉及半导体材料在光电子领域的应用，是能源、通信、健康、环境等领域现代技术的基础。光电子科学与技术对传统产业的技术改造、新兴产业的发展、产业结构的调整优化，以及对我国加快创新型国家建设和建成科技强国将起到巨大的促进作用。

中国经过几十年的发展，光电子科学与技术水平有了很大程度的提高，半导体光电子材料、光电子器件和各种相关应用已发展到一定高度，逐步在若干方面赶上了世界水平，并在一些领域实现了超越。系统而全面地整理光电子科学与技术各前沿方向的科学理论、最新研究进展、存在问题和前景，将为科研人员以及刚进入该领域的学生提供多学科、实用、前沿、系统化的知识，将启迪青年学者与学子的思维，推动和引领这一科学技术领域的发展。为此，我们适时成立了"光电子科学与技术前沿丛书"专家委员会，在丛书专家委员会和科学出版社的组织下，邀请国内光电子科学与技术领域杰出的科学家，将各自相关领域的基础理论和最新科研成果进行总结梳理并出版。

"光电子科学与技术前沿丛书"以高质量、科学性、系统性、前瞻性和实用性为目标，内容既包括光电转换导论、有机自旋光电子学、有机光电材料理论等基础科学理论，也涵盖了太阳电池材料、有机光电材料、硅基光电材料、微纳光子材料、非线性光学材料和导电聚合物等先进的光电功能材料，以及有机/聚合物光电子器件和集成光电子器件等光电子器件，还包括光电子激光技术、飞秒光谱技术、太赫兹技术、半导体激光技术、印刷显示技术和荧光传感技术等先进的光电子技术及其应用，将涵盖光电子科学与技术的重要领域。希望业内同行和读者不吝赐教，帮助我们共同打造这套丛书。

在丛书编委会和科学出版社的共同努力下，"光电子科学与技术前沿丛书"获得 2018 年度国家出版基金支持，并入选了"十三五"国家重点出版物出版规划项目。

我们期待能为广大读者提供一套高质量、高水平的光电子科学与技术前沿著作，希望丛书的出版为助力光电子科学与技术研究的深入，促进学科理论体系的建设，激发创新思想，推动我国光电子科学与技术产业的发展，做出一定的贡献。

最后，感谢为丛书付出辛勤劳动的各位作者和出版社的同仁们！

"光电子科学与技术前沿丛书"编委会

2018 年 8 月

前　言

经过近 200 年的发展,以硅为代表的无机半导体材料及其所展现的光电特性,极大地推动了人类社会的发展和科技的进步。晶硅太阳电池的出现,提供了将太阳能转换成可直接使用的电能的新手段。光电探测器实现了对各种不同波长电磁波的接收和识别,使光通信、光成像成为可能,并已经应用于人类生活的方方面面。半导体发光二极管使照明系统更加节能、显示屏幕更加绚烂。无机半导体材料在获取和加工过程中存在高能耗问题,此外人们对质轻、便携、柔性、可穿戴等方面的要求不断提高,有机-无机复合光电材料由于其有可能结合有机、无机半导体材料各自的优势,受到了广泛的关注。

从有机、无机组分的简单共混,到注重结构尺度和组分分布的有机-无机纳米晶复合,再到实现有机、无机组分分子内复合的钙钛矿结构材料,有机-无机复合光电材料的发展经历了从无序到有序的发展过程。在全世界科学家的共同努力下,有机-无机复合光电材料已经发展成为世界范围内的研究前沿和热点,相关研究也获得重要的进展和大量突破性的成果。在此,将这些进展与成果系统整理,并穿插介绍我们的一些研究结果和心得体会,希望能对领域内的研究者起到参考和借鉴作用。全书共 6 章:第 1 章为绪论;第 2 章系统介绍了聚合物-无机纳米晶复合光电材料及其在太阳电池中的应用,由浙江大学傅伟飞博士和施敏敏教授撰写;第 3 章对三维钙钛矿材料及其在太阳电池中的应用进行了总结,由浙江大学李昌治研究员、清华大学王立铎教授、华中科技大学牛广达教授、大连理工大学史彦涛教授等共同撰写;第 4 章介绍了二维-准二维钙钛矿材料及其在太阳电池中的应用,由浙江大学吴刚副教授和裘伟明博士撰写;第 5 章对钙钛矿量子点发光材料与器件进行了系统介绍，由清华大学段炼教授、张峰和孙梦娜博士，以及北京理工大学钟海政教授负责撰写；第 6 章介绍了有机-无机复合光电材料在光电探测领域的研究进展，由浙江大学吴刚副教授撰写。全书由陈红征教授统筹、修改和审核。在本书撰写过程中，清华大学乔娟副教授，以及浙江大学杨伟涛、左立见、鄢杰林、严康荣、李骏、杨时达、顾卓韦、陈琛、陈杰焕、杨志胜、吴菲、王亚芹、连小梅等学生在素材整理、图表及文字校对等方面做出了贡献，浙江大学汪茫教授为本书的编写提供了指导。

　　感谢国家自然科学基金委员会、科学技术部的长期持续支持，感谢国家出版基金的支持。

　　有机-无机复合光电材料和器件的研究发展势头迅猛，新的研究成果不断涌现，在本书撰写过程中，编著者虽已尽力，但限于水平和时间，仍难免会有疏漏之处，恳请各位专家、读者提出宝贵意见，不足之处敬请谅解！

编著者

2019 年 5 月

目　录

丛书序 …………………………………………………………………………… i
前言 ……………………………………………………………………………… iii

第**1**章　绪论 ………………………………………………………………… 001
1.1　半导体材料的光电性质 …………………………………………………… 001
1.2　复合半导体概念的提出和协同新效应 …………………………………… 002
1.3　有机-无机复合半导体材料 ……………………………………………… 004
参考文献 ………………………………………………………………………… 006

第**2**章　聚合物-无机纳米晶复合光电材料及其在太阳电池中的应用 … 007
2.1　聚合物-无机纳米晶复合太阳电池简介 ………………………………… 007
　　2.1.1　复合太阳电池的由来 …………………………………………… 007
　　2.1.2　聚合物-无机纳米晶复合太阳电池的原理 …………………… 008
　　2.1.3　聚合物-无机纳米晶复合太阳电池的研究进展 ……………… 010
2.2　聚合物-无机纳米晶复合太阳电池材料 ………………………………… 012
　　2.2.1　聚合物材料 ……………………………………………………… 013
　　2.2.2　无机纳米晶材料 ………………………………………………… 014
2.3　聚合物-无机纳米晶复合太阳电池器件性能的影响因素 …………… 019
　　2.3.1　聚合物材料 ……………………………………………………… 019

2.3.2 纳米晶形状及尺寸 019
2.3.3 薄膜形貌 021
2.3.4 表面与界面 023
2.3.5 器件结构 026
2.4 结论与展望 027
参考文献 028

第3章 三维钙钛矿材料及其在太阳电池中的应用 033
3.1 钙钛矿太阳电池简介 033
3.1.1 钙钛矿材料简介 033
3.1.2 钙钛矿材料作为光伏材料的优点 034
3.1.3 钙钛矿太阳电池研究进展 035
3.1.4 钙钛矿太阳电池的器件结构 036
3.1.5 钙钛矿太阳电池的工作原理 038
3.1.6 钙钛矿薄膜的制备方法 041
3.2 钙钛矿材料及其太阳电池的稳定性 044
3.2.1 水和氧气对钙钛矿太阳电池稳定性的影响 045
3.2.2 温度对钙钛矿太阳电池稳定性的影响 046
3.2.3 湿法制备条件对钙钛矿太阳电池稳定性的影响 049
3.2.4 紫外光照对钙钛矿太阳电池稳定性的影响 050
3.2.5 结论 051
3.3 钙钛矿太阳电池界面调控 052
3.3.1 电子传输层 052
3.3.2 空穴传输层 062
3.4 钙钛矿太阳电池器件工程 066
3.4.1 有机/钙钛矿叠层电池 067
3.4.2 硅/钙钛矿叠层电池 068
3.4.3 CIGS/钙钛矿叠层电池 069
3.4.4 钙钛矿/钙钛矿叠层电池 070
3.5 非铅钙钛矿太阳电池 072
3.5.1 锡基钙钛矿太阳电池 072
3.5.2 锗基钙钛矿太阳电池 075
3.5.3 基于ⅡA和ⅠB族金属的钙钛矿太阳电池 075
3.5.4 基于ⅤA和ⅢA族金属的钙钛矿太阳电池 078
3.5.5 非铅钙钛矿太阳电池的不足与展望 079

3.6　结论与展望 …………………………………………………… 080
参考文献 …………………………………………………………… 081

第4章　二维-准二维钙钛矿材料及其在太阳电池中的应用 ………… 095
4.1　低 n 值二维钙钛矿取向调控 ………………………………… 097
4.2　准二维钙钛矿材料 …………………………………………… 101
4.3　二维层状钙钛矿作界面层 …………………………………… 103
4.4　新型二维层状钙钛矿作活性层 ……………………………… 105
4.5　结论与展望 …………………………………………………… 107
参考文献 …………………………………………………………… 107

第5章　钙钛矿量子点发光材料与器件 …………………………… 112
5.1　钙钛矿量子点的研究意义 …………………………………… 112
5.2　钙钛矿量子点的制备 ………………………………………… 117
　　5.2.1　原位复合法 …………………………………………… 118
　　5.2.2　热注入法 ……………………………………………… 120
　　5.2.3　LARP 法 ……………………………………………… 121
　　5.2.4　研磨/超声法 ………………………………………… 125
5.3　钙钛矿量子点光致发光器件 ………………………………… 127
5.4　钙钛矿量子点电致发光器件 ………………………………… 129
　　5.4.1　器件结构及工作原理 ………………………………… 129
　　5.4.2　基于不同钙钛矿材料的电致发光器件 ……………… 130
5.5　钙钛矿电致发光器件优化 …………………………………… 137
　　5.5.1　钙钛矿量子点的纯化 ………………………………… 137
　　5.5.2　钙钛矿薄膜质量的改善 ……………………………… 142
　　5.5.3　载流子注入效率的提高 ……………………………… 148
　　5.5.4　载流子注入平衡的优化 ……………………………… 148
5.6　钙钛矿电致发光器件稳定性问题 …………………………… 151
　　5.6.1　钙钛矿材料的稳定性 ………………………………… 151
　　5.6.2　器件工作稳定性 ……………………………………… 152
5.7　结论与展望 …………………………………………………… 153
参考文献 …………………………………………………………… 155

第6章 有机-无机复合光电材料及其光电探测器 …………………… 166

6.1 有机-无机复合光电探测器简介 ………………………………… 166

6.2 有机-纳米晶复合光电探测材料与器件 ………………………… 167

6.3 钙钛矿光电探测器 ……………………………………………… 175

6.3.1 光导型光电探测器 …………………………………… 175

6.3.2 光敏晶体管型光电探测器 …………………………… 180

6.3.3 光敏二极管型光电探测器 …………………………… 183

6.4 结论与展望 ……………………………………………………… 189

参考文献 ……………………………………………………………… 190

索引 …………………………………………………………………… 196

第 *1* 章

绪　　论

1.1　半导体材料的光电性质

　　所有的光电材料从物理本质上讲都是半导体材料。半导体是指一类电导率介于绝缘体与导体之间的物质。根据能带理论，材料的导电性来源于可自由移动的导带中的电子和价带中的空穴。如图 1-1 所示，导体的导带与价带之间的带隙很小甚至重叠，导带中的自由电子密度大，因而电导率高；绝缘体的带隙很大（大于 9 eV），价带电子很难跃迁至导带，所以电导率很低；半导体的带隙介于两者之间（一般 1 eV < E_g < 3 eV），价带电子受适当激发后可以跃迁到导带而使电导率提高。

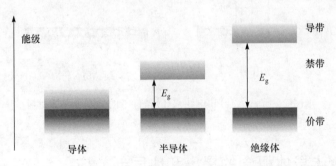

图 1-1　导体、半导体和绝缘体的能带结构

　　对于非简并半导体，温度 T 下半导体处于热平衡状态时的载流子浓度为平衡载流子浓度，符合以下关系式：

$$n_0 p_0 = N_v N_c \exp\left(-\frac{E_g}{k_0 T}\right) = n_i^2 \tag{1-1}$$

其中，n_i 为本征半导体的平衡载流子浓度；k_0 为玻尔兹曼常量；n_0 和 p_0 分别为平衡电子浓度和平衡空穴浓度；N_v 和 N_c 分别为价带和导带有效态密度。通过对半导体施加外界作用(如光照、电场等)改变其平衡态，迫使载流子浓度与热平衡状态相偏离，称为非平衡载流子的注入。以 p 型半导体为例，在热平衡时电子和空穴浓度分别为 n_0 和 p_0，且 $n_0 \ll p_0$，其能带结构如图 1-2 所示。当用光子能量大于禁带宽度的光照射该半导体时，光子可以把价带的电子激发到导带上。于是，导带的电子浓度增加了 Δn，价带的空穴浓度增加了 Δp，且 $\Delta n = \Delta p$，这些光注入引起的非平衡载流子提高了半导体的电导率，并在外加电场下产生光电流[图 1-2(a)]。进一步，当 p 型半导体与 n 型半导体形成 p-n 结或半导体与金属形成整流接触时，非平衡载流子还可以形成光电压。除了光照以外，电场等其他能量传递形式也可以作用于半导体材料产生非平衡载流子。在半导体上施加合适的电压，同时分别往导带和价带中注入电子和空穴，这些非平衡载流子如果发生辐射复合，则发射出能量等同于半导体材料带隙的光子[图 1-2(b)]。这是半导体光电性质的物理起源，分别对应于半导体材料的三种典型应用：太阳电池、电致发光和光电探测，这也是本书将要论述的主题。

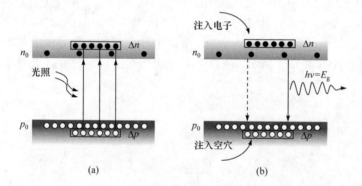

图 1-2　光注入(a)和电注入(b)条件下的 p 型半导体材料

1.2　复合半导体概念的提出和协同新效应

众所周知，复合化是现代材料科学的主要发展趋势之一，综合了各组分优点的结构复合材料(如碳纤维增强的聚合物基复合材料)已为人们所熟知。在半导体材料领域，人们熟知的是可以加入极少量掺杂物(如晶体硅中掺入硼原子)来改变其导电性质，以适应不同的需要。但大量掺杂物的加入将导致半导体性质的丧失，因此，半导体的复合化似乎在理论和实践上都是不允许的。

在 20 世纪 80 年代，本书作者所在研究团队开始研究有机半导体材料。在将酞菁铁(FePc)与酞菁铜(CuPc)两种不同酞菁类有机半导体材料进行砂磨共混复合后发现,该酞菁类复合体系出现光电导性能提高(光照下半导体材料的电导率相比于暗态下大幅增加)的协同增强效应,即复合材料的光电导性能比任何单一组分的性能都要好得多,最大的提高幅度接近 10^3(表 1-1)[1]。随即,我们将数十种不同的酞菁类有机半导体材料两两组合分别进行砂磨共混复合,发现大部分酞菁类复合材料体系呈现光电导性能提高的正效应,也有少部分体系呈现光电导性能下降的负效应[2, 3]。

表 1-1 FePc、CuPc 和 FePc/CuPc 复合材料的光电导数据[1]

FePc 在复合材料中的含量/wt%	100	75	50	25	0
n	210	1.57×10^5	1840	156	3900

注:n 是光电导材料暗态下电阻与光照下电阻的比值

据此我们在国际上首次提出,复合是提高有机半导体光电导性能的有效途径之一,从而开拓了一个有机复合半导体研究的新领域。

随后,我们开展了对酞菁类复合材料光电导性能提高内在机制的深入研究。通过 X 射线衍射(XRD)和 X 射线光电子能谱(XPS)测试证明,复合后材料的晶型发生了改变,形成了新的共晶形态,并发现酞菁类复合材料在基态时两种组分之间发生了部分电荷转移的现象。研究结果表明,凡是有利于基态下部分电荷转移的复合,光电导性能均提高,反之则相反。由此,我们建立了复合光电导材料的"电荷逐步转移"理论模型,指出:有机复合半导体材料光电行为的本质不是离子现象,而是电子现象;不是整个电子的跃迁,而是分子内定向的电荷不完全转移的过程;这种分子内或分子间的电荷部分定向转移是复合材料光电导性能大幅度提高的根本原因(图 1-3)[4]。

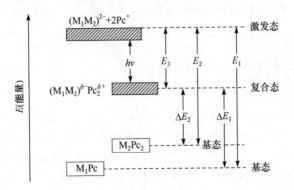

图 1-3 二元酞菁复合光电导材料体系的电荷逐步转移模型[4]

接着，在对二元有机复合半导体材料体系如酞菁/偶氮、卟啉/酞菁、花酐衍生物/酞菁等进行表面光电压谱的研究中，我们发现有些有机复合半导体在稳态下的光伏信号可从近红外光响应的负信号转变成可见光响应的正信号，即两种在近红外光与可见光波长照射下的表面光电压信号在稳态下分别都为正的有机半导体，以特定的复合比例制成的有机复合半导体，在一定波长的光照射下会得到负的稳态光电压信号(图1-4)。系统研究后发现，这种在稳态下发生的现象是有机半导体的一种激发态性质，并与有机半导体的相对性质、组成、激发光能量及其光子密度等因素有关，但外加偏压对其影响较小。由此，率先提出了有机半导体的"光伏极性反转"新概念，其实质是光对局域电场和载流子迁移方向的调控，意味着可以通过光场来调节光生电压极性的正负，并实现正负极性的转变[5]。

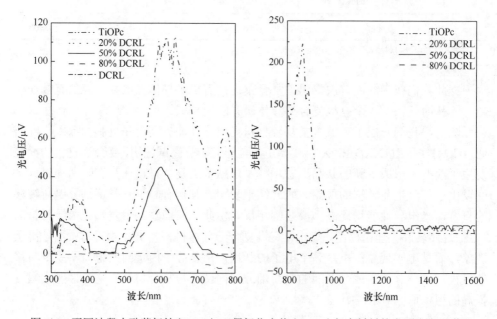

图1-4　不同波段内酞菁氧钛(TiOPc)/双偶氮化合物(DCRL)复合材料的表面光电压谱[5]

1.3　有机-无机复合半导体材料

目前，基于无机半导体材料的光电器件其性能佳、寿命长，在商品化应用上占据主导地位。但是，无机半导体质地坚硬、加工工艺复杂、成本高昂，限制了其用途。与之相反，有机半导体由于其质轻、柔性和可低温溶液加工等优势，更适于在蓬勃兴起的智能机器人、可穿戴电子设备、健康医疗和电动汽车等诸多领域得到广泛应用。那么，是否可以将无机半导体与有机半导体进行复合，从而得到兼具无机组分的优越光电性能和有机组分的柔性与易加工性的复合半导体？

基于上述思路，21 世纪初，我们将酞菁、花酰亚胺等有机半导体材料与碳纳米管、TiO$_2$、ZnO 纳米晶等无机半导体材料这两类结构大失配的材料进行复合，也观察到了复合材料的光电导性能协同增强效应[6]和光伏极性反转新效应[7]。在新型有机-无机复合材料的分子设计中，通过调节有机组分与无机组分的化学计量比，实现了对复合材料结构和发光特性的有效调控[8]；通过在合成反应中在线引入少量第二种无机组分，实现了无机半导体对复合材料的原位均匀掺杂[8]；通过在有机组分中引入大共轭有机传输基团，实现了有机组分对有机-无机复合物带隙的有效调控[9]。所有这些结果进一步证明了我们提出的"复合半导体"这一概念的科学性，并丰富了其内涵和适用范围。几乎在同一时期，借助于纳米科学技术的飞速发展，国际上开始尝试将有机聚合物半导体与无机半导体纳米晶复合用于光伏领域[10]。本书作者在认识到"有机-无机复合半导体"在光电领域(太阳电池、电致发光和光电探测)的潜在应用价值后，把随后十年的研究重点也放在该方向，这也是本书第 2 章和第 6 章要论述的内容。不同于上述的有机-无机分子间复合的半导体，一种将有机组分与无机组分在分子内复合的半导体材料也在那一时期被发现，就是目前人们所熟知的有机-无机杂化钙钛矿(perovskite)。但是，那一时期的钙钛矿是有机组分与无机组分进行层状复合的二维层状钙钛矿，不是现在光伏领域的明星材料——三维结构钙钛矿。钙钛矿材料兼具无机材料优异的光电性能及有机材料良好的加工性，几乎是一种完美的"有机-无机复合半导体"，引起了我们的浓厚兴趣，由此开展了系列化的探索研究，这也是本书第 3～5 章涉及的内容。

2011 年，我们设计合成了一系列基于有机铵盐与廉价低毒无机铜盐的分子内有序复合二维钙钛矿新结构，实现其薄膜材料的溶液加工，并在国际上首次制备了平面型结构二维层状钙钛矿太阳电池(perovskite solar cell，PSC)，获得显著光伏效应(图 1-5)，从而证明了二维钙钛矿材料是一种潜在的光伏材料[11]，这是国际上关于二维钙钛矿太阳电池的最早文献报道。

回顾这三十年来的研究经历，感到欣慰的是：我们最早提出的"复合半导体"

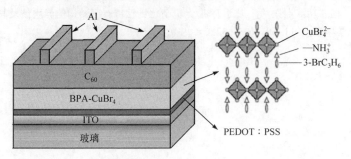

图 1-5 二维钙钛矿材料及其平面型太阳电池的结构图[11]

新概念和技术路线，很多是与国际上同步的，有些甚至是领先的；2009年，国家自然科学基金委员会将"有机-无机复合半导体材料基本问题研究"列为重大基金项目予以资助，该概念得以确认。目前，有机-无机复合(光电材料)已经发展成为世界范围内的研究前沿和热点，尽管在称谓上略有差异[国际上的名称是有机-无机杂化(organic-inorganic hybrid)]，但其内涵相同。因此，我们致力将这些热点系统整理成书，并穿插介绍我们的一些研究结果和心得体会，期望能对领域内的研究人员具有一定的参考作用和借鉴价值。

参 考 文 献

[1] Wang M, Yang S L, Ma X F. Photoconductivity of iron phthalocyanine [Fe(II)Pc] and its composites. Electrophotography, 1989, 28: 134-138.

[2] Wang M, Chen H Z, Yang S L. Photoconductivity of phthalocyanine composites. I. Double-layered photoreceptor of CuPc-PVK. J Photochem Photobiol A Chem, 1990, 53: 431-436.

[3] Wang M, Chen H Z, Yang S L. Photoconductivity of phthalocyanine composites. II. Double-layered photoreceptor of Fe(II)Pc-PVK. J Photochem Photobiol A Chem, 1990, 53: 437-441.

[4] 汪茫, 陈红征, 沈菊李, 等. 酞菁固体中的电子过程. 中国科学(A辑), 1994, 37(3): 497-503.

[5] 汪茫, 孙景志. 具有激发态性质的新型有机半导体材料. 材料导报, 2001, 15: 3-5.

[6] Cao J, Sun J, Wang M, et al. Effect of different substituents on conducting character of azos and local states of azo/TiOPc composites. Thin Solid Films, 2003, 429: 152-158.

[7] Wang M, Zhou S L, Yang S L, et al. Electric-field-induced photovoltaic effect of azo-TiOPc composites. Appl Phys A: Mater, 2002, 74: 279-281.

[8] Wang W, Qiao J, Wang L D, et al. Synthesis, structures, and optical properties of cadmium iodide/ phenethylamine hybrid materials with controlled structures and emissions. Inorg Chem, 2007, 46: 10252-10260.

[9] Wang W, Qiao J, Dong G F, et al. Metal halide/N-donor organic ligand hybrid materials with confined energy gaps and emissions. Eur J Inorg Chem, 2008, 19: 3040-3045.

[10] Huynh W, Dittmer J, Alivisatos A. Hybrid nanorod-polymer solar cells. Science, 2002, 295: 2425-2427.

[11] 杨志胜, 杨立功, 吴刚, 等. 基于有机/无机杂化钙钛矿有序结构的异质结及其光伏性能的研究. 化学学报, 2011, 69: 627-632.

第 **2** 章

聚合物-无机纳米晶复合光电材料
及其在太阳电池中的应用

2.1 聚合物-无机纳米晶复合太阳电池简介

2.1.1 复合太阳电池的由来

将光能转换为电能的太阳电池技术是解决当今能源问题的一种有效手段。目前，基于硅、III-V 族化合物、碲化镉(CdTe)、铜铟镓硒(CIGS)等无机半导体的太阳电池占据着大部分市场。然而，这些传统的电池技术仍有生产成本较高及环境污染的问题。高效、低成本且环境友好的太阳电池技术因此成为目前的研究热点[1]。据统计，截至 2016 年，太阳电池技术产生的电能占全世界获取能量总量的 1.5% 左右。

有机半导体具有分子设计性强、可低温加工等优点，还可加工成质量小、成本低的柔性器件[2]。经过过去二十多年的发展，基于聚合物或者有机小分子及富勒烯(fullerene)受体的有机太阳电池(organic solar cell, OSC)取得了很大的突破，能量转换效率已经超过 15%[3]。除有机太阳电池外，有机发光二极管(organic light emitting diode，OLED)[4]、有机场效应晶体管(organic field effect transistor，OFET)[5]、有机存储器件[6]等有机电子器件也是目前热门的研究领域，其中有机发光二极管已经有商业化产品。

然而，相比于由原子通过共价键或离子通过离子键相连组成有序三维结构的无机半导体，有机半导体是分子以范德瓦耳斯键等非共价键作用堆砌而成，载流子沿着共轭分子链传输较快，而在分子间的传输过程则困难很多。这导致了有机半导体的迁移率[10^{-3} cm^2/(V·s)]比单晶硅的迁移率[10^3 cm^2/(V·s)]低六个数量级[7]。另外，有机半导体的介电常数较低($\varepsilon_r = 2 \sim 4$)，光激发后，它们产生的 Frenkel

激子的结合能比较大，通常为 0.3~1.0 eV，远大于常温下的热能(约 26 meV)，在本体中不能自发解离成自由电荷(电子和空穴)[8]。基于有机半导体的这两个特性，人们从材料、器件结构、制备工艺、机理等角度做了很多改进，试图得到高效的光伏器件。1986 年，Tang[9]设计了双层异质结结构的电池，获得了 1%的能量转换效率；1995 年，Heeger 等[10]发现给受体共混的本体异质结能很好地解决激子扩散距离短、易复合等问题。目前，单结和叠层有机太阳电池的能量转换效率分别达到了 15.6%[3]和 17.3%[11]。这些成果在有机太阳电池的研究历史上都具有里程碑的意义。然而，相比于无机半导体太阳电池，有机太阳电池的能量转换效率在当时依然较低。

此外，无机半导体纳米晶由于存在量子受限效应，具有光学带隙与能级可调等区别于本体材料的特性，在光电器件中有广泛研究和应用[12]。如果能将有机半导体和无机半导体有效地结合，利用有机半导体高吸光系数、可柔性加工等优势以及无机半导体迁移率高等优势，我们将有希望得到制备成本低、可柔性加工的高性能太阳电池器件[13]。无机纳米晶可溶液加工的特点也使其与聚合物等有机半导体复合制备光电器件成为可能。根据复合材料形态的不同，有机-无机复合太阳电池可以分为很多种类。本章介绍了聚合物-无机纳米晶共混制备的本体异质结太阳电池。

2.1.2　聚合物-无机纳米晶复合太阳电池的原理

聚合物-无机纳米晶复合太阳电池是基于共轭聚合物和无机纳米晶构成的异质结[图 2-1(a)]产生的光伏效应制备的。具体说来，光伏过程可分为以下四个步骤[图 2-1(b)]：①激子产生；②激子扩散；③激子分离；④电荷传输和收集。当光

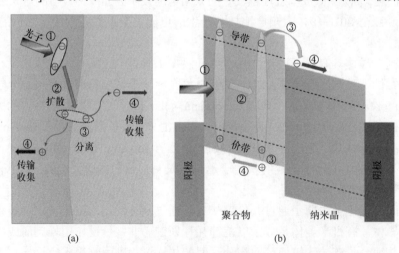

(a)　　　　　　　　　　　　(b)

图 2-1　给体/受体界面(a)和本体异质结(b)的光伏效应示意图

①激子产生；②激子扩散；③激子分离；④电荷传输和收集

照射在活性层上时，并不是所有波长的光都可以被活性层吸收，只有能量大于材料禁带宽度的光子才可以被活性层吸收。吸收的太阳光激发有机物分子产生激子，激子产生后由于浓度差而进行扩散运动。一般情况下，当激子扩散到复合界面层时激子就会分离，产生自由的空穴和电子。在电场的作用下，自由的空穴和电子分别向两极移动，移动的快慢完全依赖于电子和空穴在各自材料中的迁移率。

太阳电池的表征主要有以下几个参数：短路电流密度(J_{SC})、开路电压(V_{OC})、填充因子(filling factor，FF)、能量转换效率(power conversion efficiency, PCE)*、外量子效率(external quantum efficiency, EQE)。其中，短路电流密度是指：当太阳电池的外回路短路时，被异质结分开的少数载流子就不可能在异质结处积累，于是全部流经外回路，因此在回路中产生最大数值的单位面积光生电流。开路电压是指：当电流为零时太阳电池的电压，此时太阳电池的外电路处于断开状态，在太阳电池异质结处被分开的少数载流子将全部在异质结附近积累，最大限度地补偿原来的接触势垒，于是就产生了数值最大的光生电动势。填充因子定义为太阳电池能提供的最大功率除以 J_{SC} 与 V_{OC} 的乘积：

$$FF = \frac{P_{max}}{J_{SC} \cdot V_{OC}} = \frac{J_{max} \cdot V_{max}}{J_{SC} \cdot V_{OC}} \tag{2-1}$$

其中，P_{max} 为太阳电池在负载上的最大输出功率；J_{max}、V_{max} 分别为最大功率时的电流密度和电压。如图 2-2(a) 所示，FF 就是边长为 J_{max}、V_{max} 的矩形所填充边长为 J_{SC}、V_{OC} 的矩形的比例。填充因子表征由器件的电阻而导致的损失，实际上从另外一个角度说明了电池 *J-V* 特性的优劣。太阳电池的能量转换效率 PCE 定义为最大输出功率 P_{max} 与入射的光照强度 P_{in} 之比：

$$PCE = \frac{P_{max}}{P_{in}} = \frac{J_{SC} \cdot V_{OC} \cdot FF}{P_{in}} \tag{2-2}$$

外量子效率定义为当一个光子注入电池时，在外电路中得到的电子数。外量子效率从以下几个过程中推得：激子产生的过程中，即吸收光子产生激子，存在光吸收效率(η_A)；在激子扩散到界面分离成载流子的过程中，部分激子会由于无法扩散到界面分离成载流子被收集，存在激子扩散效率(η_{ED})；在载流子传输的过程中，可能会被缺陷捕捉而复合，无法被电极收集，存在载流子传输效率(η_{CT})；在载流子被电极收集的过程中，受活性层与电极之间的接触和势垒的影响，载流子可能无法被顺利收集，存在载流子收集效率(η_{CC})。将以上几个过程的效率相乘，就是电池的外量子效率，即 $EQE = \eta_A \cdot \eta_{ED} \cdot \eta_{CT} \cdot \eta_{CC}$，如图 2-2(b) 所示。

---

* 能量转换效率又称光电转换效率、电池效率。

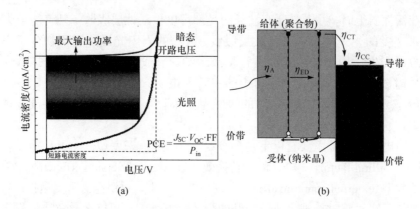

(a)

(b)

图 2-2 (a)太阳电池的典型 *J-V* 特性曲线；(b)从激子产生到电极收集载流子过程的示意图

2.1.3 聚合物-无机纳米晶复合太阳电池的研究进展

早在 1996 年，Alivisatos 课题组发现硒化镉(CdSe)纳米晶与聚对苯撑乙烯撑衍生物 poly[2-methoxy,5-(2′-ethyl-hexyloxy)-*p*-phenylenevinylene](MEH-PPV) 共混后，MEH-PPV 的荧光发生猝灭，说明两者界面存在激子分离和电荷传输。另外他们还发现，用吡啶将量子点(quantum dot，QD)表面的三辛基氧膦(TOPO)等配体除去以后，能更好地猝灭 MEH-PPV，然而，制备得到的电池性能很弱(0.2%)，见图 2-3[14]。这主要是由薄膜的电子迁移率较低以及互穿网络中断导致的载流子复合引起的。

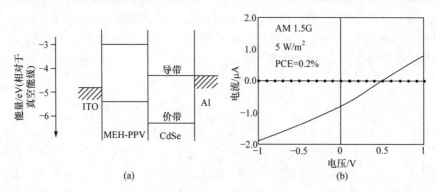

(a)

(b)

图 2-3 Alivisatos 等制备的器件能级结构图(a)及 *I-V* 特性曲线(b)[14]

为了改善载流子传输及收集过程，1999 年该课题组又设计合成了长径为 13 nm×8 nm 的 CdSe 纳米棒(nanorod，NR)，并且选用聚己基噻吩[poly(3-hexylthiophene)，P3HT]作为电子给体制备了电池器件。相对于他们之前的研究工作[14]，此次电子在聚合物-无机纳米晶界面产生后通过纳米棒传输到达电极所需的跃迁次数减少，有效减小了复合概率,提高了填充因子。最终,他们制备得到的器件在 514 nm 波长光照下的能量转换效率为 2%[15]。

　　之后,在 2002 年,他们进一步改进了纳米晶的合成工艺,制备得到了长径为 60 nm×7 nm 的 CdSe 纳米棒,这种纳米棒具有更高的电子迁移率。为了进一步提高纳米晶的电子传输性能,他们用吡啶交换除去了纳米晶表面的长链配体。最后,他们将 CdSe 纳米棒与共轭聚合物 P3HT 共混制备了电池器件,在标准光强(AM 1.5G 100 mW/cm²)下,能量转换效率达到了 1.7%(图 2-4)[16]。此后,共轭聚合物-无机纳米晶复合太阳电池得到了学术界及产业界极大的重视。P3HT-CdSe 复合体系也是之后人们研究聚合物-无机纳米晶复合太阳电池过程中一直沿用的且研究最多的经典体系。

　　过去的二十余年时间里,大量有机高分子材料的设计合成、无机纳米晶材料

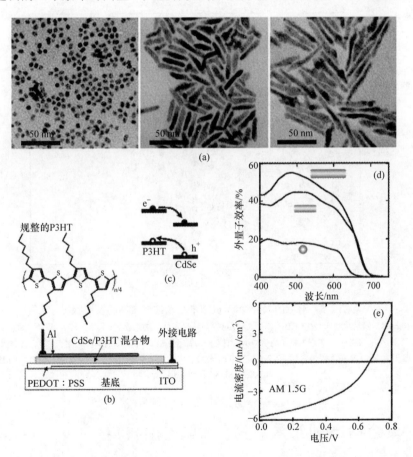

图 2-4　Alivisatos 等制备的 CdSe 纳米棒的 TEM 照片(a)、器件的结构图(b)、能级图(c)以及 EQE 曲线(d)、J-V 特性曲线(e)[16]

合成技术的成熟、聚合物-无机纳米晶界面的研究及有机太阳电池等相关领域的进步对有机-无机复合太阳电池的发展起到了至关重要的推动作用(图 2-5)。聚合物-无机纳米晶复合太阳电池的工作机理与有机太阳电池相似，所以目前高效率的器件基本是本体异质结结构。铜铟硫($CuInS_2$)、铜铟硒($CuInSe_2$)、ZnO、TiO_2、CdS 等无机纳米晶材料都可以作为受体材料，但高效率的器件大多基于 CdSe、CdTe、硫化铅(PbS)、硒化铅(PbSe)及基于此的合金纳米晶材料(如 PbS_xSe_{1-x})。聚合物方面，最初的宽带隙聚合物 MEH-PPV 及其衍生物聚[2-甲氧基-5-(3′,7′-二甲基-辛氧基)]-对苯撑乙烯撑(MDMO-PPV)，以及有机光伏中广泛应用的 P3HT 已经逐渐被宽吸收的窄带隙聚合物 PCPDTBT、PSBTBT、PDTPBT 等代替。另外，聚合物-无机纳米晶界面修饰的理论及方法也一直在进步。到目前为止，基于聚合物 P3HT 和纳米晶 CdTe 单层结构器件效率已经达到 6.36%[17]。

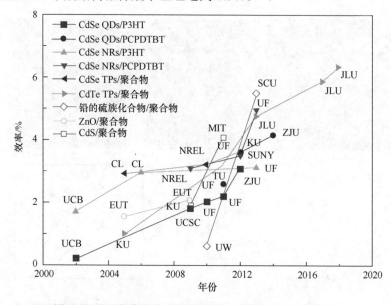

图 2-5　常见的聚合物-无机纳米晶本体异质结的发展状况

TPs: tetrapods，四足状纳米晶；UCB: 加州大学伯克利分校；CL: 卡文迪许实验室；KU: 堪萨斯大学；MIT: 麻省理工学院；UCSC: 加州大学圣克鲁兹分校；UF: 佛罗里达大学；ZJU: 浙江大学；JLU: 吉林大学；SCU: 苏州大学；UW: 华盛顿大学；NREL: 美国国家可再生能源实验室；TU: 台湾大学；EUT: 埃因霍芬理工大学；SUNY: 纽约州立大学

2.2　聚合物-无机纳米晶复合太阳电池材料

聚合物给体和无机纳米晶受体作为活性层的主要组成部分，在聚合物-无机纳米晶复合太阳电池的研究发展中占有重要地位。

2.2.1　聚合物材料

聚合物材料是复合太阳电池中的重要组成部分，其最主要的作用在于对太阳光的吸收。众所周知，无机半导体纳米晶在对太阳光的吸收方面的性能远不如聚合物材料，然而在制备活性层时，为形成良好的电荷传输通道，量子点的用量又必须大量超过聚合物材料的用量，这就要求聚合物有较窄的带隙，能对太阳光有较宽的吸收。

MEH-PPV 是最初用于有机太阳电池的聚合物之一，也是最早用于聚合物-无机纳米晶复合太阳电池的聚合物之一。随着有机太阳电池研究的发展，越来越多性能优越的聚合物被报道出来，其分子结构式如图 2-6 所示，能级结构见表 2-1，它们也逐渐被应用于聚合物-无机纳米晶复合太阳电池的研究，最典型的有 P3HT 和 PCPDTBT。一方面，相比于 MEH-PPV，这些聚合物具有更窄的带隙，能吸收长波长的光子，有利于电流的提高；另一方面，这些聚合物具有较高的载流子迁移率，有利于载流子的传输。

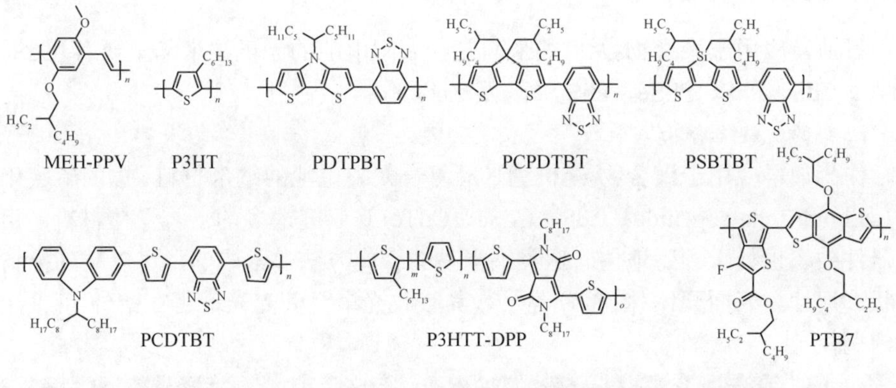

图 2-6　聚合物-无机纳米晶复合太阳电池中使用的常见聚合物

表 2-1　聚合物-无机纳米晶复合太阳电池中常见聚合物材料的能级结构

聚合物	HOMO 能级/eV	LUMO 能级/eV	带隙/eV	参考文献
MEH-PPV	−5.3	−2.9	2.4	[19]
P3HT	−5.2	−3.2	2.0	[20]
PCPDTBT	−5.3	−3.57	1.73	[21]
PSBTBT	−5.05	−3.27	1.78	[22]
PDTPBT	−4.81	−3.38	1.43	[23]

续表

聚合物	HOMO 能级/eV	LUMO 能级/eV	带隙/eV	参考文献
PCDTBT	−5.5	−3.6	1.9	[24]
PTB7	−5.15	−3.31	1.84	[25]
P3HTT-DPP	—	—	1.51	[26]

注：HOMO 代表最高占据轨道；LUMO 代表最低未占据轨道

为了增强聚合物和量子点间的相互作用，有文献报道对聚合物结构进行了改性，如在分子链的末端接上能与量子点发生强相互作用的官能团。这类报道较少。最成功的例子是 2011 年，周必泰课题组对 PSBTBT 进行了改性，在分子链一端接上了—NH$_2$(图 2-6)，将其与 CdTe 四足状纳米晶共混制备了电池器件。相对于 PSBTBT 参照组，他们发现改性后的聚合物制备的器件具有更高的电流密度和填充因子，能量转换效率从 1.59%提高到了 3.2%[18]。

2.2.2　无机纳米晶材料

目前，应用于聚合物-无机纳米晶复合太阳电池的无机纳米晶主要有 CdSe、CdTe、CdS、PbS、PbSe、PbS$_x$Se$_{1−x}$ 及 ZnO 等。

1. 镉的硫族化合物

作为最早应用于聚合物-无机纳米晶复合太阳电池的纳米材料，镉的硫族化合物(cadmium chalcogenide：CdS、CdSe、CdTe)是研究最多的一类受体材料，相关的器件效率也处于领先地位。这类纳米晶的合成方法非常成熟，可以精确控制其形状、尺寸、表面配体(图 2-7)等[27]，其吸收光谱及荧光光谱可在紫外-可见光波段内调控[28]。

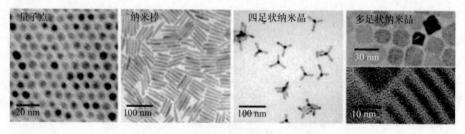

图 2-7　不同形态的 CdSe 纳米晶[27]

目前，这类纳米晶的合成方法主要为热注射法，即将氧化镉(CdO)作为镉源，将其与油酸(OA)加热反应生成 Cd-油酸的前驱体溶液，然后在一定温度下，将硫族元素的前驱体溶液注射到 Cd-油酸的前驱体溶液中，反应一定时间后取出猝灭，使其反应终止。通过控制注射温度和反应时间可以控制量子点的粒径，从而调控其光电性能。

目前，基于 CdSe 量子点、纳米棒、四足状纳米晶和多足状纳米晶(hyperbranched nanocrystals)的电池效率分别为 4.18%[29]、5%[21]、3.2%[30]和 2.2%[31]。

陈红征课题组对基于 CdSe 量子点的太阳电池进行了深入的研究。2013 年，他们在空穴传输层和活性层中分别掺杂金纳米颗粒，并以窄带隙聚合物 PCPDTBT 为给体材料，一方面将对太阳光谱的吸收范围拓展到近红外，另一方面提高了对光谱的吸收能力，成功将效率分别提高到了 3.2%和 3.16%[32]。同年，他们通过后处理法研究了以绿色配体乙酸取代油酸的效果，获得了将近 2%的效率[33]。

2014 年，他们分别研究了配体偶极矩(dipole moment)和配体取向对电池性能的影响，分别获得了 4.0%和 4.18%的电池效率[29, 34]，也是当时 CdSe 量子点复合太阳电池所获得的最高效率。在配体偶极矩的影响的研究中，他们选取了多个不同对位取代基的苯硫酚作为配体，并通过模拟计算出了各个配体的偶极矩，如图 2-8 所示，最终发现偶极矩为-0.95deb 的对氟苯硫酚作为配体时，制备的太阳电池效率最高，为 4.0%；在关于配体取向的影响的研究中，他们分别选取了邻、间、对三种不同取代位置的苯二硫酚为配体，通过模拟及掠入射小角 X 射线散射(GISAXS)测试获得了不同配体在量子点表面的夹角与取向，如图 2-9 所示，最终发现以面向上(face-on)取向的对苯二硫酚为配体时，器件效率最高(4.18%)。

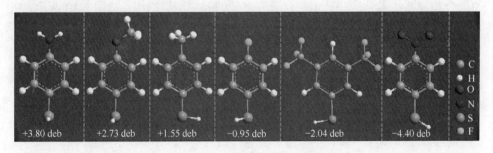

图 2-8*　不同偶极矩的配体[34]
deb，德拜，偶极矩单位，1 deb =3.335 64×10^{-30} C · m

杨柏课题组对基于 CdTe 量子点的复合太阳电池进行了深入系统的研究。他们在 2011 年以水溶液法制备的器件的效率仅有 0.86%[35]。同年，他们在此基础上以聚对苯撑乙烯撑[poly(*p*-phenylenevinylene)，PPV]作为给体材料通过水溶液法制备了太阳电池，将效率提高到了 2.14%[36]。2013 年，他们采用反式太阳电池器件结构，获得了 3.6%的效率[37]；同年，他们继续优化器件结构，获得了 4.76%的高效率[19]。2014 年，他们通过合成新的水相聚合物给体材料，获得了 4.1%的

_____

* 扫封底二维码可见本彩图，余同。

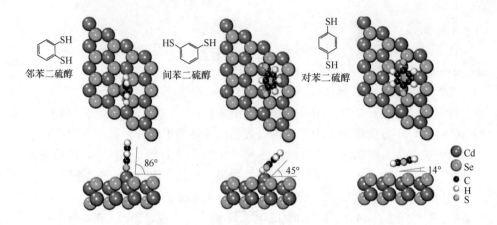

图 2-9   在量子点表面不同取向的配体[29]

效率[38]。2017 年，他们通过优化器件结构，采用反型器件及平面异质结的结构，成功将水溶性的 CdTe 量子点复合太阳电池的效率提高到了 5.9%[39]。2018 年，他们采用了聚合物后渗入的方法，即用水相 CdTe 纳米晶制备无机膜层时引入十六烷基三甲基溴化铵(CTAB)，CTAB 会在薄膜中形成胶束，加热退火处理后，CdTe 纳米晶凝结为无机层，同时 CTAB 会挥发，从而形成多孔 CdTe 薄膜。之后加入的聚合物能够渗入到这些孔道中，形成有效的互穿网络结构，如图 2-10 所示，将效率提高到了 6.36%[17]。

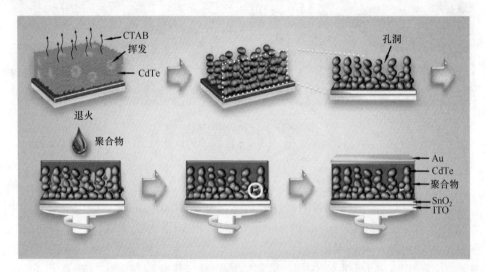

图 2-10   聚合物后渗入方法示意图[17]

另外，Gradecak 等制备了 P3HT，并成功地在其表面附着接枝上了 CdS 量子点，这种结构增强了聚合物与量子点之间的相互作用，得到了高短路电流、高开路电压的器件，能量转换效率提高到 4.1%[40]。另外，陈红征课题组通过水溶液法制备了 CdS 纳米棒阵列[41]，并将其与 P3HT 复合制备成电池器件。他们以不同的芳酸作为配体对 CdS 表面进行修饰，并成功获得了 0.25% 的效率，对比无配体修饰时 0.022% 的效率有很大的提高[42]。其主要原因在于配体修饰了 CdS 表面的缺陷并改良了 CdS 和 P3HT 的相容性，同时配体的偶极矩改善了界面的能级，减少了界面复合，从而提高了效率。

2. 铅的硫族化合物

铅的硫族化合物，如 PbS、PbSe 等，具有较大的玻尔半径(PbS 为 20 nm，PbSe 为 46 nm)，使得它们的纳米晶材料具有更好的带隙可调性及更高的载流子迁移率[43]。在不退火的情况下，PbS 量子点薄膜的场效应晶体管迁移率为 0.9~4.0 $cm^2/(V \cdot s)$，远高于 CdSe 的 10^{-2} $cm^2/(V \cdot s)$。通过控制合成过程中的反应温度，可以精确地控制 PbS 量子点的尺寸，吸收带边可以在 950~1250 nm 的范围大幅度调控。PbS 在近红外波段的吸收有利于电池电流的提高，而 PbSe 受限于其很窄的带隙，很难与一些常用的聚合物给体材料的能级相匹配，从而很难应用于太阳电池的制备。

PbS 的合成常采用 Hines 等[44]的方法，先将氧化铅(PbO)溶解在油酸中配成 0.1 mol/L 的溶液，然后加热到 150 ℃下充分反应形成 Pb-油酸的前驱体溶液，然后将六甲基二硅硫烷(TMS)溶解在十八烯(ODE)中，在合适的温度下注入 Pb-油酸的前驱体溶液中，PbO 和 TMS 的用量保持 Pb：S 的摩尔比为 2：1。

2009 年，Prasad 等[45]发现采用乙酸处理 P3HT/PbS 复合薄膜的方法来进行配体交换，可提高电池的性能，而未处理的薄膜未表现出光伏性能。然而，他们制备的器件的光伏性能极弱，效率仅为 0.01%。这可能是 PbS 量子点的 HOMO 能级 (5.0~5.2 eV) 与 P3HT 等聚合物的 HOMO 能级比较接近，激子不能有效分离引起的。2011 年，他们合成了 HOMO 能级较高的聚合物 PDTPBT，并且通过调节 PbS 量子点的尺寸，优化了给受体能级结构。最终，他们制备得到了能量转换效率为 3.78% 的电池器件[46]。2014 年，Lee 等引入了另外一种窄带隙的高 HOMO 能级的聚合物 PSBTBT，通过调控 PbS 量子点的尺寸优化了能级结构，得到了 3.48% 的能量转换效率(图 2-11)[22]。2015 年，马万里课题组设计合成了一系列的聚合物，并与不同尺寸的 PbS 量子点共混制备了电池器件，研究了聚合物结构、能级及量子点尺寸与器件性能的关系。最终，他们发现 PDTPBT-PbS 复合后器件性能最优，能量转换效率达到了 4.23%[47]。这是当时文献报道的聚合物-PbS 纳米晶复合太阳电池的能量转换效率最高值。需要指出的是，与 2011 年 Prasad 等的工作不同，在这个工作中他们合成了一系列不同尺寸即不同能级结构的量子点与 P3HT 共混，因此他们制备的 P3HT-PbS 电池的能量转换效率为 2.65%，远高于之前的工作。

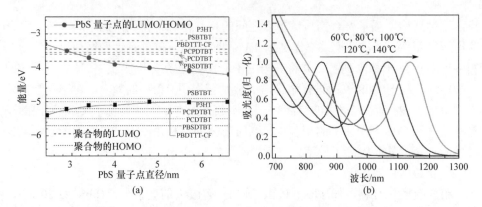

图 2-11　(a) 不同粒径 PbS 量子点的能级结构；(b) 不同温度下合成的 PbS 量子点的吸收光谱[22, 47]

　　2009 年，马万里课题组和 Alivisatos 等[43]合成了 PbS_xSe_{1-x} 三元量子点，并研究了 S/Se 摩尔比值与 PbS_xSe_{1-x} 纯量子点电池的性能关系。他们发现 S/(S+Se) 摩尔比值增加时，电流减小而电压增大，当 S/(S+Se) 摩尔比值等于 0.7 时，性能最佳，能量转换效率为 3.3%，高于 PbS 和 PbSe 器件的 1.7% 和 1.4%。他们认为这是因为 PbS_xSe_{1-x} 三元量子点的玻尔半径相比于 PbS 和 PbSe 有所增加，量子点之间的电子耦合作用增加，有利于载流子的传输。另外，S 含量较高时，PbS_xSe_{1-x} 三元量子点的费米能级更接近 PbS，表现出更高的开路电压。2013 年，马万里课题组将 PbS_xSe_{1-x} 三元量子点引入到复合体系中 (图 2-12)。他们合成了一系列不同 S/(S+Se) 摩尔比值的 PbS_xSe_{1-x} 三元量子点，并选取了高 HOMO 能级的 PDTPBT 作为电子给体，经过量子点表面的修饰及器件结构的优化，制备得到了效率高达 5.5% 的器件[23]。

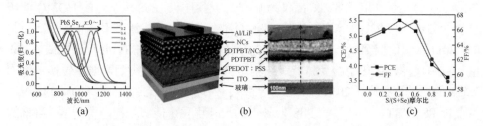

图 2-12　不同 S/(S+Se) 摩尔比值合成的三元量子点的吸收光谱 (a)，器件结构及断面 TEM 照片 (b)，S/(S+Se) 摩尔比值对 PCE 和 FF 的影响 (c) [23]

3. 氧化锌纳米颗粒

　　以上介绍的纳米晶材料都是含有重金属的，作为环境友好型的材料，ZnO 纳米颗粒具有独特的优势。它的合成简单，且在较低的温度下就能完成。2004 年，Janssen 等[48]通过乙酸锌水解合成了粒径为 5 nm 的 ZnO 量子点，并与 MDMO-

PPV 共混制备了电池器件。在 1.7 个太阳当量下，器件效率达到 1.4%。2005 年，他们将二乙基锌与 MDMO-PPV 共混，然后通过退火将二乙基锌转化为 ZnO 纳米颗粒。通过这种原位制备本体异质结的方法，他们得到了较好的互穿网络结构，标准光强下，能量转换效率为 1.1%[49]。之后，2006 年，他们换用迁移率更高的 P3HT 作为电子给体，希望得到更高的器件性能，然而只得到了 0.9%的能量转换效率[50]。经过原子力显微术（AFM）表征，他们发现这是 P3HT 与 ZnO 共混不均匀，复合薄膜很粗糙导致的。2011 年，他们合成了与 P3HT 结构类似的聚（3-己基硒酚）（P3HS），然而与 ZnO 共混后仅得到了 0.4%的能量转换效率[51]。此后，陈义旺课题组对 ZnO 表面进行了修饰，他们用液晶小分子及 C_{60}—COOH 对 ZnO 纳米颗粒进行修饰后分别得到了 1.23%及 1.20%的能量转换效率[52, 53]。然而，聚合物-ZnO 纳米晶复合太阳电池的能量转换效率仍未取得大的突破。

2.3　聚合物-无机纳米晶复合太阳电池器件性能的影响因素

2.3.1　聚合物材料

关于聚合物，2.2.1 节已经做过介绍。为了得到良好的电荷传输通道，聚合物在复合薄膜中只占了约 10 wt%（质量分数，后同），按体积比算大约为 30%。然而，由于具有高的吸光系数，以及在可见光和近红外波段均有吸收，聚合物对器件的电流贡献是很大的。目前，高性能的聚合物-无机纳米晶复合太阳电池器件中的聚合物一般是具有宽谱光吸收的窄带隙聚合物。当然，窄带隙聚合物在长波长方向吸收的光子不一定能转化成电子被收集，这还需要量子点的表面修饰及器件结构的优化。关于这一点，我们会在下面介绍。

2.3.2　纳米晶形状及尺寸

CdSe 纳米晶的合成方法较为完善，纳米晶的形状也相对更多，包括量子点、纳米棒、四足状、多足状及圆盘状。2002 年，Alivisatos 等[16]合成了长、径分别为 60 nm 和 7 nm 的纳米棒，具有比量子点更优越的载流子传输性能。在共混薄膜厚度一定的情况下，电子在通过纳米棒被电极收集的过程中，需要在界面处跃迁的次数比量子点少得多，可以有效减小复合的概率。基于这个考虑，四足状及多足状的 CdSe 纳米晶被合成出来并用作受体材料[30, 54-58]。目前，最高效率的聚合物-CdSe 纳米晶复合太阳电池是以 CdSe 纳米棒为受体材料的[21]，这是由合成的难易程度、重复性等因素综合影响的结果。此外，量子点与纳米棒共混也被证实是一种有效改善电子传输网络的途径。Meerholz 等[59]将 PCPDTBT：CdSe QDs：CdSe

NR 以质量比为 10：27：63 的比例共混制备了效率高达 3.64%的器件(图 2-13)。单纯 QDs 或者 NR 作为电子受体时，器件效率分别为 2.48%和 1.81%。Kruger 等[60] 也做了类似的研究，得到了 3%的能量转换效率。另外，CdSe 量子点的尺寸对器件的性能影响很大。大尺寸的 CdSe 量子点具有更高的载流子迁移率，因而电池性能随量子点的增大而提升[61]。但这个规律主要适用于 CdSe 纳米晶。对于 PbS 量子点而言，尺寸变化引起的能级变化对性能影响更大，因此为了优化器件性能往往需要合成一批不同尺寸的 PbS 量子点[47]。

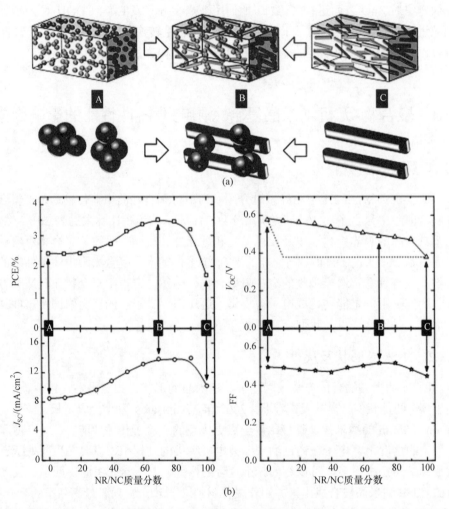

图 2-13 (a)不同形状 CdSe 纳米晶在聚合物中的分布情况示意图；(b)器件性能参数与纳米棒 (NR)/纳米晶(NC)质量比之间的关系[59]

2.3.3 薄膜形貌

薄膜形貌对器件的性能有着至关重要的影响。与聚合物本体异质结电池一样，聚合物-无机纳米晶共混薄膜也需要给受体形成良好的电荷传输通道及互穿网络结构，以便激子分离及载流子传输。

Greenham 等[62]利用高角环形暗场-扫描透射电子显微术(high-angle annular dark-field scanning transmission electron microscopy，HAADF-STEM)研究了 OC_1C_{10}-PPV-CdSe 量子点及 OC_1C_{10}-PPV-CdSe 纳米棒共混薄膜形貌随着聚合物-无机纳米晶比例变化的演变过程，如图 2-14 所示。图 2-14(d)是量子点-聚合物质量比为 6:1 时量子点富集区的量子点的分布情况，可以观察到多孔连续的网络结构。孔洞尺寸为 3~10 nm，这是非常有利于聚合物产生激子的分离的尺寸。对应图 2-14(a)是量子点-聚合物质量比为 6:1 时量子点非富集区的量子点的分布情况，可以发现量子点未能形成互穿网络结构。这种现象随着量子点含量的减少而变得更加明显，表明共混薄膜中量子点含量对形貌有着很大的影响。

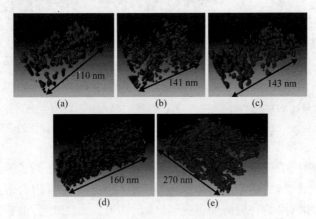

图 2-14　共混薄膜的 3D 图像[62]

(a)、(b)、(c)分别为量子点-聚合物质量比 6:1、3:1、2:1 时量子点非富集区的薄膜形貌；(d)、(e)分别为量子点-聚合物和纳米棒-聚合物质量比均为 6:1 时量子点富集区的薄膜形貌

马万里课题组[23]也研究了聚合物-量子点比例与形貌的关系(图 2-15)。他们的分析证明，共混薄膜在成膜过程中会形成良好的纵向电荷传输通道，量子点会在表面富集，而聚合物在底层富集。当量子点含量比较少时，表面的量子点层会出现裂痕，而把底层的聚合物层暴露出来；随着量子点含量的增加，表面的量子点富集层变密实，裂痕变少；当量子点含量过高时，底层的聚合物会发生聚集，互穿网络结构被破坏，表层的量子点也会发生聚集。聚合物-量子点质量比为 1:15 时，得到了最优的本体异质结形貌，最后在共混薄膜表面旋涂了一层量子点薄

膜，得到了 D-D∶A-A(其中 D 代表电子给体；A 代表电子受体)的纵向电荷传输通道。这种形貌结构既有利于激子分离，也有利于载流子的传输，这是他们获得高效率器件的关键。杨柏课题组[19]也进行了类似的研究，他们在 CdTe 无机层上面旋涂 PPV/CdTe 共混薄膜，得到了理想的纵向相分离的 n-i 结构，因此制备得到了 4.76%的高效率电池器件。

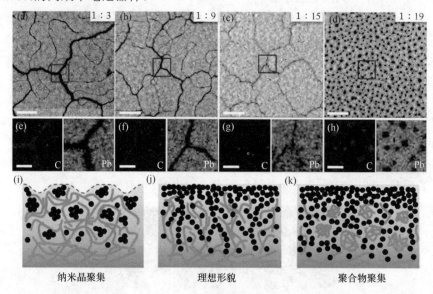

图 2-15　不同质量比 PDTPBT-PbS$_{0.4}$Se$_{0.6}$共混薄膜的 HAADF-STEM 照片[(a)～(d)]和 C、Pb 等元素分析[(e)～(h)]；(i)～(k)形貌随着不同聚合物-量子点质量比的演变示意图[23]

　　共混溶液溶剂的选择也会对薄膜形貌产生很大的影响。为了能将纳米晶特别是纳米棒等复杂结构的纳米晶均匀地分散在聚合物网络中，混合溶剂是很好的解决方法。吡啶和常用的有机溶剂(包括氯仿、氯苯、二氯苯等)混合是最常使用的混合溶剂，其中吡啶往往需要退火除去。另外，Greenham 等[63]发现，相比于氯仿，三氯苯等高沸点溶剂可以使四足状 CdSe 纳米晶-PPV 共混薄膜具有更好的纵向电荷传输通道，从而得到更高的效率。

　　量子点配体的不同也会影响共混薄膜的形貌。Carter 等[64]研究了一系列不同配体对共混薄膜电荷传输通道形貌的影响。他们指出，量子点的聚集与相分离需要达到一个平衡才能得到一个优化的形貌结构。

　　将纳米晶或者聚合物的前驱体共混，后续采取退火等手段制备共混薄膜的原位生长方法也是一种克服纳米晶与聚合物溶解性的差异，获得均匀互穿网络的方法。Janssen 等[49]将二乙基锌与 MDMO-PPV 共混，然后退火将二乙基锌转化为 ZnO，原位制备了本体异质结结构，得到了较好的互穿网络结构。杨柏课题组[19]

将水溶性 PPV 前驱体和水溶性 CdTe 纳米颗粒共混，经过高温退火制备了共混薄膜。在退火过程中，CdTe 纳米颗粒会继续长大，有利于光吸收及载流子传输。经过器件结构的优化，他们制备得到了 4.76% 的高效率电池器件。

另外，需要指出的是，纳米晶的形状对共混薄膜中互穿网络的形成有很大影响，2.3.2 节已做介绍。

2.3.4　表面与界面

由于体积很小，纳米晶具有很大的比表面积。粒径为 2 nm 和粒径为 5 nm 的量子点分别有 54% 和 25% 的原子在其表面[28]。这导致了纳米晶表面对其光学及电学性质影响很大。CdSe 纳米晶合成过程中一般以 TOPO、三辛基硒膦(TOPSe)、OA 或者十四烷基膦酸(TDPA)等化合物作为配体。这些配体控制了量子点的生长动力学，如量子点制备需要用 OA 作配体，而以 TDPA 为配体合成出来的则是纳米棒[57]。图 2-16 是 CdSe 纳米晶表面化学环境的示意图。另外，Hens 等[65]运用卢瑟福背散射手段分析发现，粒径为 3.50 nm±0.05 nm 的 CdSe 量子点表面 Cd/Se 比值为 1.23 ± 0.03，说明表面 Cd 是富余的。其表面的配体根据作用力强弱，大致可分为两种：L 型配体，是指 TOPO、三辛基膦(TOP)这类以配位键连接在表面的配体，相互作用力比较弱，经过甲苯、甲醇等清洗可以除去；X 型配体，是指 OA 这类以共价键连接在量子点表面的配体，这类配体不会在清洗过程中被除去[66]。

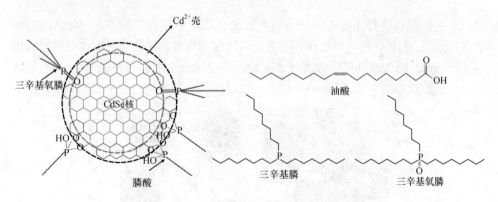

图 2-16　量子点的表面

纳米晶表面的这些绝缘长链配体，会阻碍纳米晶之间的载流子传输以及纳米晶与聚合物之间的电子耦合，阻碍激子的分离，对于太阳电池器件而言是有害的。因此，需要除去或者尽量减短配体长度以增强纳米晶与纳米晶或者聚合物与纳米晶之间的电子耦合作用。吡啶交换是 CdSe 纳米晶配体交换的常用手段，将 CdSe 纳米晶分散在吡啶中，搅拌过夜即可将约 1.1 nm 的长链配体换成约 0.3 nm 的吡啶分子。Krüger 等[67]利用酸碱反应原理，用己酸清洗以十八胺为配体合成的量子点，缩短了量子点表面的配体长度(图 2-17)。Brutchey 等[68]用特丁基硫醇(*tert-butylthiol*, *t*BT)处理量子点表面，非常有效地取代了原有的长链配体。

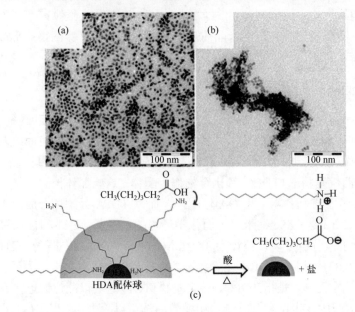

图 2-17　己酸处理前(a)和处理后(b)CdSe 量子点的 TEM 照片；(c)配体交换过程示意图[67]

上述的配体选择主要是基于缩短配体长度以增强复合薄膜中各组分之间的电子耦合作用。另外，也可以选择具有光电活性或者具有共轭体系的配体对纳米晶表面进行修饰。Krüger 等[69]证实了 CdSe 量子点会吸附在表面带有巯基(—SH)的还原氧化石墨烯(rGO)上，形成rGO-CdSe QDs 复合物(图2-18)。他们发现PCPDTBT-

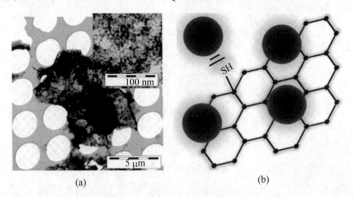

图 2-18　(a)rGO-CdSe 量子点复合后的 TEM 照片，右上插图为放大的照片；
(b)复合材料的示意图[69]

rGO-CdSe QDs 共混薄膜具有较高的电子迁移率及较少的复合中心，对应的器件表现出较高的短路电流和开路电压，能量转换效率可达 4.12%。Loh 等[24]也做了类似的工作。他们合成了 CdSe 为核 CdTe 为臂的四足状纳米晶，与氨基修饰的氧化石墨烯络合形成复合物，并与 PCDTBT 共混制备了效率为 3.3%的器件。他们认为氨基修饰的氧化石墨烯使得纳米晶与聚合物的接触更紧密，有利于激子的分离和载流子传输。

当然，上述方法会降低纳米晶在有机溶剂中的分散性，这可从图 2-18(b)得到证实。这是因为原来的长链配体对纳米晶的分散性有极大的贡献。然而，对于聚合物-无机纳米晶来说，必须保证纳米晶在有机溶剂中具有良好的分散性，共混之后才能得到均匀的互穿网络结构。Kim 等[70]在 P3HT-CdSe NR 的共混溶液中加入了少量硒脲[selenourea，SeU，$Se{=}C(NH_2)_2$]，SeU 可以有效地取代原有的长链配体及吡啶，而在后续的退火过程中，SeU 本身会发生分解(图 2-19)。利用这种方法，他们制备了效率为 2.63%的器件。另外，成膜之后再进行配体交换是提高聚合物-无机纳米晶复合太阳电池效率常用的手段，常用的配体有 1,3-苯二硫醇、乙二硫醇 (ethanedithiol，EDT) 等有机小分子。薛剑耿课题组[21]利用 EDT 对 PCPDTBT-CdSe NR 薄膜进行处理，制备得到了 AM 1.5G 光照下效率为 4.7%的器件。并且，他们证实了 EDT 能以硫酯键连接至纳米棒表面，有效地取代原有的 OA、TOPO 等长链配体，增强了激子分离及载流子传输。另外，有一点需要指出的是，对于 CdSe 纳米晶而言，一般是利用吡啶前处理加上硫醇后处理的方法来制备高效率的器件；对于 PbS 纳米晶而言，一般不需要吡啶前处理，直接采用硫醇后处理的方法。

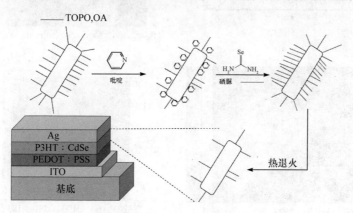

图 2-19 SeU 用于器件制备流程示意图[70]

近期，人们开始广泛研究无机离子作为纳米晶的配体的效果。2014 年，Sargent 等[71]用卤素离子作为 PbS 量子点的配体制备了量子点太阳电池，获得了 8%的效率并伴有很好的稳定性。2015 年，他们在此基础上通过卤素碘原子对 PbS

量子点进行修饰，获得了 10.18% 的效率[72]。此外，他们将钙钛矿作为 PbS 量子点外面的修饰壳层，并以此制备了量子点太阳电池，获得了 8.95% 的效率[73]。

Talapin 等也对金属硫族化合物离子、卤素离子作为量子点配体时量子点的性能进行了研究。他们构建的场效应晶体管分别获得了 15 cm²/(V·s) 和 12 cm²/(V·s) 的迁移率，远超有机配体修饰的量子点[74, 75]。

2.3.5 器件结构

薛剑耿课题组[76]引入了 ZnO 纳米颗粒作为器件的阴极界面修饰层，改变了光场在复合薄膜中的分布，增强了薄膜的光学吸收，大大提高了窄带隙聚合物 PCPDTBT 在长波长方向的外量子效率，短路电流密度从 7.2 mA/cm² 提高到了 9.2 mA/cm²（图 2-20）。作为阴极界面修饰层，ZnO 纳米颗粒能很好地阻挡空穴，提高了器件的填充因子。ZnO 界面层对器件稳定性的提高也有帮助，在空气中存放 2 个月还保留原有效率的 70%。

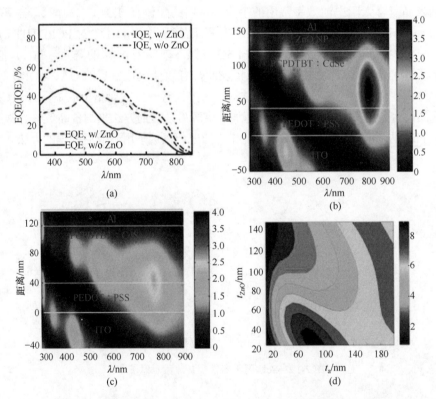

图 2-20　(a) 器件的 EQE-λ 和 IQE-λ 曲线；无 ZnO (b) 和有 ZnO 界面层 (c) 的器件中的光场分布；(d) J_{SC} 与复合薄膜厚度 (t_a) 及 ZnO 界面层厚度 (t_{ZnO}) 的关系[76]

w/代表 with，即含有 ZnO 修饰层；w/o 代表 without，即不含 ZnO 修饰层；IQE 代表内量子效率该课题组[77]还设计了聚合物微棱镜阵列(MLA)，这种结构可以延长光在活性层中的距离，提高光吸收强度(图 2-21)。利用这种结构，他们将短路电流提高了 10%～20%，效率提高了 20%～30%。

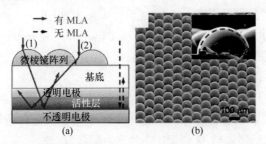

图 2-21　(a)聚合物微棱镜阵列结构对光路的影响示意图；(b)微棱镜阵列的 SEM 照片[77]

2.4　结论与展望

经过十多年的研究，聚合物-无机纳米晶复合太阳电池的效率已经从 0.2%提高到了 6.36%[17]。然而这个数值还远低于聚合物-非富勒烯太阳电池或者纯量子点太阳电池，未能体现出其应有的优势。

限制聚合物-无机纳米晶复合太阳电池效率的主要因素包括：无机半导体纳米晶对太阳光吸收的局限性、纳米晶表面存在的众多缺陷、相比于本体较低的迁移率等。

第一，在制备电池器件时，为保证活性层能够形成良好的互穿网络，量子点含量往往比共轭聚合物多出许多，需要指出的是，活性层复合薄膜在吸收太阳光上起主要作用的是共轭聚合物而非量子点。因此，在器件活性层中高吸光性能的共轭聚合物材料含量少而吸光能力较差的量子点含量多，这与当初所设想的利用聚合物材料的高吸光性能的初衷并不相符。另外，对太阳光具有宽吸收范围的 PbS 和 PbSe 量子点都无法与常用共轭聚合物材料的能级进行很好的匹配，这也使得在近红外区有很好吸收的硫族铅化合物量子点无法得到应用。

第二，量子点复杂的表界面情况使载流子传输无法像其本体材料中快速有效。载流子在传输的过程中必须在不同的量子点之间进行传输，若是量子点堆积得不够紧密，其载流子传输的效率就无法保证。此外，为了钝化量子点的表面，减少其表面的缺陷态，必须采用配体对其进行修饰，但配体的存在往往会阻碍载流子的传输。即使采用硫醇、羧酸、巯基羧酸等小分子有机配体，其连接官能团的脂肪链仍会对量子点堆积造成影响，从而阻碍载流子的传输。

突破聚合物-无机纳米晶复合太阳电池效率的限制有以下多种途径。

第一种是纯量子点太阳电池。不同于无机薄膜太阳电池，纯量子点太阳电池也是通过溶液法制备，同时由给体和受体构成异质结结构来实现激子分离，结构与有机光伏器件和聚合物-无机纳米晶复合太阳电池类似。近年来，纯量子点太阳电池发展迅速，最近效率已经达到16.6%[6]，非常接近于应用，这类太阳电池中最常用的是硫族铅化合物量子点。在纯量子点太阳电池中，一般采用不同掺杂的同种量子点分别作为电子和空穴传输材料(hole transporting material, HTM)，通过这种方式充分解决了这类窄带隙量子点能级匹配的问题，使这类材料能够发挥对太阳光有宽吸收范围的优势。

第二种就是利用高迁移率的卤素离子配体的量子点。采用卤素离子为配体时，量子点具有高迁移率和高稳定性，只有单个原子尺寸的配体可以使量子点之间充分接触，提高载流子传输效率。但卤素离子为配体时，量子点易溶于极性溶剂中，与常用的共轭聚合物材料溶解性不相匹配。这就需要通过溶剂的选择和聚合物材料的改性来使得这类量子点能够用于聚合物-无机纳米晶复合太阳电池。

第三种就是有机-无机杂化钙钛矿材料。近年来钙钛矿材料发展迅速，效率已经达到23.7%[6]，其将有机、无机材料混合形成一种类似于钙钛矿的本体材料，具有很好的吸光效率、激子分离效率和载流子迁移率，是一种非常具有竞争力的材料，真正做到了兼具有机、无机两类材料的优点。

现如今，钙钛矿、有机光伏和量子点太阳电池都发展迅速，第三代太阳电池正式进入市场应用指日可待，聚合物-无机纳米晶复合太阳电池要想有所突破，还需加倍努力。

参 考 文 献

[1] Yan C Q, Barlow S, Wang Z H, et al. Non-fullerene acceptors for organic solar cells. Nat Rev Mater, 2018, 3(3): 18003.

[2] Venkataraman D, Yurt S, Venkatraman B H, et al. Role of molecular architecture in organic photovoltaic cells. J Phys Chem Lett, 2010, 1(6): 947-958.

[3] Cui Y, Yao H F, Zhang J Q, et al. Over 16% efficiency organic photovoltaic cells enabled by a chlorinated acceptor with increased open-circuit voltages. Nat Commun, 2019, 10(1): 2515.

[4] Chen H W, Lee J H, Lin B Y, et al. Liquid crystal display and organic light-emitting diode display: Present status and future perspectives. Light Sci Appl, 2018, 7(3): 17168.

[5] Lv A, Freitag M, Chepiga K M, et al. *N*-heterocyclic-carbene-treated gold surfaces in pentacene organic field-effect transistors: Improved stability and contact at the interface. Angew Chem Int Ed, 2018, 57(17): 4792-4796.

[6] Bhattacharjee S, Das U, Sarkar P K, et al. Stable charge retention in graphene-MoS$_2$ assemblies for resistive switching effect in ultra-thin super-flexible organic memory devices. Org Electron, 2018, 58: 145-152.

[7] Zaumseil J，Sirringhaus H. Electron and ambipolar transport in organic field-effect transistors.

Chem Rev, 2007, 107(4): 1296-1323.

[8] Wannier G H. The structure of electronic excitation levels in insulating crystals. Phys Rev, 1937, 52(3): 191-197.

[9] Tang C W. Two-layer organic photovoltaic cell. Appl Phys Lett, 1986, 48(2): 183-185.

[10] Yu G, Gao J, Hummelen J C, et al. Polymer photovoltaic cells: Enhanced efficiencies via a network of internal donor-acceptor heterojunctions. Science, 1995, 270(5243): 1789-1791.

[11] Meng L, Zhang Y, Wan X, et al. Organic and solution-processed tandem solar cells with 17.3% efficiency. Science, 2018, 361(6407): 1094-1098.

[12] Kramer I J, Sargent E H. The architecture of colloidal quantum dot solar cells: Materials to devices. Chem Rev, 2014, 114(1): 863-882.

[13] Zhou R, Xue J. Hybrid polymer-nanocrystal materials for photovoltaic applications. ChemPhysChem, 2012, 13(10): 2471-2480.

[14] Greenham N C, Peng X, Alivisatos A P. Charge separation and transport in conjugated-polymer/semiconductor-nanocrystal composites studied by photoluminescence quenching and photoconductivity. Phys Rev B, 1996, 54(24): 17628-17637.

[15] Huynh W U, Peng X, Alivisatos A P. CdSe nanocrystal rods/poly(3-hexylthiophene) composite photovoltaic devices. Adv Mater, 1999, 11(11): 923-927.

[16] Huynh W U, Dittmer J J, Alivisatos A P. Hybrid nanorod-polymer solar cells. Science, 2002, 295(5564): 2425-2427.

[17] Du X, Zeng Q, Jin G, et al. Constructing post-permeation method to fabricate polymer/nanocrystals hybrid solar cells with PCE exceeding 6. Small, 2017, 13(11): 1603771.

[18] Chen H C, Lai C W, Wu I C, et al. Enhanced performance and air stability of 3.2% hybrid solar cells: How the functional polymer and CdTe nanostructure boost the solar cell efficiency. Adv Mater, 2011, 23(45): 5451-5455.

[19] Chen Z, Zhang H, Du X, et al. From planar-heterojunction to n-i structure: An efficient strategy to improve short-circuit current and power conversion efficiency of aqueous-solution-processed hybrid solar cells. Energy Environ Sci, 2013, 6(5): 1597-1603.

[20] Fu W, Shi Y, Qiu W, et al. High efficiency hybrid solar cells using post-deposition ligand exchange by monothiols. Phys Chem Chem Phys, 2012, 14(35): 12094-12098.

[21] Zhou R, Stalder R, Xie D, et al. Enhancing the efficiency of solution-processed polymer: Colloidal nanocrystal hybrid photovoltaic cells using ethanedithiol treatment. ACS Nano, 2013, 7(6): 4846-4854.

[22] Nam M, Park J, Kim S W, et al. Broadband-absorbing hybrid solar cells with efficiency greater than 3% based on a bulk heterojunction of PbS quantum dots and a low-bandgap polymer. J Mater Chem A, 2014, 2(11): 3978-3985.

[23] Liu Z, Sun Y, Yuan J, et al. High-efficiency hybrid solar cells based on polymer/PbS_xSe_{1-x} nanocrystals benefiting from vertical phase segregation. Adv Mater, 2013, 25(40): 5772-5778.

[24] Tong S W, Mishra N, Su C L, et al. High-performance hybrid solar cell made from CdSe/CdTe nanocrystals supported on reduced graphene oxide and PCDTBT. Adv Funct Mater, 2014, 24(13): 1904-1910.

[25] Svrcek V, Yamanari T, Mariotti D, et al. Enhancement of hybrid solar cell performance by polythieno [3,4-b]thiophenebenzodithiophene and microplasma-induced surface engineering of silicon nanocrystals. Appl Phys lett, 2012, 100: 223904-223905.

[26] Greaney M J, Araujo J, Burkhart B, et al. Novel semi-random and alternating copolymer hybrid solar cells utilizing CdSe multipods as versatile acceptors. Chem Commun, 2013, 49(77): 8602-8604.

[27] Smith A M, Nie S. Semiconductor nanocrystals: Structure, properties, and band gap engineering. Acc Chem Res, 2010, 43(2): 190-200.

[28] Peng X. An essay on synthetic chemistry of colloidal nanocrystals. Nano Res, 2010, 2(6): 425-447.

[29] Fu W, Wang L, Zhang Y, et al. Improving polymer/nanocrystal hybrid solar cell performance via tuning ligand orientation at CdSe quantum dot surface. ACS Appl Mater Interfaces, 2014, 6(21): 19154-19160.

[30] Dayal S, Kopidakis N, Olson D C, et al. Photovoltaic devices with a low band gap polymer and CdSe nanostructures exceeding 3% efficiency. Nano Lett, 2010, 10(1): 239-242.

[31] Gur I, Fromer N A, Chen C P, et al. Hybrid solar cells with prescribed nanoscale morphologies based on hyperbranched semiconductor nanocrystals. Nano Lett, 2007, 7(2): 409-414.

[32] Fu W F, Chen X, Yang X, et al. Optical and electrical effects of plasmonic nanoparticles in high-efficiency hybrid solar cells. Phys Chem Chem Phys, 2013, 15(40): 17105-17111.

[33] Fu W F, Shi Y, Wang L, et al. A green, low-cost, and highly effective strategy to enhance the performance of hybrid solar cells: Post-deposition ligand exchange by acetic acid. Sol Energ Mat Sol C, 2013, 117: 329-335.

[34] Fu W F, Wang L, Ling J, et al. Highly efficient hybrid solar cells with tunable dipole at the donor-acceptor interface. Nanoscale, 2014, 6(18): 10545-10550.

[35] Fan Z, Zhang H, Yu W, et al. Aqueous-solution-processed hybrid solar cells from poly(1,4-naphthalenevinylene) and CdTe nanocrystals. ACS Appl Mater Interfaces, 2011, 3(8): 2919-2923.

[36] Yu W, Zhang H, Fan Z, et al. Efficient polymer/nanocrystal hybrid solar cells fabricated from aqueous materials. Energy Environ Sci, 2011, 4(8): 2831-2834.

[37] Chen Z, Zhang H, Yu W, et al. Inverted hybrid solar cells from aqueous materials with a PCE of 3.61%. Adv Energy Mater, 2013, 3(4): 433-437.

[38] Jin G, Wei H T, Na T Y, et al. High-efficiency aqueous-processed hybrid solar cells with an enormous Herschel infrared contribution. ACS Appl Mater Interfaces, 2014, 6(11): 8606-8612.

[39] Zeng Q, Hu L, Cui J, et al. High-efficiency aqueous-processed polymer/CdTe nanocrystals planar heterojunction solar cells with optimized band alignment and reduced interfacial charge recombination. ACS Appl Mater Interfaces, 2017, 9(37): 31345-31351.

[40] Ren S, Chang L Y, Lim S K, et al. Inorganic-organic hybrid solar cell: Bridging quantum dots to conjugated polymer nanowires. Nano Lett, 2011, 11(9): 3998-4002.

[41] Gonzalez-Valls I, Lira-Cantu M. Vertically-aligned nanostructures of ZnO for excitonic solar cells: A review. Energy Environ Sci, 2009, 2(1): 19-34.

[42] Jiang X X, Chen F, Qiu W M, et al. Effects of molecular interface modification in CdS/polymer hybrid bulk heterojunction solar cells. Sol Energ Mat Sol C, 2010, 94(12): 2223-2229.

[43] Ma W, Luther J M, Zheng H, et al. Photovoltaic devices employing ternary PbS_xSe_{1-x} nanocrystals.

Nano Lett, 2009, 9(4): 1699-1703.

[44] Hines M A, Scholes G D. Colloidal PbS nanocrystals with size-tunable near-infrared emission: Observation of post-synthesis self-narrowing of the particle size distribution. Adv Mater, 2003, 15(21): 1844-1849.

[45] Seo J, Kim S J, Kim W J, et al. Enhancement of the photovoltaic performance in PbS nanocrystal: P3HT hybrid composite devices by post-treatment-driven ligand exchange. Nanotechnology, 2009, 20(9): 095202.

[46] Seo J, Cho M J, Lee D, et al. Efficient heterojunction photovoltaic cell utilizing nanocomposites of lead sulfide nanocrystals and a low-bandgap polymer. Adv Mater, 2011, 23(34): 3984-3988.

[47] Yuan J, Gallagher A, Liu Z, et al. High-efficiency polymer-PbS hybrid solar cells via molecular engineering. J Mater Chem A, 2015, 3(6): 2572-2579.

[48] Beek W J E, Wienk M M, Janssen R A J. Efficient hybrid solar cells from zinc oxide nanoparticles and a conjugated polymer. Adv Mater, 2004, 16(12): 1009-1013.

[49] Beek W J E, Slooff L H, Wienk M M, et al. Hybrid solar cells using a zinc oxide precursor and a conjugated polymer. Adv Funct Mater, 2005, 15(10): 1703-1707.

[50] Beek W J E, Wienk M M, Janssen R A J. Hybrid solar cells from regioregular polythiophene and ZnO nanoparticles. Adv Funct Mater, 2006, 16(8): 1112-1116.

[51] Oosterhout S D, Wienk M M, Al-Hashimi M, et al. Hybrid polymer solar cells from zinc oxide and poly(3-hexylselenophene). J Phys Chem C, 2011, 115(38): 18901-18908.

[52] Li F, Chen W, Yuan K, et al. Photovoltaic performance enhancement in P3HT/ZnO hybrid bulk-heterojunction solar cells induced by semiconducting liquid crystal ligands. Org Electron, 2012, 13(11): 2757-2762.

[53] Yao K, Chen L, Chen Y, et al. Interfacial nanostructuring of ZnO nanoparticles by fullerene surface functionalization for "annealing-free" hybrid bulk heterojunction solar cells. J Phys Chem C, 2012, 116(5): 3486-3491.

[54] Gweon G H, Sasagawa T, Zhou S Y, et al. An unusual isotope effect in a high-transition-temperature superconductor. Nature, 2004, 430: 187-190.

[55] Li Y, Mastria R, Fiore A, et al. Improved photovoltaic performance of heterostructured tetrapod-shaped CdSe/CdTe nanocrystals using C_{60} interlayer. Adv Mater, 2009, 21(44): 4461-4466.

[56] Dayal S, Reese M O, Ferguson A J, et al. The effect of nanoparticle shape on the photocarrier dynamics and photovoltaic device performance of poly(3-hexylthiophene): CdSe nanoparticle bulk heterojunction solar cells. Adv Funct Mater, 2010, 20(16): 2629-2635.

[57] Peng X, Manna L, Yang W, et al. Shape control of CdSe nanocrystals. Nature, 2000, 404: 59-61.

[58] Sun B, Marx E, Greenham N C. Photovoltaic devices using blends of branched CdSe nanoparticles and conjugated polymers. Nano Lett, 2003, 3(7): 961-963.

[59] Jeltsch K F, Schädel M, Bonekamp J B, et al. Efficiency enhanced hybrid solar cells using a blend of quantum dots and nanorods. Adv Funct Mater, 2012, 22(2): 397-404.

[60] Zhou Y, Eck M, Men C, et al. Efficient polymer nanocrystal hybrid solar cells by improved nanocrystal composition. Sol Energ Mat Sol C, 2011, 95(12): 3227-3232.

[61] Yang J, Tang A, Zhou R, et al. Effects of nanocrystal size and device aging on performance of

hybrid poly (3-hexylthiophene) : CdSe nanocrystal solar cells. Sol Energ Mat Sol C, 2011, 95 (2) : 476-482.

[62] Hindson J C, Saghi Z, Hernandez-Garrido J C, et al. Morphological study of nanoparticle-polymer solar cells using high-angle annular dark-field electron tomography. Nano Lett, 2011, 11 (2) : 904-909.

[63] Sun B, Snaith H J, Dhoot A S, et al. Vertically segregated hybrid blends for photovoltaic devices with improved efficiency. J Appl Phys, 2005, 97 (1) : 014914.

[64] Olson J D, Gray G P, Carter S A. Optimizing hybrid photovoltaics through annealing and ligand choice. Sol Energ Mat Sol C, 2009, 93 (4) : 519-523.

[65] Fritzinger B, Capek R K, Lambert K, et al. Utilizing self-exchange to address the binding of carboxylic acid ligands to CdSe quantum dots. J Am Chem Soc, 2010, 132 (29) : 10195-10201.

[66] Owen J S, Park J, Trudeau P E, et al. Reaction chemistry and ligand exchange at cadmium-selenide nanocrystal surfaces. J Am Chem Soc, 2008, 130 (37) : 12279-12281.

[67] Zhou Y, Riehle F S, Yuan Y, et al. Improved efficiency of hybrid solar cells based on non-ligand-exchanged CdSe quantum dots and poly (3-hexylthiophene). Appl Phys Lett, 2010, 96 (1) : 013304.

[68] Greaney M J, Das S, Webber D H, et al. Improving open circuit potential in hybrid P3HT : CdSe bulk heterojunction solar cells via colloidal *tert*-butylthiol ligand exchange. ACS Nano, 2012, 6 (5) : 4222-4230.

[69] Eck M, Pham C V, Zufle S, et al. Improved efficiency of bulk heterojunction hybrid solar cells by utilizing CdSe quantum dot-graphene nanocomposites. Phys Chem Chem Phys, 2014, 16 (24) : 12251-12260.

[70] Kwon S, Moon H C, Lim K G, et al. Improvement of power conversion efficiency of P3HT : CdSe hybrid solar cells by enhanced interconnection of CdSe nanorods via decomposable selenourea. J Mater Chem A, 2013, 1 (7) : 2401-2405.

[71] Ning Z, Voznyy O, Pan J, et al. Air-stable n-type colloidal quantum dot solids. Nat Mater, 2014, 13: 822-828.

[72] Lan X, Voznyy O, Kiani A, et al. Passivation using molecular halides increases quantum dot solar cell performance. Adv Mater, 2016, 28 (2) : 299-304.

[73] Yang Z, Janmohamed A, Lan X, et al. Colloidal quantum dot photovoltaics enhanced by perovskite shelling. Nano Lett, 2015, 15 (11) : 7539-7543.

[74] Liu W, Lee J S, Talapin D V. III-V nanocrystals capped with molecular metal chalcogenide ligands: High electron mobility and ambipolar photoresponse. J Am Chem Soc, 2013, 135 (4) : 1349-1357.

[75] Zhang H, Jang J, Liu W, et al. Colloidal nanocrystals with inorganic halide, pseudohalide, and halometallate ligands. ACS Nano, 2014, 8 (7) : 7359-7369.

[76] Qian L, Yang J, Zhou R, et al. Hybrid polymer-CdSe solar cells with a ZnO nanoparticle buffer layer for improved efficiency and lifetime. J Mater Chem, 2011, 21 (11) : 3814-3817.

[77] Myers J D, Cao W, Cassidy V, et al. A universal optical approach to enhancing efficiency of organic-based photovoltaic devices. Energy Environ Sci, 2012, 5 (5) : 6900-6904.

第 *3* 章

三维钙钛矿材料及其在太阳电池中的应用

三维结构 ABX₃ 型钙钛矿太阳电池的能量转换效率已经突破 25%，钙钛矿太阳电池兼具无机太阳电池和有机太阳电池的高效率和低生产成本等优势，能够采用溶液法进行大面积的卷对卷(roll-to-roll)生产，具有非常广阔的应用前景。

3.1 钙钛矿太阳电池简介

3.1.1 钙钛矿材料简介

钙钛矿(perovskite)是以俄国地质学家 Lev Perovski 名字命名的一类具有 ABX₃ 结构的化合物(如 $CaTiO_3$)，其中 A 一般是碱土元素离子和稀土元素离子，B 为过渡金属离子[1]。用于太阳电池中的钙钛矿材料主要是有机-无机杂化钙钛矿，这时 A 为一价有机阳离子，X 为一价卤素阴离子，B 为二价金属离子。其中 A 主要是甲胺阳离子($CH_3NH_3^+$, MA^+)和甲脒阳离子[$CH(NH_2)_2^+$, FA^+]，而最典型的钙钛矿为甲胺碘化铅($MAPbI_3$)。

典型的三维有机-无机钙钛矿结构如图 3-1 所示，其主要骨架是由共角 BX_6 八面体形成的三维无机网络，有机离子 A 则填充于八面体间的空隙中。钙钛矿的结构与 A、B 和 X 三种离子的半径相关，一般可通过戈尔德施米特(Goldschmidt)容限因子(tolerance factor) t 来预测钙钛矿的结构，即

$$t = \frac{R_A + R_X}{\sqrt{2}(R_B + R_X)} \tag{3-1}$$

其中，R_A、R_B 和 R_X 分别为离子 A、B 和 X 的半径。若要形成稳定的三维钙钛矿

结构, t 必须满足条件 $0.9 \leqslant t \leqslant 1$。当 $t > 1$ 时,钙钛矿为六方晶系或四方晶系结构;当 $0.71 \leqslant t < 0.9$ 时,钙钛矿则为正交晶系或菱形晶系结构[2]。此外,也可采用 t 和八面体因子(octahedral factor, μ)两个参数来衡量三种离子能否形成三维钙钛矿[3],即

$$\mu = \frac{R_B}{R_X} \tag{3-2}$$

若 A、B 和 X 三种离子的半径符合 $0.813 < t < 1.107$ 和 $0.414 < \mu < 0.732$ 两个条件,则可形成稳定的三维钙钛矿结构。例如,$R_{Pb}/R_I = 0.541$,在此范围之内。当 A 离子的半径较大时,它们则倾向于形成二维的钙钛矿。此时,共角 BX_6 八面体形成二维无机层,有机 A 离子层则位于无机层之间[4]。

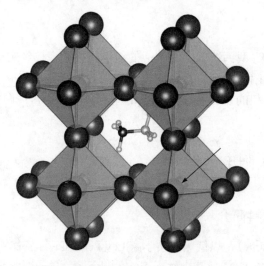

图 3-1 钙钛矿 ABX_3 晶胞结构[5]

深色大球代表 X,中间整体代表 A,箭头处浅色大球代表 B

3.1.2 钙钛矿材料作为光伏材料的优点

有机-无机杂化钙钛矿作为光敏活性层材料的优良性能首先体现在其对较宽光谱范围内光子的吸收和转化上。从图 3-2 的吸收光谱中可以看到,$MAPbI_3$ 和甲胺氯碘化铅($MAPbI_{3-x}Cl_x$)无论吸收系数还是吸收范围都与砷化镓、硒化镉、铜铟镓硒等传统无机半导体材料接近。甲胺碘化铅在波长 550 nm 处的吸收系数约为 $1.5 \times 10^5 \ cm^{-1}$,意味着 660 nm 厚的薄膜即可将 550 nm 波长的光完全吸收。

有机-无机杂化钙钛矿不仅有优异的光吸收系数,还有突出的电荷传输性能。钙钛矿的载流子类型、浓度和迁移率受其合成方法影响很大[7]。Stoumpos 等观察到溶液法生成的 n 型钙钛矿晶体中载流子浓度最低,而固相反应生成的 p 型钙钛

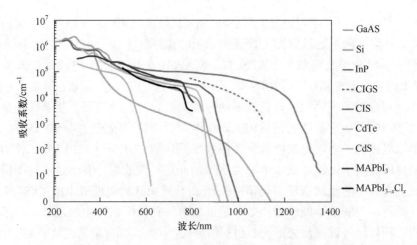

图 3-2　两种有机-无机杂化钙钛矿材料和其他常见光敏材料的吸收系数[6]

矿晶体载流子浓度较高[8]。基于泽贝克效应和霍尔效应的测试表明，溶液法生成的 n 型多晶 MAPbI$_3$ 钙钛矿载流子浓度约为 10^9 cm^{-3}，电子迁移率为 66 cm^2/(V·s)，而在真空管中固相反应生成的 MAPbI$_3$ 晶体电子迁移率高达 2320 cm^2/(V·s)[8]。钙钛矿晶体高电子迁移率的起源目前尚无定论，Gregori 和 Maier 等观察到 MAPbI$_3$ 钙钛矿晶体中除了电子迁移外，还存在着与电子迁移贡献程度相当的离子迁移[9]。

　　在加工方面，钙钛矿薄膜既可以使用真空蒸镀沉积法进行制备，也可以通过低温溶液法制备柔性电池[10]，实现卷对卷工艺制造。相比传统的晶硅太阳电池，其制备工艺简单、周期短、成本低。

3.1.3　钙钛矿太阳电池研究进展

　　1991 年，瑞士洛桑联邦理工学院 Grätzel 等首次报道了基于联吡啶钌（Ⅱ）络合物的染料敏化太阳电池（DSCs）[11]。相比晶硅太阳电池，此类电池制作工艺简单、成本低廉，因而引起了科学界的广泛关注。2009 年，Miyasaka 等率先将 MAPbBr$_3$ 和 MAPbI$_3$ 两种钙钛矿应用于染料敏化太阳电池中，分别得到了 3.13%和 3.81%的能量转换效率[12]。2011 年，Park 等通过优化 MAPbI$_3$ 量子点尺寸和 TiO$_2$ 层的厚度，进一步将电池的效率提高到 6.5%[13]。2012 年，Kim 等使用固态的 2,2′,7,7′-四 [N, N-二 (4-甲氧基苯基) 氨基]-9,9′-螺二芴 (spiro-OMeTAD) 作为空穴传输材料替代原先的液态电解质，提高了电池的效率（9.7%）和稳定性[14]。同年，Snaith 等使用碘氯混合钙钛矿（MAPbI$_{3-x}$Cl$_x$），使效率达到 10%以上。他们采用绝缘的 Al$_2$O$_3$ 取代多孔 TiO$_2$ 层，证明了钙钛矿本身具有良好的电子传输能力[15]。随后，他们将多孔层除去，保留致密 TiO$_2$ 层，采用平面异质结的电池器件结构，得到 15.4%的高效率[16]。Burshka 等则首次报道了两步法制备钙钛矿,同样得到 15.0% 的高效率[17]。2014 年,杨阳课题组通过界面工程获得了 19.3% 的高效率[18]。2015 年,Jeon 等首次报道了多组分混合钙钛矿 $(FAPbI_3)_{1-x}(MAPbBr_3)_x$,其太阳电池最佳效率达到 18% 以上,且稳定性较好[19]。2016 年,Grätzel 等通过引入 Cs 元素,制备了 Cs-FA-MA 三元混合阳离子钙钛矿,钙钛矿稳定性得到提升,使得可重复器件能量转换效率达 21.1%[20]。通过改进钙钛矿太阳电池金属卤化物吸光材料的制备方法,韩国科学家将钙钛矿太阳电池的能量转换效率提升到 22.1%[21]。2017 年,韩国化学技术研究所实现了钙钛矿太阳电池 22.7% 的能量转换效率,并通过了美国国家可再生能源实验室的测试认证。同年,Grätzel 教授团队利用低成本的 CuSCN 作为空穴传输材料,制备了能量转换效率超过 20% 的钙钛矿太阳电池器件,预示着有机空穴传输材料可以被价廉的无机材料所替代,从而大幅度降低钙钛矿太阳电池的成本[22]。2018 年,钙钛矿太阳电池的最高能量转换效率已高达 23.3%[23]。与其相关的研究已不仅局限于效率的提升,而是覆盖钙钛矿材料本身的组分调节、钙钛矿薄膜制备的调控[18, 24]、电子与空穴传输材料的研究[25]、钙钛矿太阳电池稳定性[26]、柔性钙钛矿太阳电池[10]、大面积钙钛矿太阳电池[27, 28]、钙钛矿/硅串联太阳电池[29]及非铅钙钛矿太阳电池等各个方面。在钙钛矿光伏组件设计生产方面,2016 年,纤纳光电团队将钙钛矿光伏组件效率的世界纪录从 12.1% 提高到了 15.2%,在进一步优化生产工艺之后,该效率提高到了 16.0%,2017 年这一效率又被刷新为 17.4%,已经与市面上常见的多晶硅组件效率不分上下。华中科技大学韩宏伟课题组利用碳对电极制备出效率为 10.4% 的全印刷介孔支架型钙钛矿太阳电池大面积组件,其有效面积达 $49\ cm^2$[30-32],为后续实现钙钛矿太阳电池产业化应用奠定了基础。

3.1.4 钙钛矿太阳电池的器件结构

钙钛矿太阳电池的结构主要借鉴了染料敏化太阳电池的介孔结构及有机太阳电池的平面型结构,因此其在材料选取和器件结构设计中与两种电池分别有相似之处。目前,常用的钙钛矿太阳电池器件结构主要可分为以下三种:介孔支架型、双层异质结型和平面异质结型,平面异质结型又分正型和反型两种(图 3-3)。

1. 介孔支架型结构

第一个有机-无机钙钛矿太阳电池的光伏器件是 Miyasaka 等所制备的甲胺溴化铅染料敏化太阳电池[33]。这种钙钛矿太阳电池结构脱胎于染料敏化太阳电池,具有传统染料敏化太阳电池的特征:以液相氧化还原电对体系为电解质,以介孔(指孔径介于几十到几百纳米的多孔体系)金属氧化物支架层来附着钙钛矿晶体。金属氧化物支架多为二氧化钛或氧化锌等宽带隙无机半导体。

在介孔支架型钙钛矿太阳电池中,钙钛矿晶体的形貌主要由下方的介孔支架层决定。在染料敏化太阳电池的发展过程中,介孔支架层的制备和调控已经形成

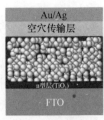

| (a) 介孔支架型 | (b) 双层异质结型 | (c) n-i-p 平面异质结型
(正型平面异质结) | (d) p-i-n 平面异质结型
(反型平面异质结) |

图 3-3　钙钛矿太阳电池的四种基本结构

了一套十分成熟的工艺，因而介孔支架型钙钛矿太阳电池的制备有着较好的可重复性[34-36]。然而为了有效吸收光子，附着了钙钛矿晶体的介孔支架层厚度通常在 500 nm 以上[37]，使载流子收集效率严重下降。这是介孔支架层从染料敏化太阳电池结构中继承而来的一个缺点(染料敏化太阳电池中的金属氧化物介孔支架层可以厚达 5 μm)。介孔支架型钙钛矿太阳电池的主要劣势在于相对较低的开路电压和对波长 700 nm 以上的光谱吸收能力差[38]。另外，金属氧化物介孔支架层的制备通常需要高温(约 500 ℃)长时间(3 h 以上)烧结，使可用的透明基底受到极大限制[一般只能选择掺氟氧化锡(fluorine-doped tin oxide，FTO)]，不利于大面积、大批量的连续生产。因此，对这一构型的太阳电池研究渐渐转移到以低温工艺路线制备介孔支架层上。随着稳定可控高质量钙钛矿薄膜制备工艺的不断出现，以及双层异质结和平面异质结型结构的迅速发展，介孔支架层已经不再是器件结构中不可缺少的部分。值得一提的是，在钙钛矿太阳电池光伏性能测量标准日趋完善的过程中，介孔支架层的另一项优点被发掘出来，那就是含有介孔支架层的电池在 J-V 曲线测试中的滞后效应低到可以忽略。这一优点也被含有介孔支架层的双层异质结型器件所继承。

2. 双层异质结型结构

双层异质结型钙钛矿太阳电池紧随着介孔支架型出现，并以 15% 的高能量转换效率引起了众多研究者的关注[17]。如图 3-3 所示，它与介孔支架型结构的主要区别是在附着钙钛矿晶体的介孔支架层上覆盖着一层纯钙钛矿晶体薄膜[39-41]，可以视为介孔支架型钙钛矿太阳电池的改进，也因此继承了介孔支架型钙钛矿太阳电池可重复性好、滞后效应低的优点。迄今为止，经过第三方机构权威认证的高效率钙钛矿太阳电池大多采用的是双层异质结型构架[42,43]。在双层异质结型构架中，介孔支架层的厚度相对介孔支架型结构削减了很多，影响器件结构的最关键因素也由介孔支架层的粒径和前处理方法等变为覆盖层钙钛矿晶体薄膜的形貌与质量，这为钙钛矿光敏活性层的制备引入了许多复杂的变量。

3. 平面异质结型结构

平面异质结型结构的设想起源于对氧化铝介孔支架层的作用机理研究[15]。作为绝缘体的氧化铝没有传输电子的能力，但以介孔氧化铝为多孔层的介孔支架型钙钛矿太阳电池效率甚至超过了以半导体二氧化钛为多孔层的对照组。这一事实证明，多孔网络支架对钙钛矿太阳电池而言不是结构上的必要部分。Snaith 等随即在 2013 年报道了以双源气相蒸镀法制备的平面异质结型钙钛矿太阳电池，取消了介孔支架层的同时依然保持了 15% 的高效率[16]。介孔支架层的取消使器件的制备过程不再需要 500 ℃ 以上的高温环境，极大地简化了工艺及降低了成本，这也使平面异质结型钙钛矿太阳电池成为最有可能大面积、大规模生产的钙钛矿太阳电池[44]。

平面异质结型钙钛矿太阳电池根据各功能层沉积顺序的不同细分为 n-i-p 平面异质结型（正型平面异质结）和 p-i-n 平面异质结型（反型平面异质结）两类，如图 3-3 所示。取消介孔支架层对太阳电池的结构是一个较大的改变，因此光子吸收-载流子分离的工作机理也相应地有所不同，类似本征半导体的 p-i-n 或 n-i-p 结；而基于偏压开尔文探针原子力显微术对含有支架层的常规钙钛矿太阳电池的分析表明，该类太阳电池中的电势分布指向的是二氧化钛/钙钛矿界面上的 p-n 结[45]。但无论是双层异质结型还是平面异质结型钙钛矿太阳电池，因为大部分光生载流子必须穿过整层薄膜到达电荷收集层，具有高的载流子传输特性的高质量的纯钙钛矿层是极为关键的。概括而言，理想的钙钛矿薄膜应当满足均相、平滑、高度结晶、高覆盖率这几条要求。由于高质量均相钙钛矿薄膜的光吸收系数比附着在介孔支架层上的钙钛矿纳米颗粒大得多，只需要不到 400 nm 厚的钙钛矿薄膜即可达到适宜的吸收效果。总体来说，平面异质结型钙钛矿太阳电池比双层异质结型钙钛矿太阳电池有着更高的开路电压和短路电流，尽管严重的 J-V 曲线滞后效应阻碍了其能量转换效率的提高，但高质量平面异质结型钙钛矿太阳电池的能量转换效率也能达到 20% 以上[20, 46, 47]。

3.1.5 钙钛矿太阳电池的工作原理

如前所述，钙钛矿光敏材料可以在许多不同类型的器件结构上实现突出的能量转换效率，因为它具有很高而且较为平衡的载流子（电子和空穴）传输性能，以及最长可达微米级的载流子扩散距离。这些不同类型的器件结构基本都遵循着光子吸收—激子分离—载流子传输—载流子收集的工作原理。以二氧化钛介孔支架型钙钛矿太阳电池为例，它在工作过程中主要发生了以下反应：

电子的注入与分离：

$$(e^- \cdots h^+)_{钙钛矿} \longrightarrow e^-_{cb,TiO_2} + h^+_{钙钛矿} \tag{3-3a}$$

$$h^+_{钙钛矿} \longrightarrow h^+_{HTM} \tag{3-3b}$$

空穴的注入与分离：

$$(e^- \cdots h^+)_{钙钛矿} \longrightarrow h^+_{HTM} + e^-_{钙钛矿} \tag{3-4a}$$

$$e^-_{钙钛矿} \longrightarrow e^-_{cb,TiO_2} \tag{3-4b}$$

激子的复合：

$$(e^- \cdots h^+)_{钙钛矿} \longrightarrow h\nu' \tag{3-5}$$

$$(e^- \cdots h^+)_{钙钛矿} \longrightarrow \nabla \tag{3-6}$$

TiO_2 表面的载流子复合：

$$e^-_{cb,TiO_2} + h^+_{钙钛矿} \longrightarrow \nabla \tag{3-7}$$

HTM 表面的载流子复合：

$$h^+_{HTM} + e^-_{钙钛矿} \longrightarrow \nabla \tag{3-8}$$

TiO_2/HTM 界面的载流子复合：

$$e^-_{cb,TiO_2} + h^+_{HTM} \rightarrow \nabla \tag{3-9}$$

1. 光子吸收与界面上的激子分离

借助飞秒瞬态吸收、光电流瞬态衰减等测试方法，研究者已经大致把握了介孔支架型钙钛矿太阳电池中光生载流子的产生和传输过程[48]。如图 3-4(a) 所示：首先钙钛矿光敏层材料吸收光子产生空穴-电子对，随后受束缚的空穴-电子对或激子分离为自由载流子。分离的主要方式有两种，一是电子从钙钛矿/二氧化钛界面注入电子传输层(electron transport layer, ETL)[式 (3-3a)]，二是空穴从钙钛矿/空穴传输材料界面注入空穴传输层 (hole transport layer, HTL)[式 (3-4a)，等效于电子从空穴传输层进入钙钛矿层]。

激子分离主要在电子传输层/钙钛矿晶体和空穴传输层/钙钛矿晶体这两种界面上同步发生，注入空穴与电子所需的时间也在同一量级上[48]。激子(空穴-电子对)在钙钛矿光敏层受到光照后立即产生，并在大约不到 2 ps(1 ps=1×10^{-12} s) 的时间里分离成寿命为微秒级的自由载流子。载流子的迁移率受钙钛矿晶体形貌影响较大，例如在二氧化钛介孔支架型钙钛矿太阳电池中，自由电子从钙钛矿注入氧化

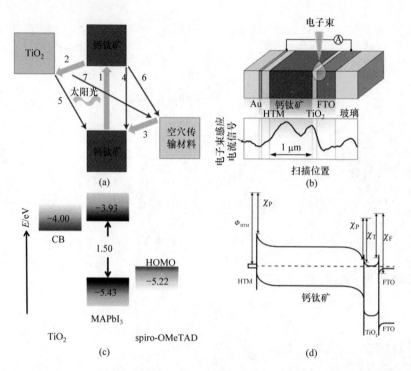

图 3-4　(a)电子在介孔支架型钙钛矿太阳电池中的传输过程示意图，过程 1～过程 3 表示载流子的产生和传输，过程 4～过程 7 表示载流子的复合[48]；(b) 电子束感应电流示意图[52]，用扫描电子束激发载流子，得到短路电流负载下的位置-电流关系曲线；(c) 介孔支架型钙钛矿太阳电池中各组分的真空能级[14]；(d) 根据(c)中的真空能级计算得到的能级弯曲示意图，χ_P、χ_T、χ_F 分别为钙钛矿、二氧化钛和 FTO 的电子亲和势，Φ_{HTM} 为空穴传输层材料的表面功函数

钛的时间为亚皮秒级，而二氧化钛的电子迁移率相对较低，来不及传输走的电子累积在二氧化钛/钙钛矿界面处造成载流子传输的不平衡[49,50]；相对地，附着在氧化铝介孔支架层上的钙钛矿晶体电子迁移率比二氧化钛介孔支架层上的低 50%，但换来了更为平衡的载流子注入，整体效率比后者更高[15]。这些例子也表明，钙钛矿光敏材料的表面缺陷能级较浅(10 meV)，缺陷态密度较低[51]。

2. 载流子的传输与复合

钙钛矿层吸收光产生激子，电子传输层和空穴传输层则分别收集分离的电子和空穴，使之到达对应的电极。图 3-4(a)中的 7 个过程中，过程 1 表示自由载流子的产生，过程 4～过程 7 依次表示激子的复合[式(3-5)和式(3-6)]、二氧化钛表面的载流子复合[式(3-7)]、HTM 表面的载流子复合[式(3-8)]及二氧化钛/HTM 界面的载流子复合 [式(3-9)]。活性层中发生的电子空穴复合，以及活性层与两种电荷传输层界面上发生的电子空穴复合共同构成了电荷的损耗。过程 7 表明电子传输层和空穴传输层有直接接触的可能，主要是在钙钛矿活性层未铺满整个基底的情况下。反应式(3-5)～式(3-9)都是与主反应式(3-3)、式(3-4)相竞争的副反应，会导致激子以辐射发光和非辐射复合的形式损失，因此必须将它们抑制在可接受的低水平上。这个目标可以通过选取载流子扩散距离大的钙钛矿光敏材料实现。

电子束感应电流(electron beam induced current，EBIC)方法可用于表征钙钛矿太阳电池器件断面上的电荷传输情况[52, 53]。用一束扫描电子激发载流子，得到短路电流负载下的位置-电流关系曲线，如图 3-4(b)所示。扫描曲线提供了两项重要信息：首先是钙钛矿区域内的两个 EBIC 信号强峰，分别位于钙钛矿/二氧化钛界面和钙钛矿/spiro-OMeTAD(空穴传输材料)界面附近，表明光生载流子在这两处富集；其次是两个 EBIC 信号强峰之间的低谷，代表分离出来的自由载流子在向着较远的对应电极移动(钙钛矿/二氧化钛界面上分离出的空穴向阳极移动，钙钛矿/spiro-OMeTAD 界面分离出的电子向阴极移动)过程中发生了复合，EBIC 信号峰谷之间的距离即对应着钙钛矿光敏材料的载流子平均扩散距离。EBIC 输出的短路负载下的弱电流信号，与热平衡状态下模拟载流子漂移与扩散的等效电路模型计算结果一致[54]。电子束扫描 spiro-OMeTAD/钙钛矿界面时得到的信号很弱，可能是由于此处电子-空穴复合速率较快，对应着图 3-4(a)中的 6，若此复合速率大于电子迁移速率，将在此处形成一个阻挡层。相对地，二氧化钛/钙钛矿界面处的 EBIC 响应要高得多，除了式(3-7)的复合速率较低之外，还可能是半导体二氧化钛自身贡献了相当比例的受激电子。

从图 3-4(c)和(d)中的能带角度也可以解释 EBIC 输出曲线的形状。当器件处于热平衡状态时，内部各层组分有一个统一的费米能级，可以运用 Anderson 规则[55](适用于半导体异质结)和莫特-肖特基(Mott-Schottky)规则[56](适用于金属-半导体界面)对其进行估算。由于二氧化钛的表面功函数低于 spiro-OMeTAD，内建电场从二氧化钛层穿过钙钛矿层指向空穴传输层，同时钙钛矿晶体自身的掺杂水平较低(普遍在 10^{14}～10^{16} cm^{-3}，具体数值取决于钙钛矿薄膜的制备方法)，综合之下，导致电子和空穴分别在二氧化钛/钙钛矿界面附近和 spiro-OMeTAD/钙钛矿界面附近富集，能带也就在二氧化钛/钙钛矿界面附近和 spiro-OMeTAD/钙钛矿界面附近弯曲。当钙钛矿活性层较厚时，两端的弯曲能带是相互独立的；减小其厚度，则弯曲的两部分将合并成为贯穿整个活性层的均匀内电场。

3.1.6　钙钛矿薄膜的制备方法

钙钛矿薄膜制备最常用的方法有溶液法与气相沉积法等。钙钛矿薄膜的厚度、结晶度、相纯度及薄膜的形貌对器件的最终性能有重要的影响[57]，因此对钙钛矿薄膜性能的改善也是钙钛矿太阳电池效率突飞猛进的重要推动力。根据制备工艺不同，主要可以分为一步旋涂法(一步法)、两步旋涂法(两步法)和气相沉积法(气相法)等。

1. 一步法

将金属卤化物和有机铵盐共溶于有机溶剂[如 *N*, *N*-二甲基甲酰胺(DMF)、*N*, *N*-二甲基乙酰胺(DMA)、二甲基亚砜(DMSO)、*N*-甲基吡咯烷酮(NMP)、*γ*-羟基丁酸内酯(GBL)]中，之后旋涂于基底上，再退火除去薄膜中残余的有机溶剂，从而得到钙钛矿薄膜，如图 3-5 所示[58]。一步法简单高效，但受到去湿效应的影响，薄膜的覆盖率较低。薄膜形貌受退火温度、溶液浓度、前驱体比例和溶剂的影响较大。

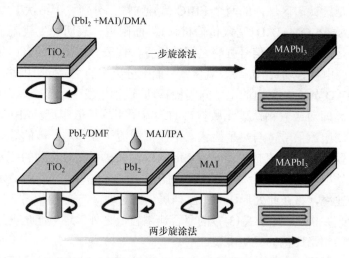

图 3-5　钙钛矿薄膜一步和两步旋涂法示意图[58]

Snaith 等[59]通过在氮气氛围中制备薄膜，90 ℃较低温度下进行退火，提升了钙钛矿在基底表面的覆盖率。并且通过 130 ℃快速预退火处理方法得到了微米级晶粒的钙钛矿薄膜。黄劲松课题组[60]对前驱体中 MAI 与 PbI$_2$ 的比例进行改变来调控薄膜形貌。杨阳课题组[61]通过退火处理，发现过量的 PbI$_2$ 存在于钙钛矿薄膜的晶界处，这种自我诱导的钝化改变了界面电学性质，有助于提高钙钛矿太阳电池的效率。Son 等[62]发现 6 mol%(摩尔分数，后同)过量的 MAI 会在晶界形成 MAI 层，从而形成离子传导通道提高了空穴与电子从晶界的抽取速率。2014 年，Seok 等[63, 64]在旋涂过程中引入反溶剂甲苯以控制薄膜结晶过程，使得薄膜表面光滑平整、晶粒变大。Park 等[65]利用路易斯酸碱理论，采用 DMF 与 DMSO 混合溶剂，并用乙醚进行反溶剂处理，改善了一步法制备的 MAPbI$_3$ 钙钛矿薄膜形貌与结晶性。

2. 两步法

将含 PbI$_2$ 的 DMF 溶液先旋涂于基底上，随后浸入 MAI 溶液中，或者在旋涂

有 PbI_2 的基底上再旋涂一层 MAI 溶液，此种方法为两步旋涂法。MAI 溶液须不溶解 PbI_2，一般可选异丙醇(IPA)，退火处理后得到钙钛矿薄膜，如图 3-5 所示[58]。钙钛矿薄膜质量受浸润时间及 MAI 溶液浓度的影响。

Grätzel 等[17]将 PbI_2 旋涂于 TiO_2 基底上并于 70 ℃下退火，随后将薄膜浸入 MAI 的异丙醇溶液中，薄膜颜色由黄色迅速变成暗棕色，形成钙钛矿薄膜，表面形貌得到有效控制，提高了表面覆盖率，最终测得的器件效率高达 15%。黄劲松课题组[66]为改善连续沉积法而提出两步旋涂法，得到的薄膜更加均匀，同时可以节省材料，降低制备成本。接着又将获得的钙钛矿薄膜在溶剂气氛下退火，促进了薄膜中晶粒的生长[43]。Park 等[58]详细比较了一步旋涂法与两步旋涂法，发现一步旋涂法制备的钙钛矿薄膜无任何规整形貌，而两步旋涂法则是立方状的晶粒堆积而成。

浙江大学陈红征课题组[67]系统地研究了两步法中 $PbI_2(X)$ 与钙钛矿薄膜的生长过程、薄膜形貌、载流子寿命及器件性能之间的关系。结果表明，配体 DMF 和 DMSO 的存在是制备平整致密的钙钛矿薄膜的关键。DMF 与 PbI_2 相互作用较弱，因此 $PbI_2(DMF)$ 在常温下就可以与 MAI 快速反应，完全转变成 $MAPbI_3$，得到的薄膜晶粒较小且晶界无序，载流子寿命也较短。当采用两者结合力较强的 $PbI_2(DMSO)$ 时，得到的薄膜的晶粒尺寸较大，有一定的垂直取向。薄膜具有很强的光致发光(PL)发射及长的 PL 寿命，说明薄膜具有较少的非辐射复合缺陷。这种薄膜制备得到的反型平面异质结器件的效率高达 17.0%。这个工作可以为选择合适的 $PbI_2(X)$ 制备高性能钙钛矿器件提供思路。

3. 气相法

Snaith 等[16]于 2013 年提出使用气相法制备钙钛矿薄膜，使用 MAI 与 PbI_2 作为蒸发材料在致密 TiO_2 基底上沉积生长获得表面更加平整的钙钛矿薄膜。气相法要求在真空环境中进行钙钛矿的生长。杨阳课题组[68]将溶液制备方法与 Snaith 的双源共沉积法结合以制备高质量的钙钛矿薄膜，即气相辅助沉积法。在旋涂有 PbI_2 的基底上真空沉积 MAI，得到的钙钛矿薄膜具有较小的粗糙度和微米级的多晶。

4. 其他方法

为制备高质量的钙钛矿薄膜，研究者对以上三种制备方法进行组合或者优化，发明了诸多新颖的制备方法。凯斯西储大学戴黎明课题组[69]将两步法与气相法结合，先气相沉积 PbI_2，再浸入 MAI 溶液中制备出致密均匀的钙钛矿薄膜。香港中文大学赵铌课题组[70]提出了将前驱体中的 PbI_2 与 HI 反应获得 $HPbI_3$，再与 FAI 混合旋涂，得到了结晶性更好的钙钛矿薄膜。中国科学院青岛生物能源与过程研究所崔光磊课题组[71]将制备的钙钛矿薄膜利用甲胺气体进行重结晶，改善结晶性能。苏州大学廖良生课题组[72]通过在钙钛矿薄膜退火处理前放入真空环境下抽取薄膜中的溶剂，以提高薄膜质量。山东大学崔德良和廉刚课题组[73]通过压力辅助的溶剂工程技术，实现了组成薄膜的微尺度晶体的二次生长，最终得到了晶粒尺寸大、结晶度高、取向性好及平整度高的 MAPbI$_3$ 钙钛矿薄膜。

3.2 钙钛矿材料及其太阳电池的稳定性

金属卤化物钙钛矿是一类光电性质优异的半导体材料，具有直接带隙、吸光系数高、缺陷容忍度高、载流子扩散距离长、双极性传输、可溶液制备等特点[74-76]。自从日本科学家 Miyasaka 在 2009 年报道了此类材料的太阳电池器件，相关材料及其在光伏器件中的应用得到了科学界的极大关注，电池效率也节节攀升[12, 77]。

效率、成本、寿命三要素共同决定着光伏技术的产业化前景。在效率方面，钙钛矿太阳电池在新型薄膜太阳电池中竞争力十足，与多晶硅太阳电池(22.3%)、碲化镉太阳电池(22.1%)和铜铟镓硒太阳电池(22.6%)相当。在成本方面，钙钛矿太阳电池所用元素含量丰富，可以低温、湿法、连续印刷制备，工艺成本低。而钙钛矿材料自身在湿热、光照、电场等条件下的稳定性是其短板，寿命成为影响钙钛矿太阳电池产业化的最大瓶颈。

光伏组件寿命测试标准(IEC 61646:2008, 第 2 版)规定的测试条件包括：暗态测试条件，暗态、65 ℃/85 ℃、相对湿度为 85%、断路状态；光照测试条件，1 个太阳当量、65 ℃/85 ℃、相对湿度约为 50%、偏压为最大功率点处负载电压。记录器件在老化条件下 1000 h 内的衰减情况，效率衰减小于 20%方可认为通过寿命测试。

虽然钙钛矿太阳电池稳定性的研究已经有了一系列突破，但要通过严格的商业化寿命测试标准还有一段不短的距离。在严格寿命测试条件下，综合评价钙钛矿太阳电池的稳定性，分析引起衰变的材料学本质原因并找到相应的解决办法，是目前钙钛矿太阳电池领域亟待解决的关键问题。

钙钛矿的化学稳定性，涉及其在不同外界条件下的化学反应过程，以 MAPbI$_3$ 为例，有如下反应：

$$PbI_2\,(s) + MAI\,(s) \Longleftrightarrow MAPbI_3\,(s) \tag{3-10}$$

该反应为可逆反应，如果正向进行，则生成钙钛矿，如果逆向进行，对应于钙钛矿的分解。其他钙钛矿材料，如 MAPbBr$_3$、CsPbBr$_3$、FAPbI$_3$ 等，化学稳定性问题与其类似，可以通过替换上述反应的 A 位或 I 原子得到。

一般而言，$MAPbI_3$ 的分解存在两种方式：第一种是 PbI_2 或 MAI 与其他组分结合形成中间态，从而推动上述化学反应不断向左进行；另一种是钙钛矿会在特定条件下直接分解，如 $MAPbI_3$ 受热分解产生碘甲烷和氨气[78]。而钙钛矿的分解过程往往存在上述两个过程的协同作用。

钙钛矿太阳电池的稳定性问题是材料自身因素和环境条件因素相互作用的结果，不同的环境条件导致不同的稳定性问题。影响钙钛矿太阳电池稳定性问题的几个敏感环境条件包括：水氧、热、紫外光照、电场、溶液加工条件(湿法制备过程中溶剂、溶质、添加剂或杂质作用)等。本节将讨论不同敏感环境条件下钙钛矿太阳电池的稳定性问题。

3.2.1　水和氧气对钙钛矿太阳电池稳定性的影响

在钙钛矿太阳电池的制备或负载过程中，所处的水、氧等气氛环境条件将直接影响式(3-10)中相关组分的稳定性。首先，钙钛矿作为一种离子化合物，对水或其他极性溶剂极为敏感，遇水后极易水解，使得式(3-10)向左进行。

清华大学邱勇和王力铎研究团队在钙钛矿稳定性研究方面做出了开创性的工作，他们发现，在水、氧条件下，MAI 容易发生下面一系列反应[79]：

$$PbI_2(s) + MAI(aq) \rightleftharpoons MAPbI_3(s) \tag{3-11}$$

$$MAI(aq) \rightleftharpoons CH_3NH_2(aq) + HI(aq) \tag{3-12}$$

$$4HI(aq) + O_2(g) \rightleftharpoons 2I_2(s) + 2H_2O(l) \tag{3-13}$$

$$2HI(aq) \overset{UV}{\rightleftharpoons} H_2(g) + I_2(s) \tag{3-14}$$

当有水存在时，$MAPbI_3$、MAI 溶液和 PbI_2，MAI、CH_3NH_2 和 HI 溶液间的化学反应平衡分别如式(3-11)、式(3-12)所示。HI 有两种反应途径，在 O_2 的作用下会生成 I_2 单质和水[式(3-13)]，在 UV 光照的作用下会发生光化学反应生成 H_2 和 I_2 单质[(式 3-14)]。这两个反应均会消耗 HI，使反应式(3-12)的平衡向右移动，造成 MAI 的分解。进一步，使式(3-11)平衡向左移动，造成钙钛矿的分解。

由于存在上述敏感反应，钙钛矿太阳电池的制备一般都要在手套箱中进行[16,80]。组装完成的器件在空气中放置时，也会造成钙钛矿材料的分解；研究发现钙钛矿材料在相对湿度为 55% 的条件下颜色由深棕色变为黄色，说明了钙钛矿材料的大量分解[81]。钙钛矿材料的分解会直接造成钙钛矿太阳电池效率的下降，从而不利于钙钛矿太阳电池的应用。

水和氧气的共同作用会造成钙钛矿的不可逆分解。将 $TiO_2/MAPbI_3$ 薄膜在相对湿度 60%、温度 35 ℃的条件下放置 18 h，其 530~800 nm 范围内的紫外可见吸收大幅度下降。XRD 测试结果表明，经过放置后，$MAPbI_3$ 的特征衍射峰完全消失，取而代之的是在 34.3°、39.5°、52.4°这 3 个特征峰，对应六方 2H 晶型的 $PbI_2(102)$、(110)、(004) 晶面，以及另一个新出现的特征峰 38.7°，归属于斜方 $I_2(201)$ 晶面。把 MAI 放置在 UV 和空气环境下，MAI 由白色变成了黄色，进一步证明了 I_2 的生成[79]。在钙钛矿材料和空穴传输材料界面修饰 Al_2O_3，可以对钙钛矿材料起到物理封装作用，阻隔钙钛矿与水汽的直接接触，类似的方法还包括聚四氟乙烯、聚乙烯等作为界面层修饰于钙钛矿材料表面。

水与钙钛矿的分子反应过程主要是，水分子作为路易斯碱，与一分子 $MAPbI_3$ 结合，夺取氨基上的质子，形成$[(CH_3NH_3^+)_{n-1}(CH_3NH_2)PbI_3][H_3O]$中间态，这一中间态物质会进一步分解变成 HI、$CH_3NH_2$ 和 PbI_2[82]。基于这一反应机理，推断假如将钙钛矿中的甲胺正离子换成没有质子给出能力的有机离子，如$(CH_3)_4N^+$ 等，将有效提高钙钛矿在水环境下的稳定性。

相比 $MAPbI_3$，$MAPbBr_3$ 对水氧稳定性更高[83, 84]。研究表明，当 $MAPb(I_{1-x}Br_x)_3$ 中 x 的值为 0.2 和 0.29 时，钙钛矿太阳电池在相对湿度为 55%的环境中能够稳定工作。推测这是体积较大的 I^- 被体积较小的 Br^- 所取代，造成钙钛矿的晶型由四方相向更稳定的立方相转变。

在电池器件制备过程中，引入部分水分子，对器件性能会有一定提高。钙钛矿前驱体在合成过程中存在重组，具有吸水性的有机成分可以在水中溶解，从而使得有机成分更快速地转移到 PbI_2 中从而形成钙钛矿材料，这对制备高效率器件是有益的。然而，在器件制备好之后，钙钛矿材料对水分仍然十分敏感。

Karunadasa 等发现通过在 A 位引入长链有机铵盐，如苯乙胺阳离子$[C_6H_5(CH_2)_2NH_3^+, PEA^+]$，能够有效提高其水氧稳定性，但是苯乙胺分子体积较大，当其填入 A 位时会形成二维层状分子，并引起带隙的增大，导致器件整体效率的下降[85]，如图 3-6 所示。后续也有很多研究工作报道了基于苯乙胺、丁胺和短链胺混合形成二维钙钛矿及电池器件，具有优异的水氧稳定性[86, 87]。

3.2.2 温度对钙钛矿太阳电池稳定性的影响

受热或温度变化也是影响钙钛矿太阳电池稳定性的重要因素。受热条件下钙钛矿材料存在热分解、晶型转变、杂质扩散、晶界变化及热膨胀等；对于含有有机传输层的钙钛矿太阳电池器件，spiro-OMeTAD 等的玻璃化转变温度也会直接影响器件稳定性。

1. 钙钛矿材料的热稳定性

钙钛矿的晶体结构会随着自身组成和环境(如温度、压力等)的改变而变化，

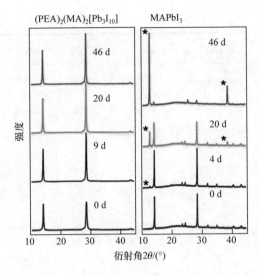

图 3-6　苯乙胺-甲胺混合钙钛矿老化前后的 XRD 谱图[85]

并直接对钙钛矿太阳电池的稳定性造成影响。钙钛矿晶体结构在温度变化下会出现晶格收缩或膨胀，也会对材料和器件性能造成影响。如表 3-1 所示，$MAPbX_3$ 晶体结构的对称性随着温度的增加而提升。值得注意的是，在室温条件下，$MAPbI_3$ 是四方晶系而 $MAPbBr_3$ 和 $MAPbCl_3$ 是立方晶系，这与随着容限因子的增大钙钛矿对称性提升的规律是相符的。对 $MAPbI_3$ 的 XRD 和 DSC(differential scanning calorimetry，差示扫描量热法)研究结果表明，56 ℃是 $MAPbI_3$ 由四方晶系向立方晶系转变的温度[84]。

表 3-1　$MAPbX_3$($X=Cl^-$，Br^-，I^-)在不同温度下对应的晶型及参数[84]

材料	晶相	温度/K	晶型	空间群	晶格常数/pm	体积/(10^6 pm³)
	α	> 178.8	立方	$Pm3m$	a=567.5	182.8
	β	172.9~178.9	四方	$P4/mmm$	a=565.5	180.1
$MAPbCl_3$					c=563.0	
	γ	< 172.9	正交	$P222_1$	a=567.3	357.0
					b=562.8	
					c=1118.2	

续表

材料	晶相	温度/K	晶型	空间群	晶格常数/pm	体积/(10^6 pm³)
	α	>236.9	立方	$Pm3m$	a=590.1(1)	206.3 (260K)
	β	155.1~236.9	四方	$I4/mcm$	a=832.2(2)	819.4
					c=1183.2(7)	
MAPbBr$_3$	γ	149.5~155.1	四方	$P4/mmm$	a=589.4(2)	
					c=586.1(2)	
	δ	<144.5	正交	$Pna2_1$	a=797.9(1)	811.1
					b=858.0(2)	
					c=1184.9(2)	
	α	>327.4	立方	$Pm3m$	a=632.85(4)	253.5
	β	162.2~327.4	四方	$I4/mcm$	a=885.5(6)	992.6
					c=1265.9(8)	
MAPbI$_3$	γ	<162.2	正交	$Pna2_1$	a=886.1(2)	959.5
					b=858.1(2)	
					c=1262.0(3)	

注：括号内为晶格常数中最后一位不确定数值

此外，受热条件下，钙钛矿除了受相变和晶体结构膨胀影响之外，还可能发生热分解反应，如 MAPbI$_3$ 可能会分解释放出 CH$_3$NH$_2$ 气体分子，而基于 HN＝CHNH$_3^+$ 和 Cs$^+$ 的钙钛矿其 A 位分子自身热稳定性增强，钙钛矿整体的热稳定性也得到提高。同时，钙钛矿材料的热传导特性及热膨胀系数也需要考虑，文献报道 MAPbI$_3$ 的热导率很低，这意味着光照产生的热量在钙钛矿中不能很快被导出，从而影响器件的寿命[88]；钙钛矿与基底材料的热膨胀系数不匹配，会导致热应力产生，从而造成薄膜开裂等[89]。

2. 空穴传输材料的热稳定性

除了钙钛矿自身的热稳定性，以 spiro-OMeTAD 为主的 HTM 也是影响钙钛矿太阳电池热稳定性的重要因素。实验发现，在烧结过后，spiro-OMeTAD 的结晶性和氧化程度得以改善，从而有利于空穴在 HTM 中的传输，烧结过后器件短路电流得以提高。但是，烧结使其中的添加剂双(三氟甲磺酰基酰亚胺)锂(Li-TFSI)转移到了 TiO$_2$ 的表面，并且路易斯碱类添加剂[如叔丁基吡啶(TBP)]会部分挥发，TiO$_2$ 的费米能级会有所下移，因此器件的开路电压和填充因子均有所下降。

一些其他类型更为稳定的 HTM 也陆续被应用在钙钛矿太阳电池中。四硫富瓦烯(tetrathiafulvalene，TTF)衍生物 TTF-1 可以不需要 p 型掺杂，直接用作钙钛矿太阳电池的空穴传输层[90]。此外，在相对湿度为 40% 条件下，对基于 TTF-1 和 spiro-OMeTAD 这两种 HTM 的钙钛矿太阳电池稳定性进行测试，TTF-1 要明显好于 spiro-OMeTAD，这主要归因于 TTF-1 中没有使用添加剂，加之，TTF-1 有着疏水的烷基链。

解决 HTM 稳定性差的另一个方法就是移除 HTM 制备无 HTM 的钙钛矿太阳电池。通过在钙钛矿和 Au 电极之间构建欧姆接触，达到调控 MAPbI$_3$/Au 界面、提高电池效率和电池稳定性的作用，器件效率达到 10.5%[91]。无 HTM 器件在空气中光照下放置 1000 h，能量转换效率只有微弱的衰减[92]。

3.2.3　湿法制备条件对钙钛矿太阳电池稳定性的影响

可溶液加工是钙钛矿太阳电池的一个重要优势，但溶液加工也给其化学稳定性带来了诸多问题。在溶液加工过程中存在溶剂、溶质、添加剂或杂质对钙钛矿材料的不良作用，如空穴传输层添加剂中路易斯碱(TBP 等)对钙钛矿的化学稳定性有显著影响等[93]。因此，溶液加工条件下钙钛矿太阳电池的化学稳定性是重要的研究课题。

使用离子液体 N-丁基-N'-(4-吡啶基庚基)咪唑-双(三氟甲烷磺酰)亚胺盐[N-butyl-N'-(4-pyridylheptyl)imidazolium bis(trifluoromethane) sulfonamide，BuPyIm-TFSI]取代 TBP 可以避免 TBP 对钙钛矿的腐蚀[94]。此外，BuPyIm-TFSI 还具有提高 HTM 导电性，降低电池暗电流的作用。除了 TBP 以外，作为 HTM 中 Li-TFSI 的溶剂，乙腈也对钙钛矿有一定的腐蚀作用。

当 TBP 被滴在钙钛矿薄膜上后，钙钛矿会迅速分解。XPS 实验结果表明，TBP 会和 PbI$_2$ 相互作用从而形成[PbI$_2$·xTBP]，由此导致钙钛矿的分解。在制备钙钛矿太阳电池时，HTM 中的 TBP 会和钙钛矿相接触，从而分解钙钛矿并影响钙钛矿太阳电池的稳定性。然而，TBP 能够有效抑制电子从 TiO$_2$ 到 HTM 的反向复合过程，从而使钙钛矿太阳电池的开路电压得到提高。同时，TBP 还能够提高 HTM 的极性以增强钙钛矿和 HTM 的接触，因此它是 HTM 中重要的添加剂。为了既能够使 TBP 起到以上对钙钛矿太阳电池有利的作用，又能够减少 TBP 对钙钛矿的腐蚀，采用具有插层结构的蒙脱土(montmorillonite，MMT)对钙钛矿/HTM 界面进行修饰可以提高器件的稳定性[93]。研究结果表明，MMT 可以通过插层结构中的氢键与 TBP 相互作用从而达到吸附 TBP 的目的。

此外，钙钛矿对 NH_3 及有机胺极其敏感，在胺中可以迅速溶解。将钙钛矿薄膜从一个含有 3% NH_3 溶液的瓶子上方掠过，钙钛矿的颜色立刻变浅[95]。XRD 测试结果表明，在和 NH_3 相互作用后，钙钛矿样品中会在 11.6°处出现一个特征峰，该特征峰既不属于 $MAPbI_3$ 也不属于 PbI_2。在溶剂挥发的过程中，残留的 DMF 同样会分解钙钛矿材料。钙钛矿对溶剂和溶质中的杂质也非常敏感，溶剂轻微的吸水也会导致钙钛矿的分解等。

3.2.4 紫外光照对钙钛矿太阳电池稳定性的影响

在钙钛矿太阳电池器件结构中，目前大多采用 TiO_2 作为致密层或纳米多孔载体层。这种结构导致钙钛矿太阳电池化学稳定性对紫外光照较为敏感。在到达地面的太阳光中，有 5%的紫外线，半导体材料 TiO_2 是一类典型的光催化材料，其吸收带边在 300 nm 左右，属于太阳光的紫外部分。TiO_2 吸收紫外光后，价带上的电子 (e^-) 受激发跃迁至导带，同时在价带上产生相应的空穴 (h^+)。光生空穴有很强的得电子能力，具有强氧化性，可夺取半导体颗粒表面被吸附物质中的电子。在以 TiO_2 为纳米多孔载体层的钙钛矿太阳电池中，钙钛矿材料和 TiO_2 直接接触，可发生如下反应：

$$2I^- \Longleftrightarrow I_2 + 2e^- \quad （在 TiO_2/MAPbI_3 界面） \tag{3-15}$$

$$3CH_3NH_3^+ \Longleftrightarrow 3CH_3NH_2 \uparrow + 3H^+ \tag{3-16}$$

$$I^- + I_2 + 3H^+ + 2e^- \Longleftrightarrow 3HI \uparrow \tag{3-17}$$

该反应会生成 HI 和 CH_3NH_2 从而使 MAI 分解，进而导致钙钛矿材料的分解，最终造成电池器件稳定性降低。

实验也证实了上述分解反应，在 N_2 的环境下封装后，以 TiO_2 为基底的钙钛矿太阳电池在光照条件下性能会迅速衰减，而没有封装的器件反而表现出了更好的稳定性[38]。基于这一现象，他们提出 O_2 可以消除 TiO_2 的表面态的学术观点。如图 3-7 所示，作为 n 型半导体，TiO_2 的表面有许多表面态，这些表面态位点会作为电子给体与 O_2 相结合。在紫外光的照射下，TiO_2 价带上的电子受到激发从而形成电子-空穴对，在价带上的光生空穴会与 O_2 吸附位点的电子相结合，同时造成 O_2 的解吸附。此时，TiO_2 的表面态会作为陷阱与敏化剂中的电子相结合。而在 TiO_2 导带的光生电子会和 HTM 中的空穴复合，从而造成器件中电子反向复合的增加。O_2 可以通过不断吸附在 TiO_2 的表面态上从而造成陷阱的减少。而 Al_2O_3 作为一类宽带隙绝缘体在紫外光照下不会被光激发，用 Al_2O_3 作为载体层的钙钛矿太阳电池表现出了良好的稳定性，光照条件下 1000 h 内效率衰减幅度较小。

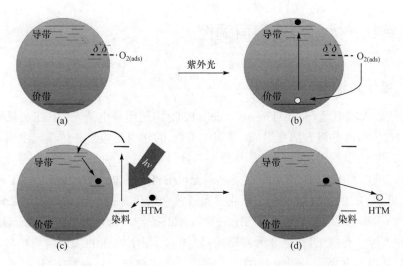

图 3-7　钙钛矿太阳电池在紫外光照条件下的老化机理[38]

　　为了解决紫外光照条件下的稳定性问题，也可以利用在玻璃表面添加涂层，将紫外光下转换为可见光的方式减少紫外光的影响。YVO_4：Eu^{3+} 是一种理想涂层材料，将其涂在 FTO 玻璃的背面，利用 Eu^{3+} 掺杂的 YVO_4 吸收紫外光并可透过可见光的特点，将紫外光下转换为可见光[96]。长时间光照后，经过 YVO_4：Eu^{3+} 修饰的钙钛矿太阳电池保持了 50% 的初始效率，而没有经过 YVO_4：Eu^{3+} 修饰的钙钛矿太阳电池效率衰减严重，只剩原有效率的 35%。此外，由于 YVO_4：Eu^{3+} 能够将紫外光转化为可见光，经过修饰的钙钛矿太阳电池的短路电流比未修饰的提高了 8.5%。

　　除了以上提到的对钙钛矿表面进行修饰和引入紫外滤光材料两种方法外，发展其他类型的钙钛矿材料，如全无机钙钛矿，避免有机组分的分解，也是提高钙钛矿太阳电池的紫外光照稳定性和热稳定性的重要方法，是今后发展的重要方向[97]。

3.2.5　结论

　　综上所述，钙钛矿太阳电池的稳定性研究已经取得了一定的进展，但目前有关钙钛矿太阳电池稳定性特别是热稳定性等一些基础理论问题尚未解决。钙钛矿太阳电池稳定性的调控是个系统工程，其中包括：钙钛矿组成和晶体结构的材料设计与合成、薄膜制备、界面工程、封装方法(多层膜封装或盏式封装)、模块技术等。针对钙钛矿太阳电池稳定性相关的关键理论问题或技术课题，目前一些研究小组已经开始着力研究和开发，期待不久的将来钙钛矿太阳电池在稳定性方面取得新的突破，为钙钛矿太阳电池的应用和产业化打下良好的基础。

3.3 钙钛矿太阳电池界面调控

3.3.1 电子传输层

钙钛矿太阳电池(perovskite solar cell, PSC)由透明导电基底、ETL、钙钛矿活性层、HTL 和背电极五部分组成。其中，ETL 的作用是收集并传输光生电子、阻挡空穴、防止钙钛矿层或者 HTL 与导电基底直接接触、抑制电荷复合[98]。依据材料类型，可以将 ETL 大致分为三类，即无机 ETL、有机 ETL 和复合型 ETL。其中，无机 ETL 主要包括一些二元或三元过渡金属化合物，如 TiO_2[14]、ZnO[99]、SnO_2[100]、Nb_2O_5[101]、CdS[102]、Bi_2S_3[103]、$CdSe$[104]、$SrTiO_3$[105]、Zn_2SnO_4[106]、$BaSnO_3$[26]等。有机 ETL 可分为富勒烯基(如 C_{60} 衍生物和 PCBM)[107]和非富勒烯基(如苊烯酰二亚胺及苝酰亚胺类衍生物)[108]两类材料。复合型 ETL 是指将不同的电子传输材料(ETM)有机结合在一起并充分发挥每种组分的性能优势，如将不同的无机 ETM 进行复合，或者将无机 ETM 与有机 ETM 进行复合。当前，无机 ETL 在 PSC 领域应用最为广泛，电池效率较高。无机 ETL 可采用物理真空沉积或者化学湿法制备，其中，化学湿法制备包括溶液法、溶胶-凝胶法、电沉积法、原位水热生长法、化学水浴沉积法等。

大量的研究表明，ETL 是 PSC 中不可缺少的一部分，对器件的光电性能起着决定性作用。在选择 ETL 时，必须充分考虑其光学、电学特性及表面缺陷。首先，ETL 需要具有好的透光性，这样可以确保更多的光子穿过 ETL 并被钙钛矿层捕获，从而增加器件的光电流密度。ETL 大多由纳米晶组成，其透光性取决于材料种类和薄膜厚度，同时也受 ETL 纳米结构的影响，如晶粒尺寸。在同等厚度的情况下，晶粒尺寸越小，ETL 中透光性越好。ETL 电学特性主要从导电性和能带结构进行考量。调控 ETL 电学特性的目的在于减少光生电子界面转移及传输过程中的动力学能量损失。合适的能带结构有利于电子的界面转移，高的载流子迁移率能够将光生电子迅速传输至外电路，减少 ETL 表面缺陷态，能够降低光生电子被复合的概率。通常情况下，ETM 的导带能级需略低于钙钛矿，反之会在 ETL/钙钛矿界面上产生势垒，不利于光生电子从钙钛矿向 ETL 注入。在提升 ETL 导电性方面，通常所用的方法包括调控材料的晶型和纳米形貌，或进行掺杂。ETL/钙钛矿是 PSC 中最为关键的界面之一，对其进行界面修饰可以达到减少表面缺陷态和抑制复合的目的。另外，在某些情况下，界面修饰还能增强 ETL 与钙钛矿之间的界面电学耦合并抑制钙钛矿的光致降解，从而更有利于光生电子的快速转移和器件的长期稳定性。

有关 ETL 的研究一直以来都是 PSC 的重点方向，近些年 PSC 效率的快速提高在很大程度上也与 ETL 的性能调控密切相关。在该领域，瑞士 Grätzel 课题组、牛津大学 Snaith 课题组及美国加州大学洛杉矶分校杨阳课题组等均做出了非常具有代表性的工作，另外，清华大学、浙江大学、武汉大学、大连理工大学、华北电力大学、中国科学院过程工程研究所等国内高校和科研机构也报道了大量创新性研究工作。由于本章篇幅有限，且与 ETL 相关的研究工作众多，下面将重点围绕 ETL 材料种类、界面调控、微纳结构调控及低温制备进行概述。

1. PSC 中常用 ETL 及界面调控

无机 ETL 主要是一些 n 型二元或三元过渡金属化合物，这些化合物通常具有较宽的带隙（3.0 eV 以上），在可见光区响应较弱。另外，与有机 ETL（如富勒烯及其衍生物）相比，无机 ETL 材料大多较为稳定，制备相对简单且成本较低。目前，已报道的无机 ETL 包括 TiO_2、ZnO、SnO_2、Nb_2O_5、CdS、Bi_2S_3、$CdSe$、$SrTiO_3$、Zn_2SnO_4 等。这些 ETL 材料的光学特性、半导体特性及化学稳定性不尽相同，其中，研究和应用较多的三种 ETL 材料为 TiO_2、SnO_2 和 ZnO。

TiO_2 是一种常见的氧化物半导体，带隙约为 3.2 eV，具有优异的化学稳定性（能耐强酸强碱），被广泛应用于涂料、塑料、造纸、印刷油墨、化纤、橡胶、化妆品等领域。与此同时，在新能源领域，TiO_2 也是新型光电器件中常用的 ETL（或电子提取层）或电子受体材料。例如，TiO_2 是 DSCs 主流的光阳极材料，已被广泛使用和研究[11, 109, 110]。作为 DSCs 光阳极，TiO_2 为多孔结构，其主要功能是吸附染料分子并进行光生电子的收集和传输。值得一提的是，PSC 结构在某种意义上可以说是 DSCs 结构的继承和重大改进。2012 年，Park 和 Grätzel 等首次报道了全固态 PSC 并获得了 9.7% 的能量转换效率[14]。该新型光伏器件依然使用 TiO_2 进行光生电子的提取和传输，该功能层在 PSC 领域一般被称为 "ETL" 或 "电子提取层"。在介观 PSC 中，TiO_2-ETL 延续了 DSCs 光阳极结构，即 TiO_2 致密层+TiO_2 多孔层。有所不同的是，由于 PSC 中的钙钛矿材料本身具有优异的电荷传输性能，所以 TiO_2 多孔层更多地起到负载和支撑作用[15]，其厚度过大会导致钙钛矿前驱体溶液渗透困难，继而对后续结晶过程产生不利影响，也不利于电子的传输和收集。DSCs 中 TiO_2 多孔层的厚度往往在 10 μm 以上，而在 PSC 中，TiO_2 多孔层的厚度往往不到 1 μm。截至目前，基于 TiO_2-ETL 的 PSC 能量转换效率已经超过 22%[21]。

尽管 TiO_2 是一种性能优异的 ETL 材料，但其也存在诸多问题，如电导率低。最常见的钙钛矿材料 $MAPbI_3$ 本征电子迁移率为 20～30 $cm^2/(V \cdot s)$[50]，而 TiO_2 本征电子迁移率仅为 0.1～1 $cm^2/(V \cdot s)$[111]，这导致光生电子容易在 ETL/钙钛矿界面产生积累并导致严重复合。同样值得重视的是，TiO_2 表面含有较多的缺陷，其中对其半导体特性影响最为显著的是表面氧缺陷，主要体现在电荷传输和器件稳定性方面[38]。对 TiO_2-ETL 进行掺杂或者表面修饰是提升器件性能和稳定性的主要策略。通过 Al、Yb、Mg、Li、Sn、Nb 等元素对 TiO_2 进行掺杂可以改变其能带结构、提高电导率或者抑制表面缺陷[18, 112-116]。例如，杨阳课题组对 TiO$_2$-ETL 进行了 Yb 掺杂，发现掺杂后 ETL 的电导率从 6×10^{-6} S/cm 提升至 2×10^{-5} S/cm，结合界面修饰和钙钛矿结晶调控，该课题组在 2014 年获得了 19.3%的能量转换效率[18]。

采用有机功能性分子或者宽带隙材料对 TiO$_2$-ETL 进行界面修饰，可以起到钝化表面、消除缺陷态、调节功函数、阻隔水汽、增强光吸收等作用。例如，当富勒烯分子在致密 TiO$_2$-ETL 表面形成自组装单(分子)层(self-assembled monolayer，SAM)以后，其电荷传输性能有了明显提升[117]。这主要归功于该 SAM 的界面钝化作用，使得 TiO$_2$/钙钛矿界面处的电荷缺陷态明显减少并最终提升了器件性能。研究表明，在 TiO$_2$ 纳米颗粒表面制备一层超薄 MgO 可以有效抑制 ETL 与钙钛矿之间的电荷复合，从而使器件的开路电压和填充因子获得明显提升[118]。与 MgO 情况类似，在 TiO$_2$ 表面进行 Y$_2$O$_3$ 或者 Al$_2$O$_3$ 处理也可以达到同样的效果。

一些含有氨基和巯基的功能性分子如 HOOC—R—NH$_3$I、氨基酸、硫醇等也可以对 TiO$_2$ 表面起到很好的修饰效果，不仅可以钝化 TiO$_2$ 表面，还能够促进钙钛矿形成均匀平整的薄膜并促进电子注入[119-121]。例如，厦门大学郑南峰课题组利用含有巯基及羧酸基团的分子对 ETL/钙钛矿界面进行修饰[121]。实验结果发现，这种界面修饰可以起到三方面的积极效果：①一定程度上促进钙钛矿晶体的形成并获得含有大尺寸晶粒的钙钛矿薄膜；②有利于光生电子从钙钛矿快速转移至 ETL，从而提高电池的光电转换性能；③减少了水分对钙钛矿层的破坏，从而显著提高了电池在空气中或光照下的稳定性。此外，某些高分子材料也能用于 TiO$_2$/钙钛矿界面修饰。例如，使用聚环氧乙烷(PEO)对 TiO$_2$ 进行界面修饰后，其导电性和透光率均未出现改变，但 PEO 的修饰可以有效抑制电荷复合并促进界面处偶极的形成，从而改善了电荷收集并提高了器件的开路电压和短路电流。

众所周知，稳定性问题一直以来都是阻碍 PSC 实用化的瓶颈问题。除了外界水汽和温度等条件对钙钛矿材料稳定性不利，紫外光对其也有一定的破坏作用。这是因为，TiO$_2$ 在紫外光刺激下容易产生本征激发并表现出具有一定的光催化降解能力，从而导致钙钛矿活性层的分解。在大自然中，南芥叶子表现出较好的抗紫外线作用，研究发现这是由于其含有一种芥子酸的衍生物，该物质在紫外区有非常强的吸收，特别是波长 290~320 nm 区域，南芥叶子可以通过该物质吸收紫外光，并将吸收的紫外光转化为热量散发掉，从而免受紫外光的破坏。兰州大学曹靖课题组巧妙利用这一自然现象，将芥子酸衍生物修饰在 ZnO 或 TiO$_2$ ETL 表面[122]。其中，芥子酸衍生物中的羧酸根可以与 ZnO 或 TiO$_2$ 表面进行很好的结合，而芥子酸衍生物中羟基可以很好地钝化钙钛矿表面。基于这一策略，钙钛矿太阳电池的抗紫外性能和能量转换效率最终获得了大幅提高。

除了 TiO$_2$，目前研究和使用较多的另一种 ETL 材料为 SnO$_2$。SnO$_2$ 也是一种常见的宽带隙半导体材料。与 TiO_2 相比，SnO_2 具有更高的电子迁移率[高达 240 $cm^2/(V \cdot s)$][123]，是作为参比的 TiO_2 的 100 倍以上，与此同时，其导带能级较 TiO_2 更深。高的电子迁移率和更加合适的导带能级十分有利于光生电子的界面转移和传输。目前，SnO_2 已被广泛应用于高性能 PSC 中，并获得了超过 21% 的能量转换效率[124,125]。更重要的是，SnO_2 具有更加优异的抗紫外线性能，这使得相应的电池器件具有更好的稳定性。此外，SnO_2 还具有一定的抗反射能力，透光性优于 TiO_2。近些年来，武汉大学、中国科学院半导体研究所、大连理工大学、中山大学等高校和科研单位从不同的角度对 SnO_2-ETL 开展了系统性研究，发展了多种材料制备及性能调控方法，并对其中的多个关键科学问题进行了详细阐述。

武汉大学方国家课题组较早将 SnO_2 应用于 PSC。2015 年，该课题组率先报道了基于 SnO_2-ETL 的平面异质结 PSC[126]。该 SnO_2-ETL 通过溶液法制备，首先在透明导电基底上旋涂 $SnCl_2 \cdot 2H_2O$ 溶液，在热板上 180 ℃加热 1 h 后得到 SnO_2 纳米晶。相应的电池器件获得了 17.21%（反扫）的能量转换效率。2016 年，该课题组又利用低温水热法在导电基底上原位制备出了二维 SnO_2 纳米片，并将其用作介观 PSC 的 ETL[127]。结果表明，基于该 SnO_2 结构的 PSC 具有优异的稳定性，在未封装的情况下电池器件可以在 130 d 后保持原有能量转换效率的 90%。与此同时，该课题组发现通过 Y 掺杂可以对 SnO_2 纳米片起到较好的调控作用[128]。例如，Y 掺杂可以使 SnO_2 纳米片更加规整，并且可以使其能带上移并与钙钛矿能级更加匹配。这种调控作用使得光生电子能够更加顺利地转移至 SnO_2-ETL 中，在提升器件性能的同时进一步消除了滞后效应。2018 年，该课题组在室温下合成出了 SnO_2 量子点，将其制备成 ETL 并针对性地发展了载流子浓度调控方法[129]。基于该 SnO_2-ETL 的电池器件最终获得了 20.32% 的能量转换效率，与此同时，柔性器件效率也达到了 16.97%。此外，中国科学院半导体研究所游经碧课题组基于 SnO_2-ETL 制备出了能量转换效率高达 21.7% 的 PSC[125]。

除了上述两种材料，ZnO 也是一种常见的电子传输材料，并被广泛研究。ZnO 与 TiO_2 能带结构相似，但其本征电子迁移率却远高于 TiO_2，达到 205～300 $cm^2/(V \cdot s)$。另外，ZnO 更容易低温结晶，结构易于调控。自 2012 年起，ZnO-ETL 被广泛应用于 PSC 中，ZnO 薄膜可以通过化学水浴沉积、溶胶-凝胶、溅射或者电沉积等低温工艺制备。2013 年，Kelly 等通过乙酸锌水解制备出了粒径约为 5 nm 的 ZnO 纳米颗粒，并将其旋涂在透明导电基底上制备出了 ETL[99]。通过调节 ETL 厚度，该课题组获得了 15.7% 的能量转换效率，并且制备出了效率超过 10% 的柔性器件。

然而，将 ZnO 用作 ETL 面临的首要问题是其稳定性较差，这主要表现为加热（如 100 ℃）时 ZnO-ETL 容易导致钙钛矿层分解[130]。这是由于 ZnO 表面化学性质活泼，促进了 $ZnO/MAPbI_3$ 间的质子转移，从而导致有机胺离子去质子化并从晶格中脱出生成 CH₃NH₃OH，继而在加热时分解成气相的 CH₃NH₂ 和 H₂O。对 ZnO 进行表面包覆或者修饰是提高其稳定性的有效方法。2015 年，陈红征课题组[131]首次采用带双官能团的 *β*-丙氨酸自组装单分子层对 ZnO-ETL 进行修饰，同步实现对平面异质结型钙钛矿太阳电池形貌结构和界面能级结构的调控，如图 3-8 所示。一方面，自组装单分子层诱导钙钛矿晶体生长，提高了薄膜的平整度，降低了缺陷态密度；另一方面，该自组装单分子层可以与界面形成取向偶极，降低了阴极功函数，提高了界面电子耦合能力。通过该设计策略，钙钛矿太阳电池的能量转换效率从 11.9%提高到了 15.67%。同年，该课题组[44]将 *β*-丙氨酸作为自组装单分子层同样引入到空穴传输层与钙钛矿活性层之间，不仅显著提高了成膜质量，更有效减少了空穴传输层与活性层之间的界面电荷复合，使电池能量转换效率由 9.1%提高到 11.6%。进一步将此方案应用于卷对卷技术，采用低成本的低温溶液加工法，制备了柔性的大面积平面型钙钛矿太阳电池，空气中测得电池能量转换效率由 3.7%提高到 5.1%，为促进钙钛矿太阳电池的产业化进行了有益的探索。

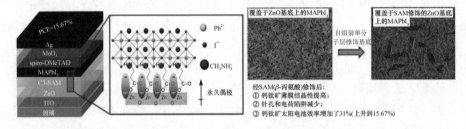

图 3-8　钙钛矿太阳电池器件结构示意图及 SAM 分子形成的取向偶极诱导钙钛矿晶体生长[131]

　　2018 年，如图 3-9 所示，郑南峰课题组利用 MgO 桥连的分子内质子化乙醇胺对 ZnO 表面进行修饰改性[132]，原理及可以达到的效果包括：①MgO 抑制界面电荷复合，进而提高电池的性能和稳定性；②质子化的乙醇胺加快了电子从钙钛矿层向 ZnO 层的有效提取和传输，消除了电池的迟滞现象；③修饰后很好地解决了 ZnO/钙钛矿界面的不稳定性问题。MgO 和乙醇胺的共修饰，提高了能级匹配程度，有效地促进了界面电荷传输，成功地实现了最高能量转换效率达 21.1%且无迟滞的钙钛矿太阳电池组装。进一步利用疏水导热二维石墨烯材料对电池进行封装，相应的电池器件可以在 70%的相对湿度下稳定工作超过 300 h。

　　在常见的 MAPbI₃ 有机-无机杂化钙钛矿型太阳电池器件结构中，作为 ETL 材料的 TiOₓ 需要在 500 ℃下高温烧结，这不利于柔性器件的制备及增加了制备工艺的成本。2014 年，陈红征课题组[104]采用 CdSe 量子点作为新型的电子传输材料，它不仅可以低温旋涂制备，而且具有较高的电子迁移率，经过系统优化，得到了

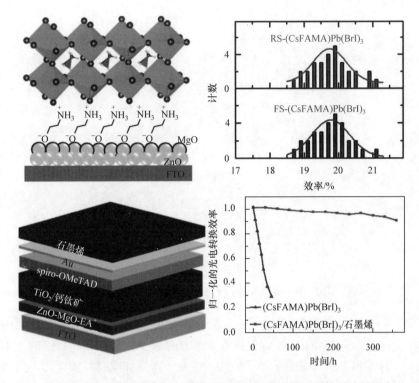

图 3-9 MgO 桥连质子化的乙醇胺修饰 ZnO 并结合石墨烯封装得到
相对高效稳定的钙钛矿太阳电池[132]

11.7%的能量转换效率。2015 年，该课题组[133]将 CdS 纳米棒阵列作为电子传输层引入正型平面异质结钙钛矿太阳电池中，替代传统的 TiO₂-ETL，发现紫外臭氧处理不仅能够钝化水热法制备的 CdS 纳米棒阵列的表面缺陷，增加表面功函数，还能够显著改善 CdS 纳米棒阵列上的 MAPbI₃ 钙钛矿薄膜形貌，从而大幅度提高电池器件的能量转换效率。经过紫外臭氧处理后，电池的最高能量转换效率从 2.58% 优化到 8.36%。

在反型平面异质结钙钛矿太阳电池器件中，有机半导体材料(富勒烯及其衍生物和萘酰亚胺类衍生物等)常用作 ETL 材料[108, 134-136]。图 3-10 为部分用作钙钛矿太阳电池 ETL 的 n 型有机半导体分子，其中 PC₆₁BM 因具有高效的电子提取能力而得到广泛使用[134]。华南理工大学黄飞课题组报道了一种由 NDI 骨架和氨基侧链组成的聚合物电子传输材料 PFB-2TNDI，因其具有电极功函数调节和钙钛矿表面缺陷钝化的功能，相应的器件获得了 16.7%的高效率[135]。Alex Jen 和陈红征课题组合作开发了共轭小分子 CDIN(结构式见图 3-10)作为电子传输材料，其大的平面结构利于 π-π 堆积获得高迁移率，从而制备了能量转换效率超过 17%的 n-i-p型钙钛矿太阳电池器件[108]。富勒烯及其衍生物具有合适的能级、较宽的光学带隙，

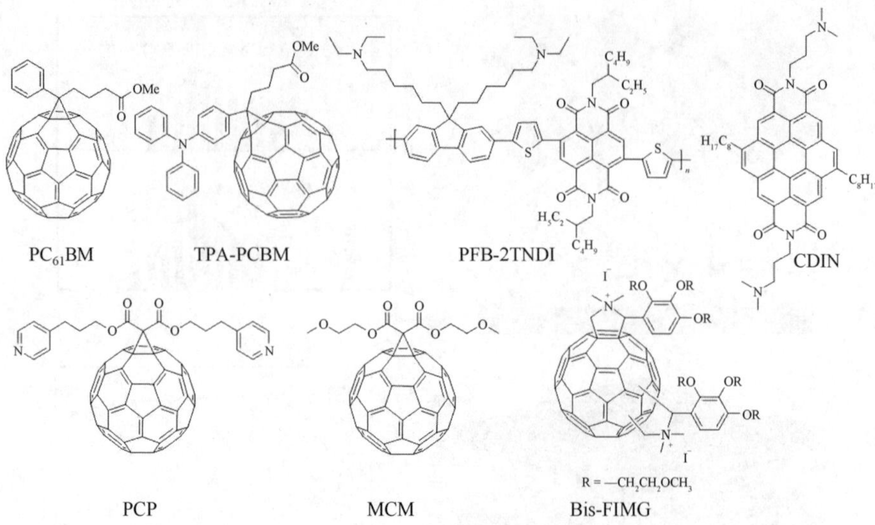

图 3-10 钙钛矿太阳电池有机电子传输层材料的结构式

使得钙钛矿能够最大程度吸收光子，富勒烯类 ETL 能有效地抽取钙钛矿层中的电子并阻隔空穴传输。Alex Jen 课题组合成了具有分子内电荷转移特性的三苯胺富勒烯分子 TPA-PCBM，增强了分子极性、载流子密度和电荷传输能力，获得具有 13%效率的钙钛矿太阳电池[137]。基于 PCBM 合成的复杂性，陈红征和李昌治团队利用 Bingel 反应合成了富勒烯衍生物 MCM 和 PCP，制备了厚膜钙钛矿太阳电池，厚度达到 1 μm，效率超过 19%[138]。通过比较不同配位能力的末端对钙钛矿晶界缺陷的钝化作用，如图 3-11 所示，发现强配位会导致能带弯曲从而改变了钙钛矿/有机层界面性质，因而 PCP 所在器件存在明显的 *J-V* 迟滞现象，弱配位的 MCM 消除了滞后效应。该团队还制备了醇溶的富勒烯季铵盐 Bis-FIMG 调节金属电极功函数，获得了超过 19%的高效率钙钛矿太阳电池[139]。

2. ETL 微纳结构调控及低温制备

ETL 对 PSC 性能的影响主要包括热力学和动力学两个方面。例如，ETL 导带和准费米能级较低将会导致器件无法获得高的开路电压，继而产生热力学损失。对于 PSC 这一新型光伏器件，光生电子界面转移和传输过程中的动力学损失是其能量损失的又一个主要来源。动力学损失的主要原因包括以下几个方面：①ETL/钙钛矿界面电学耦合接触不佳或 ETL 与钙钛矿之间导带能级不匹配，导致界面处产生势垒并使得光生电子无法快速转移至 ETL；②ETL 本身导电性差，无法快速传输电子；③ETL 表面缺陷较多，容易捕获光生电子并产生复合。从 ETL 微纳结构设计的角度来调控光生电子转移动力学是减少能量损失的有效方法。

介观 PSC 是目前主流的一种电池结构，其最大的特点是 ETL 由 TiO₂ 多孔层和致密层组合而成。其中，致密层主要用来完全覆盖导电基底，阻挡其与钙钛矿

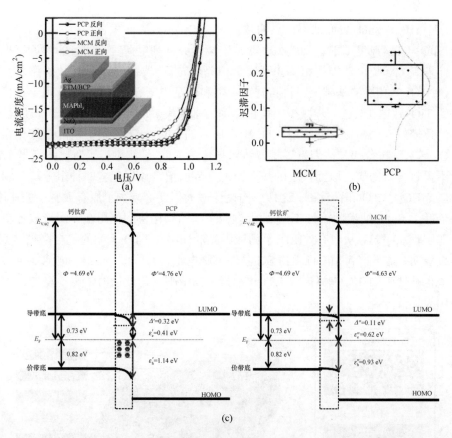

图 3-11　基于 PCP 和 MCM 作为 ETM 的 PSC 器件的电流密度-电压曲线 (a) 和迟滞因子分布 (b)；(c) 钙钛矿、PCP、MCM 和钙钛矿/PCP、钙钛矿/MCM 界面的能带示意图[138]

的直接接触，抑制漏电流和电荷复合现象的发生。然而，越来越多的研究表明，这种典型的双层结构 ETL 存在一些结构缺陷，主要体现在以下几个方面：①作为致密层材料的 TiO_2 本征导电性差，不利于电子传输，增加了器件内阻；②作为首个受到太阳光照射的功能层，TiO_2 致密层容易在强紫外光作用下产生本征激发并导致钙钛矿的降解；③TiO_2 致密层制备温度较高，无法真正应用在柔性器件中。解决上述问题需要对传统 ETL 结构重新进行设计。将具有优异导电性的材料融入 ETL 是一个有效策略，需要对其进行合理的设计。如上所述，SnO_2 是一种导电性优异的氧化物半导体材料，鉴于此，研究者曾尝试将整个双层结构 TiO_2-ETL 全部替换为 SnO_2。但是，结果表明，基于这种双层结构 SnO_2-ETL 的 PSC 器件开路电压和填充因子较低，电池能量转换效率较差[140]。造成这一结果的原因是 SnO_2 表面含有较多的深能级缺陷位点，容易造成电荷复合。对于这种双层结构 SnO_2-ETL，当采用 $TiCl_4$ 醇溶液处理后电池性能获得了一定的提升。

很显然，SnO$_2$ 表面缺陷位点的数量与 SnO$_2$-ETL 表面积直接相关，因此，减少 SnO$_2$-ETL 厚度即能达到减少表面缺陷位点并抑制电荷复合的目的。近年来，大连理工大学史彦涛课题组率先开展了相关研究[141, 142]。他们的设计思路是：在保留 TiO$_2$ 多孔层的基础上，将具有宽带隙和较高电子迁移率的 SnO$_2$ 用于替代原有的 TiO$_2$ 致密层，进一步减少电荷传输动力学损失。如图 3-12 所示，与传统 ETL 中的致密层不同，在这种新型 ETL 中，原有的 TiO$_2$ 致密层被一层非连续分布的 SnO$_2$ 纳米颗粒替代。他们将该新型结构与传统 ETL 结构进行了对比，新型 ETL 中不再包含致密层，取而代之的是一个混合界面层，该层包含四种组分，分别是 SnO$_2$、TiO$_2$、FTO 和钙钛矿。这种结构设计最大程度上减少了原有致密层的厚度，并借助于 SnO$_2$ 纳米颗粒与 TiO$_2$ 纳米颗粒之间的结构协同作用在界面形成一个复合薄层（图 3-12），从而有效隔了钙钛矿光活性层与 FTO 之间的复合路径。实验结果表明，基于该新型 ETL 的 PSC 器件串联电阻显著降低，最终，电池能量转换效率也从原来的 17.27%（传统 ETL）提升至 18.16%，与此同时，电池稳定性也获得明显提升。

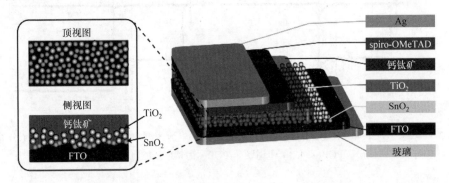

图 3-12　新型 SnO$_2$/TiO$_2$ 界面复合型 ETL 示意图[141]

柔性薄膜太阳电池具有质量轻、可折叠、适用性广等优点，非常适合与移动电源或建筑物相结合，且生产上可以采用卷对卷印刷的工艺进行大规模制备。因此，PSC 柔性化已成为该领域重要研究课题之一。PSC 器件柔性化的前提和基础是各个功能层的低温制备。当前，大部分 ETL 均由纳米晶组成。但是，基于结晶态半导体材料构筑 ETL 始终无法摆脱结晶热力学的限制，材料结晶过程需要高温烧结或者水热处理，这就进一步延长了光伏器件的能量补偿时间并且不利于柔性器件的发展。因此，降低 ETL 制备温度的关键在于避免材料的制备过程受限于结晶热力学。从制备温度考虑，非晶态半导体材料优势明显。在理论上，非晶态半导体材料的制备完全摆脱了结晶热力学限制，整个过程无须加热步骤，从而最大程度上减少 PSC 制备成本和能量补偿时间。

以非晶态半导体材料作为 ETL 的研究已取得了初步进展，大连理工大学、中国科学院大连化学物理研究所、韩国成均馆大学、美国托莱多大学、陕西师范大学、华中科技大学等研究团队均做出代表性工作。例如，2016 年，中国科学院大连化学物理研究所李灿课题组采用磁控溅射法制备了非晶态 TiO_x，并将其用在柔性 PSC 器件中，获得了 15.07% 的能量转换效率[143]。另外，美国托莱多大学鄢炎发教授与武汉大学赵兴中教授等采用等离子体增强原子层沉积技术制备了非晶态 SnO_x，以此材料作为 ETL 的柔性 PSC 获得了 16.80% 的能量转换效率[144]。

WO_x 具有良好的耐酸腐蚀性，是一种化学性质稳定的 n 型（2~3 eV）半导体材料，同时具有合适的能带位置和较高的电子迁移率[10~20 $cm^2/(V \cdot s)$][145]。这些性质非常有利于光生电子的注入和传输，因此在理论上 WO_x 适合作为 PSC 中的 ETL。以结晶态 WO_3 作为 ETL 的研究已经取得了初步进展。Amassian 等以电子喷雾技术结合高温烧结制备 WO_3 薄膜，首次将其作为 ETL 引入 PSC 体系，但严重的内部电荷复合导致构筑出的 PSC 效率普遍较低（2%~4%）[146]。Gheno 等采用喷墨印刷工艺将商业化的 WO_3 纳米颗粒制备成 ETL，构筑的 PSC 效率仅达到 5.3%[147]。2015 年，大连理工大学史彦涛课题组首次将溶液法制备的非晶态 WO_x 用作 ETL 构筑平面异质结 PSC[148]。他们将 WCl_6 乙醇溶液旋涂在导电基底上，经过 150 ℃ 简单加热后即制得 WO_x。对比实验表明，非晶态 WO_x-ETL 的导电性和电荷提取能力均明显优于常用的结晶态 TiO_2-ETL。最终，基于 WO_x-ETL 的 PSC 获得了较大的短路电流密度。但与 TiO_2-ETL 相比，器件的开路电压和填充因子较低，最终的能量转换效率也未获得明显提升。交流阻抗（EIS）测试结果进一步表明，基于 WO_x-ETL 的 PSC 内部电荷复合较为严重，因此，如何消除非晶态 ETL 内部缺陷便成为提高 PSC 能量转换效率的关键。为此，该课题组开展了更加有针对性的研究工作，探索如何抑制非晶态 WO_x 表面缺陷造成的电荷复合问题，并尝试进一步降低制备温度[149]。基于非晶态半导体材料的特性，他们采用的策略是在钨盐前驱体溶液中添加有机钛盐对非晶态 WO_x 进行化学修饰（有别于掺杂，两者存在本质区别）。结果表明，经钛盐化学修饰后，电池内部电荷复合得到明显抑制，另外，修饰后的非晶态 ETL 半导体特性发生了明显变化，如图 3-13 所示。基于此，修饰后的电池开路电压和短路电流均获得提升，PSC 能量转换效率获得大幅度提高。由此可见，对非晶态半导体材料进行化学修饰可以有效调控其能带结构，基于该方法可以大幅度降低 ETL 制备温度并首次实现了无机 ETL 的室温制备。由于 WCl_6 水解产生 HCl 并腐蚀 ITO，因此上述方法不适合在 ITO 类柔性基底（如 ITO/PEN 或 ITO/PET）上进行制备。Wang 等为此将前驱体更换为乙醇铌并采用铌盐进行化学修饰。结果表明，铌盐修饰可以提高 WO_x 的导电性能，并且大幅度减少了 WO_x 表面缺陷态，有利于电子传输和抑制电子复合，最终成功制备出了能量转换效率达到 15.64% 的柔性 PSC 器件[150]。

杂质缺陷是非晶态半导体薄膜中的一种重要缺陷，往往来自前驱体或者溶剂

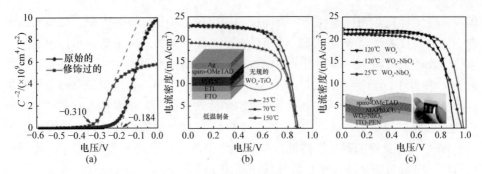

图 3-13　(a) TiO_x 修饰 WO_x 前后的莫特-肖特基曲线; (b) 基于不同温度处理 WO_x-TiO_x 复合 ETL 的钙钛矿太阳电池的 J-V 曲线; (c) 基于不同 ETL 的柔性钙钛矿 太阳电池的 J-V 曲线 [149, 150]

分子, 而杂质缺陷的消除往往需要通过高温处理, 这就给柔性器件的制备带来了困难。为了实现非晶态 ETL 的低温制备, 大连理工大学史彦涛课题组以非晶态 NbO_x 为研究对象, 系统阐述了前驱体和溶剂选择的重要性, 并在此基础上实现了高质量 NbO_x-ETL 的可控制备[151]。他们发现, 当选择金属氯盐($NbCl_5$)为前驱体时, 无法在常温下利用紫外臭氧(UVO)处理将 Cl^- 从制得的 NbO_x-ETL 中脱除。相似地, 溶剂分子选择不当时也会遇到同样的问题, 如异丙醇。这两类杂质的消除必须依靠高温处理(500 ℃), 这就与低温制备的初衷背道而驰。可能的原因是, Cl^- 和非晶态 NbO_x 相互作用较强, 容易被限定在 NbO_x 的非晶网格中。基于此, 他们选择乙醇铌为前驱体、乙醇为溶剂, 并在制备过程中精确控制水解速率。他们将制备出的非晶态 NbO_x-ETL 与结晶态的 TiO_2-ETL 进行对比(图 3-14), 结果表明, NbO_x-ETL 导电性和电荷提取能力均优于结晶态的 TiO_2-ETL。另外, 紫外光电子能谱(UPS)测试结果显示, 与 TiO_2-ETL 相比, NbO_x-ETL 的导带能级与钙钛矿更加匹配。最终, 基于 NbO_x-ETL 的 PSC 获得了 19.09%的能量转换效率, 高于 TiO_2-ETL 基器件。另外, 由于 NbO_x-ETL 具有更宽的带隙(4.03 eV), 器件稳定性相较于 TiO_2-ETL 基器件也获得了改善。

综上所述, 不难发现, 作为 PSC 最重要的功能层之一, ETL 对于器件光电性能和稳定性具有极其重要的作用, PSC 效率的不断提升与 ETL 性能调控已密不可分。近些年来, 人们不断开发新型 ETL 材料并发展其光/电特性调控方法, 更加重视 ETL/钙钛矿界面特性的研究, 使得对相关科学问题的理解日渐深入。未来, 如何继续减少由 ETL 及其相关界面带来的动力学和热力学损失依然充满挑战, 同时也给 PSC 效率和稳定性的不断提高创造机遇。

3.3.2　空穴传输层

除了前面介绍的 ETL, HTL 也起到同等重要的作用, 其作用是收集并传输光

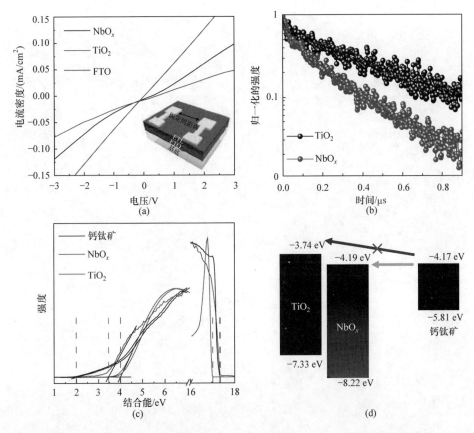

图 3-14　非晶态 NbO$_x$-ETL 的导电性、电荷提取能力和半导体特性测试结果[151]

生空穴、阻挡电子、防止钙钛矿层或者 ETL 与导电基底直接接触、抑制电荷复合、促进钙钛矿晶体生长等。依据材料的类型，常用的 HTM 有无机的金属氧化物，如 NiO$_x$[134, 152-155]、Mg-NiO$_x$[156]、Cu-NiO$_x$[157]、CuSCN[158]、CuS[159]、CuO$_x$[160]等；有机小分子，如 spiro-OMeTAD[161]、Trux-OMeTAD[162]、TPP-SMeTAD[163]、H111[164]、X60[165]等，聚合物，如 PEDOT：PSS[166, 167]、PTAA[167]、HSL2[168]、PhNa-1T[169]、PB2T-O[170]等，图 3-15 为部分 HTL 材料的结构式。好的 HTM 需要具备以下性质：首先，需要具有良好的透光性，可使更多的光子穿过 HTL 并被钙钛矿层捕获，从而增加器件的光电流密度；其次，合适的能级与钙钛矿价带能级相匹配，有利于光生空穴的界面转移，从钙钛矿层经 HTL 提取并传输到阳极，减少甚至消除 HTL/钙钛矿层界面产生的电荷传输势垒；然后，高的载流子迁移率或导电性能够将空穴迅速传输至外电路，减小 HTL 和钙钛矿表面电荷复合的概率；还需要具备钝化钙钛矿表面或(和)晶界缺陷的能力，提高器件的效率和稳定性等。

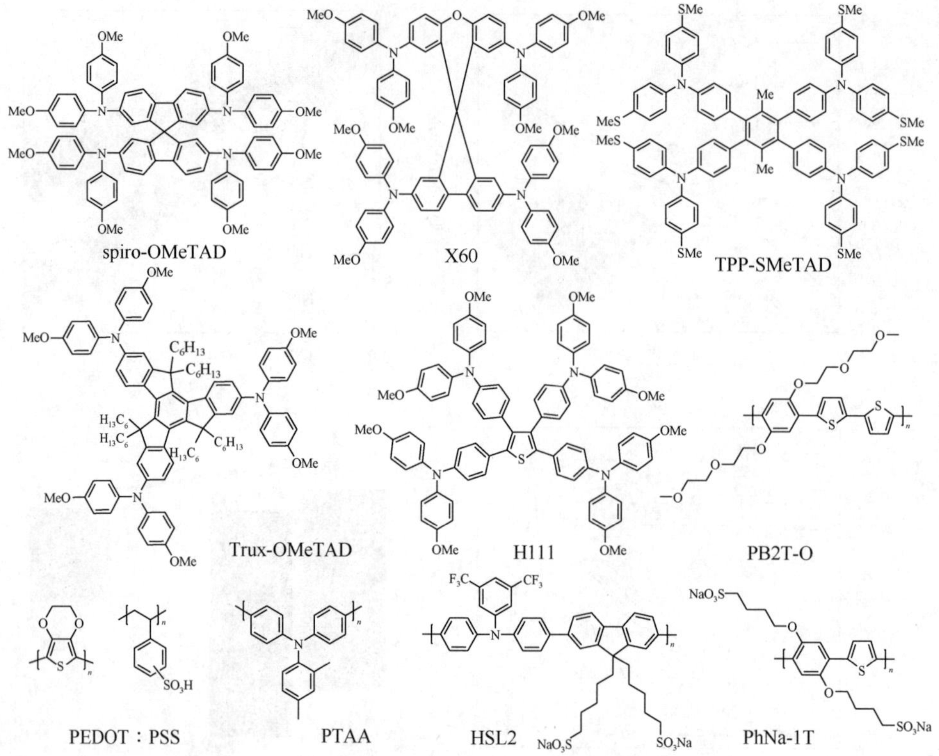

图 3-15　部分 HTM 有机小分子和聚合物的结构式

NiO$_x$ 被大量应用于正型和反型 PSC。台湾成功大学郭宗枋课题组第一次将 p 型金属氧化物用于 PSC，并制备了能量转换效率为 9.5% 的多孔 NiO$_x$ PSC[154]。同年该课题组制备并比较了基于 PEDOT：PSS 与 NiO$_x$ 的器件性能，NiO$_x$ 表现出更优异的性能[153]。2015 年，Seok 课题组采用脉冲激光沉积 (pulsed laser deposition，PLD) 制备纳米结构的 NiO$_x$，增加空穴抽取和降低电流损失，获得 17.3% 的高效率[155]。香港大学蔡植豪课题组采用溶液法制备无针孔 NiO$_x$，得到高稳定性、高复现性、效率为 14.53% 的柔性 PSC[152]。浙江大学陈红征课题组在 NiO$_x$ 空穴传输层上，通过一种简单的热旋涂方法制备了器件结构为 ITO/NiO$_x$/MAPbI$_3$/PC$_{61}$BM/BCP (2,9-二甲基-4,7-联苯-1,10-菲咯啉)/Ag 的膜厚不敏感、湿度稳定的高效 PSC，钙钛矿层厚度为 700～1100 nm 的器件效率维持在 19% 以上，并且在 50% 相对湿度下存放 30 d 还能保持 80% 的初始效率，这是由于热旋涂方法可以增大钙钛矿晶粒尺寸，提高载流子迁移率和减小缺陷态密度[134]。2016 年，该课题组通过溶液法制备了低成本的 CuO$_x$ 薄膜并作为空穴传输材料应用于 MAPbI$_3$ 电池，取得超过 17% 的器件效率[160]。

有机小分子 spiro-OMeTAM 目前使用非常广泛，2014 年 Lee 和 Seok 课题组利用邻位甲氧基取代对位甲氧基制备了三种 spiro-OMeTAD 衍生物，其中基于 po-spiro-OMeTAD 的 MAPbI$_3$ PSC 实现了 16.7% 的能量转换效率，超过了基于商业化 spiro-OMeTAD PSC 的效率(15%)[161]。由于 spiro-OMeTAM 自身迁移率很低，需要锂盐掺杂提高其电导率，这会极大地降低器件的稳定性。陈红征课题组 2016 年设计合成了 C_{3h} 对称的三聚茚为核、芳基胺为末端基团的 Trux-OMeTAD，这种分子作为空穴传输材料具有高的空穴迁移率和合适的表面能，无须掺杂也能有效地提取传输空穴，形成品质优良的钙钛矿薄膜，获得了 18.6% 的效率[162]，为当时免掺杂的 p-i-n 型 PSC 器件的最高效率之一。2017 年，该课题组以四苯基苯为核、芳基胺为末端基团合成了 TPP-OMeTAD 和 TPP-SMeTAD 的无掺杂有机小分子空穴传输材料，与甲氧基末端的 TPP-OMeTAD 相比，甲硫基末端的 TPP-SMeTAD 具备更低的 HOMO 能级和更强的 S-Pb 相互作用，可以有效地提取空穴和钝化钙钛矿表面缺陷，最终实现了更高的器件效率[163]。他们同时还首次证实在 p-i-n 结构 PSC 器件中，不同于传统的平面异质结结构，有机小分子 HTL 能够渗透进入钙钛矿层之间并与之形成类似本体异质结的结构，减少钙钛矿表面缺陷，从而提高空穴的收集效率并降低空穴-电子复合概率，提高器件效率。

聚电解质 PEDOT：PSS 因其具备良好的导电性和空穴提取能力，被用作反型 PSC 的空穴传输材料，获得较好的器件效率。2013 年，Snaith 课题组利用 PEDOT：PSS 作为 HTL 制备了效率为 10% 的 MAPbI$_{3-x}$Cl$_x$ PSC 和效率为 6.3% 的柔性 PSC 器件[166]。2015 年，黄劲松课题组通过调节 HTL 对钙钛矿前驱体溶液的浸润性，制备出大尺寸晶粒的钙钛矿器件。亲水性 PEDOT：PSS 界面制备的器件晶粒非常小，增加了晶界密度，只获得 12.3% 的效率；而疏水性 PTAA 界面可以制备大晶粒的电池器件，获得了 18.1% 的效率[167]。华南理工大学叶轩立课题组利用 HSL2/PEDOT：PSS 复合 HTL 的促进钙钛矿生长和降低空穴传输势垒等优势，制备了效率 16.6% 的 MAPbI$_{3-x}$Cl$_x$ 电池器件及开路电压高达 1.34 V 和效率超过 10% 的 MAPb(I$_{0.3}$Br$_{0.7}$)$_x$Cl$_{3-x}$ 电池器件[168]。Son 等利用简单聚合物 PhNa-1T 的深 HOMO 制备了效率 14.7% 的柔性 PSC，并在 40% 相对湿度下表现出较好的器件稳定性[169]。陈红征课题组合成了三种带有不同侧链端基的聚合物空穴提取材料(hole extraction material，HEM)PB2T-O、PB2T-S 和 PB2T-SO，利用甲氧基(—OCH$_3$)、甲硫基(—SCH$_3$)和甲砜基(—SOCH$_3$)与钙钛矿中配位不完全的 Pb^{2+} 路易斯酸碱相互作用(Lewis acid-base interaction)的差异，并原位形成钙钛矿-HEM 本体异质结结构(图 3-16)，制备了 PB2T-O 的高效率、无迟滞的 PSC[170]。

从上面介绍的部分 HTM 特性来看，HTM 不仅要求能级匹配和高迁移率，还得具备表面调控和缺陷钝化等多重功能。近年来的研究显示，人们不断开发新型多功能 HTM 并发展其光/电特性调控方法，更加重视 HTL/钙钛矿层界面特性的研究，通过降低 HTL 及其相关界面带来的动力学和热力学损失来提高 PSC 的效率和稳定性。

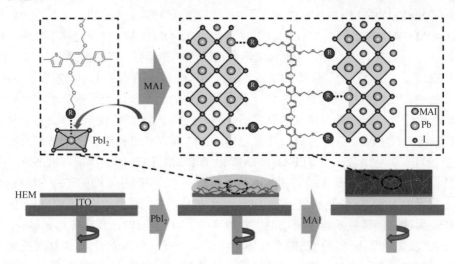

图 3-16 两步法制备钙钛矿-HEM 异质结的示意图[170]

3.4 钙钛矿太阳电池器件工程

近几年，钙钛矿太阳电池器件的能量转换效率纪录不断被刷新，目前单结电池效率已经高达 25.2%，因具有光吸收强、迁移率高、带隙可调、可低成本溶液加工等优势，钙钛矿太阳电池已成为光伏发电领域的希望之星。然而，单结钙钛矿太阳电池仍然存在 Shockley-Quiesser 极限，研究人员设计了包括热载流子、多激子产生、叠层等方式来减少光谱损失，进而克服 Shockley-Quiesser 极限。目前，只有叠层电池显示出高于 Shockley-Quiesser 极限的效率。在叠层电池中，首先让入射光透过宽带隙的材料，波长短的光先被吸收，波长较长的光则透射过去让较窄带隙材料的子电池利用。如果子电池的数量足够多，并且每个子电池达到理想效率，几乎所有频谱的太阳光都将被吸收。常见的双节叠层器件结构有四终端和二终端两种(图 3-17)。四终端叠层电池包括独立完整的前电池和后电池，然后在外部连接以组合的形式输出功率。四终端叠层电池不受电流匹配的约束。四终端叠层的设计包括长波长的光直接穿透射向后电池，或反射到相邻的后电池。二终端叠层电池中，整个器件制备在一个基底上，两个子电池通过中间层连接。二终端叠层电池需要前电池和后电池具有相匹配的电流和性能良好的中间层，相比于四终端叠层电池来说成本较低。钙钛矿叠层电池的研究主要集中在：有机/钙钛矿叠层电池、硅/钙钛矿叠层电池、Cu(Ga,In)Se(CIGS)/钙钛矿叠层电池和钙钛矿/钙钛矿叠层电池。

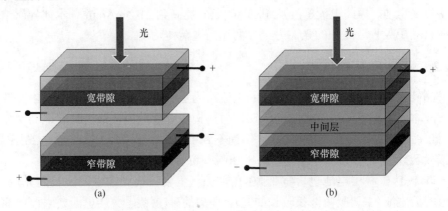

图 3-17　四终端叠层电池(a)和二终端叠层电池(b)的器件结构

3.4.1　有机/钙钛矿叠层电池

有机太阳电池(OSC)，顾名思义，活性层是具有光敏性质的有机半导体材料。有机材料具有与无机材料不同的独特的性质。想要设计高效率的有机/钙钛矿叠层电池，有机材料的以下三个性质不可忽略：①铅基钙钛矿太阳电池的吸收一般局限于 300～800 nm 的波长范围，而有机材料可以通过修饰化学结构达到在长波长范围的吸收，目前已有多种吸收带边在 1000 nm 左右的有机材料用于制备高效率太阳电池；②有机材料通过分子间作用力相互作用，而不是共价键或者离子键，这使得太阳电池具有活化能低，可低温制备的优势；③有机材料介电常数低($\varepsilon_r=2\sim4$)，可以防止激子在较低电势解离，但同时也导致有机半导体载流子迁移率较低。

杨阳课题组[171]使用 MAPbI$_3$ 和一种近红外共轭聚合物 PBSeDTEG8 制备了有机/钙钛矿二终端叠层电池。他们设计了一种中间连接层 PFN/TiO$_2$/PEDOT∶PSS PH500/PEDOT∶PSS AI 4083。这种双电子、空穴传输层结构优化了两个子电池之间的电荷复合。MAPbI$_3$ 和 PBSeDTEG8 单结电池的效率分别为 6.62%和 9.08%，而叠层电池的效率达到了 10.23%。2018 年，李永舫课题组[172]以无机 CsPbBr$_3$ 钙钛矿太阳电池作为前电池，有机电池作为后电池，制备了无机钙钛矿/有机四终端叠层电池，且效率达到 14.03%。钙钛矿前电池相当于紫外光滤光片，利用紫外光进行光电转换的同时，避免了紫外光照射对有机后电池稳定性的影响，可以满足太阳电池紫外光稳定性的工业标准。但是受加工温度和溶剂的限制，这类叠层电池的效率低于目前报道的钙钛矿单结电池。

此外，钙钛矿/本体异质结集成电池也引起不少研究者的关注，传统的叠层电池包含两个及以上的子电池，而集成电池是两层吸收材料直接堆积成一个电池。2014 年，杨阳课题组[173]首次利用 MAPbI$_3$ 和 DOR3T-TBDT∶PC$_{71}$BM 本体异质结制备集成电池，短路电流密度从 19.3 mA/cm^2 提高到 21.2 mA/cm^2，本体异质结一方面有利于吸收近红外的光，另一方面充当电荷传输层。

3.4.2 硅/钙钛矿叠层电池

晶硅太阳电池是当下光伏市场的主流，为了进一步提高其电池效率，降低其制备成本，人们将其与宽带隙的钙钛矿材料构成叠层电池，最大限度地利用太阳能。硅/钙钛矿叠层电池的效率 2014 年尚不到 14%[174]，到 2017 年已超过 26%[175]，模拟显示硅/钙钛矿叠层电池效率高于 30% 是可行的。

硅/钙钛矿叠层电池包含宽带隙的前电池(主要吸收光谱中短波长的光)和窄带隙的后电池(主要吸收波长较长的光)。理想的硅/钙钛矿叠层电池要求前电池必须同时具备高透明性和良好的导电性，尽可能减少寄生损失和能量损失。

2014 年，Loper 等实现了基于硅基后电池和具有透明 MoO$_x$/ITO 的空穴缓冲层的 MAPbI$_3$ 前电池的四终端叠层电池，前电池的红外透过率>55%，该器件的能量转换效率为 13.4%(前电池 6.2%、后电池 7.2%)[174]。2016 年，Chen 等通过制备具有良好导电性和光学透明性的超薄 Cu(1 nm)/Au(7 nm)金属电极，获得了效率为 16.5%的半透明钙钛矿太阳电池。以该半透明钙钛矿太阳电池为前电池构造四终端叠层电池，硅异质结后电池获得 6.5%的效率，最终叠层电池效率为 23%[174]。2017 年，Catchpole 等[175]采用 MA/FA/Cs/Rb 多元化方法，改善了钙钛矿材料中的结晶度，钝化了缺陷，提高了光稳定性。并且成功制备了一种寄生损失小于 5%的ITO，最终获得了 16.0%的半透明钙钛矿太阳电池，在与 23.9%的晶硅太阳电池机械堆叠后获得了 26.4%的叠层电池。对于四终端叠层电池中的透明层和复合层有两个关键要求：高透射率和最小电压损失。这两者是相互关联的，材料的选择取决于器件结构、材料对各种沉积方法的敏感性及相邻传输层的选择。

二终端硅/钙钛矿叠层电池是在制备的晶硅太阳电池上直接生长钙钛矿太阳电池，并用中间层进行连接，从前电池和后电池各引出一个电极，构成叠层电池。2015 年，Albrecht 等报道了二终端硅/钙钛矿叠层电池，实现了 1.78 V 的高开路电压和 18.1%的能量转换效率[174]。通过原子层沉积的 SnO$_2$ 对半透明前电池进行低温处理，由旋涂制备的有机分子 spiro-OMeTAD，蒸发制备的 MoO$_3$ 和溅射制备的ITO 组成前电极。此外，他们进一步验证了使用微纳结构以减少光学损失的概念，计算机模拟结果显示，理论效率可达约 30%。2017 年，Bush 等[29]通过优化 Cs/FA多元钙钛矿前电池和近红外增强的硅异质结后电池获得了效率为 23.6%的二终端叠层电池。这种更稳定的钙钛矿材料通过原子层沉积 SnO$_2$ 缓冲层获得了基本可忽略的寄生损失，在允许采用溅射沉积方法制备透明前电极的同时，大大提升了器件的热稳定性和环境稳定性，能够在 85 ℃ 温度和 85% 相对湿度下经受 1000 h 的湿热测试。在二终端叠层电池的设计和制备中最关键的是前电池与后电池之间的复合层。在两种不同的电池之间进行桥接，复合层必须以最小的电压和透明度损失来有效地重组电子和空穴。

硅/钙钛矿叠层电池被认为是最有可能实现钙钛矿太阳电池商业化的途径之一。所以未来研究的关键问题主要是如何在不使用铟(稀有金属)的情况下，以最小的电压和光学损耗制备兼容的复合层；如何增强器件的光利用率，包括顶部电极的透明度，波长的选择性捕获和减少反射；如何提高电池稳定性，以保证器件使用 25 年后仍保持初始效率的 80%；以及如何制备无毒、低成本的电池。

3.4.3 CIGS/钙钛矿叠层电池

CIGS 太阳电池是一种新兴的无机薄膜太阳电池，目前单结最高效率已经达到 22.6%[176]。通过调节 Ga/(Ga+In) 和 S/(S+Se) 的比例，可以实现带隙从 1.10 eV 到 1.24 eV 可调。这种较窄的带隙和较高的效率使其具备作为叠层电池后电池的潜力。典型的 CIGS/钙钛矿叠层电池以带隙较宽的钙钛矿作为前电池，以带隙较窄的 CIGS 作为后电池，通过复合层连接集成为二终端叠层电池，或简单堆叠为四终端叠层电池。2015 年，来自美国 IBM 的研究人员 Todorov 等[177]首先制备出了二终端 CIGS/钙钛矿叠层电池。他们通过调控钙钛矿沉积过程中铵盐 I/Br 的比例调节带隙，最终得到叠层电池器件效率达到 10.9%。对于叠层电池，前电池的透光性和前后电池短路电流密度的匹配至关重要。2016 年，Tiwari 等开发了一种透明的 ZnO 纳米颗粒/ZnO：Al 前电极和 In_2O_3：H 后电极，使得前电池在获得 16.1% 高效率的同时，对 800～1200 nm 波长范围的光有高达 80% 左右的透过率，极大地提升了后电池的能量转换效率。最终，这种以 $MAPbI_3$ 为前电池吸收层，以 $Cu(In,Ga)Se_2$ 为后电池吸收层的四终端叠层电池效率达到 22.1%，这也是当时 CIGS/钙钛矿叠层电池的最高效率[178]。与四终端叠层电池简单的机械堆叠不同，二终端叠层电池要求前后电池通过复合层连接为单片器件。这对前后电池的制备工艺的相容性(温度、溶剂等)和中间复合层的性能(透光性、电荷传输性能等)提出了很高的要求。杨阳课题组[179]认为 GIGS 后电池过大的表面粗糙度(最大高程差超过 250 nm)是导致二终端 CIGS/钙钛矿叠层电池失效的主要原因。因此，他们通过在覆盖了硼掺杂氧化锌(boron-doped ZnO，BZO)的 CIGS 上再溅射一层 ITO，并通过化学机械抛光使其表面粗糙度降低(最大高程差为 40nm)(图 3-18)。这种处理对 CIGS 后电池效率没有显著影响，却显著改善了钙钛矿前电池的界面接触性能。最终，这种优化复合层的二终端 CIGS/钙钛矿叠层电池取得了 1.774 V 的开路电压(等于前后子电池各自电压之和)和 22.43% 的能量转换效率。为了实现更高效率的 CIGS/钙钛矿叠层电池，关键在于选择合适的制备工艺和复合层材料，避免制备钙钛矿子电池时对 CIGS 电池性能的影响,并实现低的电压损失和良好的稳定性。

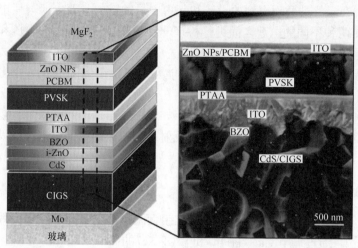

图 3-18 低粗糙度 CIGS 作为后电池的二终端叠层电池器件示意图和电子显微镜照片[179]

3.4.4 钙钛矿/钙钛矿叠层电池

钙钛矿(ABX_3)的化学组分对晶体的能级和带隙有极大的影响。通过调节 A 阳离子(MA^+、FA^+、Cs^+等),B 金属离子(Pb^{2+}、Sn^{2+})及卤素离子 X(Cl^-、Br^-、I^-)的配比,可以实现带隙从 1.2 eV 到 2.0 eV 可调节。这种灵活的带隙调节特性给研究者提供了巨大的前后电池匹配空间。于是,钙钛矿/钙钛矿叠层电池迅速发展起来。Eperon 等[180]首先提出了将窄带隙钙钛矿作为前电池活性层,将较宽带隙钙钛矿作为后电池活性层制备钙钛矿/钙钛矿叠层电池。他们开发了一种含 Sn 的混合阳离子钙钛矿 $FA_{0.75}Cs_{0.25}Sn_{0.5}Pb_{0.5}I_3$。这种钙钛矿带隙为 1.2 eV,作为单结电池具有 14.1%的效率。将其与另一种具有 1.63 eV 带隙的钙钛矿 $FA_{0.83}Cs_{0.17}Pb(I_{0.83}Br_{0.17})_3$ 组成二终端叠层电池,实现了光吸收的互补,最终器件效率达到 17.0%。而当组成四终端叠层电池时,滤光后的后电池取得了 4.5%的效率,半透明前电池取得了 15.8%的效率,总效率达到 20.3%。托莱多大学鄢炎发课题组[181]利用了相同的策略,制备了带隙为 1.25 eV 的钙钛矿后电池 $(FASnI_3)_{0.6}(MAPbI_3)_{0.4}$,作为单结电池吸收边超过 1000 nm,效率达到 17.5%。与较宽带隙(1.58 eV)的钙钛矿 $FA_{0.3}MA_{0.7}PbI_3$ 匹配,获得效率为 21.0%的四终端叠层电池。其中,他们采用 MoO_3(10 nm)/Au(8.5 nm)/MoO_3(10 nm)作为前电池的背电极,使得前电池在近红外波段的透过率超过 50%。但是,超薄金在近红外波段仍有较强的吸收,而且其较大的方阻限制了前电池的效率。最近,他们通过溴掺杂[$FA_{0.8}Cs_{0.2}Pb(I_{0.7}Br_{0.3})_3$]提高了前电池的带隙(1.75 eV),并使用透光性更好的 MoO_x/溅射 ITO 替代 MoO_x/Au/MoO_x 作为前电池的背电极，使得前电池对 750～1100 nm 波段的光有 60% 以上的透过率。这些器件优化手段提高了后电池的吸收，实现四终端钙钛矿/钙钛矿叠层电池的效率超过 23%[182]。目前，二终端钙钛矿/钙钛矿叠层电池有两个重要的问题亟待解决。其一，二价 Sn 极易被氧化为更稳定的四价 Sn，这使得含 Sn 的钙钛矿后电池稳定性成为钙钛矿/钙钛矿叠层电池稳定性的短板。其二，由于钙钛矿太阳电池特有的离子迁移行为，中间复合层应具有阻挡前后电池之间的离子迁移的能力。

　　在常规的单结钙钛矿太阳电池中，光子能量超过材料的光学带隙造成的能量损失称为 Shockley-Queisser 热力学损失 (thermodynamic loss)。为减少传统单结钙钛矿太阳电池的热力学损失，电子科技大学的黄江和浙江大学的李昌治课题组[183]研制了分光型钙钛矿太阳电池 (prismatic perovskite solar cell，Prim PSC)，见图 3-19。通过引导太阳电池内部的光路，高能量到低能量的太阳光子被与之带隙匹配的 $MAPbI_xBr_{3-x}$ 碘溴混合型钙钛矿薄膜的四个子电池分别捕获。这是第一个具有 4 个系列子电池的 Prim PSC，获得了 5.3V 的高开路电压，实现了 21.3% 的高能量转换效率，为突破钙钛矿太阳电池的性能瓶颈提供了一种新的方法。

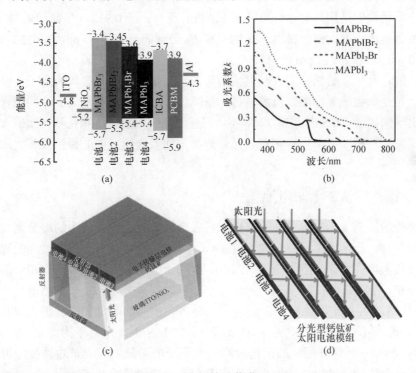

图 3-19　(a) 钙钛矿太阳电池能级排列；(b) 钙钛矿薄膜 $MAPbBr_3$、$MAPbIBr_2$、$MAPbI_2Br$ 和 $MAPbI_3$ 的吸光系数；(c) 包含四个子电池的 Prim PSC 器件结构；(d) Prim PSC 组件结构的光通路[183]

3.5 非铅钙钛矿太阳电池

目前为止，高效的钙钛矿太阳电池均基于铅基杂化钙钛矿材料。然而，铅基杂化钙钛矿材料与极性溶液(如水)接触容易分解产生对人体有毒害作用的水溶性铅盐，在实际应用中也将造成环境污染。从长远的角度考虑，寻找对环境友好的金属离子来替代铅离子是钙钛矿材料与器件进一步发展的重点研究方向之一。

理论计算显示，Pb^{2+}在铅基钙钛矿中扮演着极其重要的角色。因为Pb^{2+}含有的孤对电子 $6s^2$ 参与了铅基钙钛矿半导体的导带底(conduction band minimum，CBM)和价带顶(valence band maximum，VBM)的构成，所以铅基钙钛矿的电子结构与 Pb 的孤对电子 $6s^2$ 息息相关。同时，有机离子 MA^+ 则不直接参与钙钛矿价电子结构的形成，而只是起到稳定钙钛矿结构及调节晶格参数的作用，对带边几乎无贡献[184, 185]。由此可见，要找到合适的离子来替换 Pb^{2+}，且使其仍保持优越的性能并不容易。

一般情况下，若 A、B 和 X 三种离子的半径符合 $0.9 \leqslant t < 1$ 条件，则可形成稳定的三维钙钛矿结构。对于经典体系 $MAPbI_3$ 而言，$t = 0.912$。在 $MABI_3$ 体系中，要替换金属离子 B，则金属离子 B 的半径 R_B 必须满足条件 89 pm$<R_B<$123 pm(以R_I=220 pm 及 R_{MA}=217 pm 计算)。

目前，有关非铅钙钛矿太阳电池的研究已有很多，用来替代的离子主要有两种，一种是低毒或非毒的二价离子(如 Ca^{2+}、Cu^{2+})，另一种是与 Pb^{2+} 同样含有孤对价电子的离子(如 Sn^{2+}、Bi^{3+})。其中，锡基钙钛矿太阳电池和铋基钙钛矿太阳电池的研究比较多。本节内容将基于元素分类，简要介绍目前非铅钙钛矿太阳电池的发展。

3.5.1 锡基钙钛矿太阳电池

理想的单结太阳电池光吸收材料应具备全面吸收太阳光谱中的可见光与近红外光的特征。若光吸收材料的 E_g 为 1.1 eV，可通过吸收紫外到近红外区的光子实现光电转换最高理论效率为30%[186]。Sn 与 Pb 同属ⅣA 族元素，具有相似的核外电子分布，性质非常相似，但毒性比 Pb 低，所以锡基非铅钙钛矿太阳电池也有大量研究。Sn^{2+}的离子半径为 112 pm，将 $MAPbI_3$ 中的 Pb 替换成 Sn 仍可得到三维钙钛矿 $MASnI_3$($t = 0.931$)[187]。相比 $MAPbI_3$，$MASnI_3$ 在室温下为赝立方结构(空间群为 $P4mm$)，具有更高的结构对称性和更窄的带隙，吸收带边波长接近 950 nm[188]。其 E_g 比 $MAPbI_3$ 低约 0.3 eV[8]，有更高的理论转换效率上限。二者均为直接带隙半导体，具有尖锐的吸收边，因此 Sn 被认为是目前替代 Pb 制备非铅钙钛矿太阳电池最具潜力的元素[189, 190]。由于 Sn^{2+} 容易被氧化成 Sn^{4+}，$MASnI_3$ 的化学稳定性比较差，其对制备条件的要求也就更为苛刻。

类似于铅基钙钛矿，锡基钙钛矿 $ASnX_3$（A: Cs^+、MA^+、FA^+; X: I^-、Br^-）的带隙和性质同样可以通过调节卤素离子 X 和正离子 A 的组分和比例来实现。通过严格控制实验条件，利用氮气手套箱和树脂封装工艺可以减少 Sn^{4+} 杂质的引入，$MASnBr_xI_{3-x}$ 的带隙随着 Br 含量的增大而增大。以 $MASnIBr_2$ 为吸光层的 n-i-p 型太阳电池性能也优于 $MASnI_3$ 和 $MASnBr_3$，这主要是带隙及能级匹配共同作用的结果[188]。DFT 计算也证明，使用 Br 部分替代 I 能够提高 CBM，提高电子向 TiO_2 的传输效率[191]。

由于 Cs^+ 的离子半径较小，$CsSnI_3$ 的容限因子 $t = 0.824$，属于正交晶系的钙钛矿。另外，这种钙钛矿在空气中会转变为一维双链结构的黄色的非钙钛矿，其性能也是比较差的[192]。$FASnI_3$ 的容限因子 $t = 1.007$，超过了 1，也同样形成正交晶系钙钛矿[193]。可见，锡基钙钛矿 $ASnI_3$（A: Cs^+、MA^+、FA^+）中，只有 $MASnI_3$ 能够形成较为理想的三维钙钛矿结构，$MASnI_3$ 的性能理论上也应是其中最好的。因为锡基钙钛矿不稳定性的本质在于 Sn^{2+} 的化学不稳定性，所以理论上通过离子组分的调节并不能有效提高其稳定性，这也是它与铅基钙钛矿的一个重要差异。

Noel 等报道了基于 $MASnI_3$ 的多孔 n-i-p 型太阳电池的最高效率为 6.4%，远落后于铅基钙钛矿太阳电池[187]。此外，$MASnI_3$ 的不稳定性导致其器件效率较低[194]，且重复性差、容易短路。

为了抑制 $MASnI_3$ 的氧化过程，Hoshi 等使用 5-氨基缬草酸氢碘酸盐[5-AVAI，$HOOC(CH_2)_4NH_3I$]作为添加剂，有效减缓了 $MASnI_3$ 的氧化过程，且不影响其晶体结构[195]。关于提高锡基钙钛矿稳定性的问题，Koh 等发现，制备 $FASnI_3$ 的过程中加入适量 SnF_2，能够改善其形貌且有效减缓 Sn^{2+} 被氧化成 Sn^{4+} 的过程，提高其效率和稳定性[193]。在此基础上，Lee 等使用 SnF_2-吡嗪配合物进一步提高 $FASnI_3$ 膜的质量，优化得到基于 $FASnI_3$ 的多孔 n-i-p 型太阳电池的最高效率为 4.8%，其封装的太阳电池在空气中也具有较好的稳定性。SnF_2 也应用于 $CsSnI_3$ 的制备中，$CsSnI_3$ 太阳电池的稳定性也有所改善，虽然其短路电流密度值可达 22 mA/cm^2 以上，但其最高效率只有 2.02%（多孔 n-i-p 型），主要是因为其开路电压（0.24 V）和填充因子较低。为了提高 $CsSnI_3$ 电池的开路电压，Marshall 等设计 $ITO/CuI/CsSnI_3/fullerene/BCP/Al$ 的 p-i-n 型结构，同时使用过量 SnI_2 来提高能级的匹配度和电池的稳定性，结果开路电压可达到 0.55 V[196]。Kanatzidis 等将 $MASnI_3$、$CsSnI_3$ 和 $CsSnBr_3$ 在还原性气氛中进行预处理，可以使得 Sn^{4+}/Sn^{2+} 降低 20%，大幅减小其中载流子复合率，达到与铅基钙钛矿相近水平，其器件最终效率分别达到 3.89%、1.83% 和 3.04%[197]。

Sn^{2+} 的化学不稳定性不利于其电池的实际应用，因此，研究者制备基于 Sn^{4+} 的 Cs_2SnX_6（X: I^-、Br^-、Cl^-）钙钛矿。研究发现，Cs_2SnI_6 的结构与 $CsSnI_3$ 类似，同样形成共角 $[SnI_6]^{2-}$ 八面体，但是少了一半的 Sn 离子。Cs_2SnI_6 本身为 n 型半导体，但如果掺杂 Sn^{2+} 则变为 p 型半导体[198]。Cs_2SnI_6 事实上并不适合作为太阳电池的吸光材料，相关报道较少，其效率也只有 0.86%[199]。

由于纯锡基钙钛矿太阳电池稳定性差且效率也远远落后于铅基钙钛矿太阳电池，需要通过混合一定量的 Pb 来稳定 Sn 使其保持在+2 价，以降低 Sn^{4+} 的含量和载流子浓度，延长载流子寿命[190]，因此 Pb-Sn 双金属钙钛矿 $MASn_xPb_{1-x}I_3$ 或许是更好的选择。Alex Jen 课题组首次报道了基于 $MASn_xPb_{1-x}I_3$ 的平面 p-i-n 型太阳电池，在 Sn 含量 15%时获得最高效率为 10.1%，高于纯锡基钙钛矿太阳电池报道的最高效率[200]。华盛顿大学余秋明课题组使用两步法及溶剂退火方法制备了形貌较好的 Pb-Sn 双金属钙钛矿薄膜，在 Sn 含量 10%时最高效率为 10.25%（平面 p-i-n 型)[201]。北京大学卞祖强课题组发现 $MASn_xPb_{1-x}I_3$ 薄膜的带隙宽度随 Sn 含量的增加而减小，吸收光谱发生红移，并且在可见光区的吸收呈增强趋势。在 Sn 含量 50%时获得的最高效率为 13.6%[202]。香港大学蔡植豪课题组利用 DMSO 作为溶剂实现 Pb-Sn 双金属钙钛矿形貌调控，在 Sn 含量 25%时实现了 15.2%的最高效率，而且没有任何迟滞现象[203]。调控钙钛矿的结晶并且抑制亚锡(Sn^{2+})的氧化，对于制备高效且重复性好的锡铅钙钛矿太阳电池是非常重要的。浙江大学陈红征课题组[204]把硫氰酸甲胺(MASCN)添加到 PbI_2/SnI_2 前驱体溶液中，采用两步法制备了 $FAPb_{0.7}Sn_{0.3}I_3$ 钙钛矿薄膜。MASCN 不仅可以调控薄膜形貌，也能通过 SCN^- 与 Sn^{2+} 的强配位作用稳定 Sn^{2+}，抑制 Sn^{2+} 的氧化。优化后的 $FAPb_{0.7}Sn_{0.3}I_3$ 钙钛矿晶粒大且缺陷少。结构为 ITO/PEDOT：PSS/$FAPb_{0.7}Sn_{0.3}I_3$/PEAI/$PC_{61}BM$/BCP/Ag 的器件填充因子高达 0.79，最高效率达到 16.26%。MASCN 添加剂稳定了 PbI_2/SnI_2 前驱体溶液，使得器件制备的重现性很好。配制的含有 MASCN 添加剂的前驱体溶液在手套箱里放置 124 d 后，制备的器件效率几乎没有发生变化。该结果说明，在前驱体溶液中引入具有多重功能的添加剂，是提高太阳电池效率及其可重现性的有效方法，有利于太阳电池的商业化。

在纯金属钙钛矿 ABX_3 中，混合卤素离子 X 的钙钛矿带隙介于两种纯卤素钙钛矿之间且呈线性变化，混合正离子 A 的钙钛矿也一样。然而，Kanatzidis 等发现，$MASn_xPb_{1-x}I_3$ 系列钙钛矿的带隙比 $MAPbI_3$ 和 $MASnI_3$ 都要窄，显现出异常的非线性关系[205]。另外，由于室温下 $MASnI_3$ 为准立方晶型 $P4mm$(α 相)，而 $MAPbI_3$ 为四方晶型 $I4cm$(β 相)并在 330 K 附近转化为 α 相，所以 $MASn_xPb_{1-x}I_3$ 的晶型在 50% Sn 含量附近由 α 相变为 β 相。他们通过 TD-DFT 计算证明，一方面，$MASn_xPb_{1-x}I_3$ 中 Pb 含量增大会使钙钛矿结构的扭曲增大，导致带隙变宽；另一方面，Pb 含量增大会增强自旋轨道重叠作用，导致带隙变窄。这两者间的冲突导致了 $MASn_xPb_{1-x}I_3$ 带隙出现异常的非线性关系。此外，他们还发现，$MASn_xPb_{1-x}I_3$ 的电子结构大多像 $MASnI_3$，只有 Pb 含量大于 87.5%时才更像 $MAPbI_3$[206]。中国西北大学冯宏剑和美国内布拉斯加大学林肯分校曾晓成课题组通过 DFT 和 TD-

DFT 计算也证明了以上的结论，他们还进一步探究了 TiO_2/ $MASn_xPb_{1-x}I_3$ 界面，发现富 Pb 钙钛矿在此界面能形成较大的电势差促进电子-空穴分离，而富 Sn 钙钛矿则不能[207]。这也从理论上说明为何富 Pb 钙钛矿的效率高于富 Sn 钙钛矿。当然，也有报道指出，DFT 结果表明 $MASn_xPb_{1-x}I_3$ 的带隙是随着 Sn 含量而呈线性变化的，但这主要是因为他们没有考虑相转变的影响。通过更精细的组分调节，$FA_{0.75}Cs_{0.25}Pb_{0.5}Sn_{0.5}I_3$ 也被证明具备更高效的性能，其太阳电池可实现 14.8%的稳定输出效率。由于 $FA_{0.75}Cs_{0.25}Pb_{0.5}Sn_{0.5}I_3$ 也具备较窄的带隙，它也被用于与较宽带隙的 $FA_{0.83}Cs_{0.17}Pb(I_{0.5}Br_{0.5})_3$ 一起组合成钙钛矿/钙钛矿叠层电池，其双终端和四终端的叠层电池效率分别为 17.0%和 20.3%。

曾晓成课题组利用第一原理理论计算对 Sn-Ge 双金属钙钛矿进行深入研究，通过计算这些钙钛矿材料的带隙和光吸收谱，发现 $RbSn_{0.5}Ge_{0.5}I_3$ 钙钛矿具有适宜的直接带隙和优越的光学吸收性能，同时具有良好的稳定性、载流子迁移性能及较小的激子结合能，有望成为理想的太阳电池吸收层材料[208]。元素混合策略能够调节钙钛矿的带隙，可用于串联光伏器件设计等。

3.5.2 锗基钙钛矿太阳电池

除 Sn 之外，与 Pb 同族的 Ge 元素的钙钛矿也有少量的研究。在非线性光学研究中，$AGeI_3$（A: Cs^+、有机阳离子）类钙钛矿首次被合成，理论计算证明三维 $AGeI_3$ 具有直接带隙，且 $CsGeI_3$ 具有最为理想的带隙（1.6 eV）[209]。Ge^{2+} 的离子半径为 73 pm，$CsGeI_3$ 的 $t = 0.934$，能够形成较好的三维钙钛矿，但在 MA 和 FA 体系中，则只能形成二维钙钛矿。此外，Krishnamoorthy 等也证明 $AGeI_3$（A: Cs^+、MA^+、FA^+）的带隙随着 A 离子半径的增大而增大。他们通过理论计算，对 ABX_3（A: K^+、Rb^+、Cs^+; X: Cl^-、Br^-、I^-; B: 40 种二价金属）的带隙及热力学稳定性进行研究表明，仅 $RbSnBr_3$、$CsSnBr_3$ 和 $CsGeI_3$ 适合应用于太阳电池中。他们还首次将锗基钙钛矿用于太阳电池中，结果表明电池的开路电压都比较低，效率最高的 $MAGeI_3$ 也仅有 0.20%，如图 3-20 所示[210]。理论上，Ge^{2+} 比 Sn^{2+} 更容易被氧化，化学稳定性更差，这可能是其效率如此低的原因[210]。进一步的理论计算也证明，$MAGeX_3$（X: Cl^-、Br^-、I^-）中，$MAGeI_3$ 的性质与 $MAPbI_3$ 最为相近[211]。

3.5.3 基于ⅡA 和 I B 族金属的钙钛矿太阳电池

由于经典钙钛矿 $MAPbI_3$ 中的 Pb^{2+} 为二价金属离子，研究者也尝试用非ⅣA 族的二价金属来替代 Pb^{2+}，包括ⅡA 族和 I B 族。不同于ⅣA 族的非铅二价金属离子，ⅡA 族和 I B 族的二价离子比较稳定。Jacobsson 首次借助理论计算研究了此类材料中的 $MASrI_3$，因为 Sr^{2+} 的离子半径（118 pm）与 Pb^{2+}（119 pm）极其接近。计算结果表明，$MASrI_3$ 的带隙为 3.6 eV，吸收在紫外区，并不适合作为太阳电池

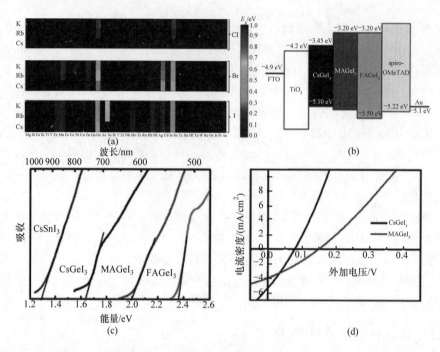

图 3-20 (a) 360 种 ABX₃ 型钙钛矿的 PBE 带隙预测；(b) CsGeI₃、MAGeI₃ 和 FAGeI₃ 的能级
示意图；(c) CsGeI₃、MAGeI₃ 和 FAGeI₃ 与 CsSnI₃ 吸收光谱比较；(d) 锗基钙钛矿太阳电池
的 J-V 特性曲线[210]

的吸光材料。将 Pb^{2+} 替换为 Sr^{2+} 后，带隙急剧增大主要是因为锶基钙钛矿的 CBM 中 I-5s 及 I-5p 的成分更高，且 Sr^{2+} 的电负性比较低也导致了金属与卤素间形成的键离子性更高。这最终导致锶基钙钛矿的 CBM 增大，相应的带隙也增大。另外，因为锶基钙钛矿难以用合成铅基钙钛矿的方法制备，所以需要开发新方法才能制备[212]。大连理工大学马廷丽课题组采用 Sr 部分取代 Pb 制备了一系列 Sr-Pb 双金属钙钛矿 $MASr_xPb_{1-x}I_3$，发现 Sr 取代量为 30%时，所形成的 $MASr_{0.3}Pb_{0.7}I_3$ 光谱吸收大范围增强，但电池器件性能明显下降[213]。

在 ⅡA 族中，除 Sr^{2+} 之外的 Ca^{2+} 的离子半径(100 pm)也符合形成三维钙钛矿的条件。Uribe 等也报道了 $MACaI_3$，其带隙为 3.78 eV(理论计算值为 3.4 eV)，是白色间接带隙绝缘体[214]。此外，计算结果证明 $MACaI_3$ 的 CBM 和 VBM 分别由 Ca-3d 和 I-p 构成。在 $MAPbI_3$ 中，CBM 由 Pb-p、I-s 和 I-p 杂化形成，VBM 则由 Pb-s 和 I-p 杂化形成，两者都由金属离子和卤素离子共同贡献。这再次证明基于 ⅡA 族二价金属离子的钙钛矿无法作为吸光材料，同时也体现了孤对电子 $6s^2$ 对铅基钙钛矿特殊性质的重要性。

ⅠB 族金属中，铜基钙钛矿也有相关报道[215]。Cu^{2+} 的离子半径为 73 pm，无法形成三维的有机-无机杂化钙钛矿，所以铜基钙钛矿一般都形成二维层状钙钛矿结构，如图 3-21 所示。其化学式可表示为 $(RNH_3)_2CuX_4$（R: 烷烃基或芳香基；X: Br^- 或 Cl^- 与 Br^- 混合）。天津大学周雪琴等报道了铜基二维钙钛矿 $(p$-F-$C_6H_5C_2H_4$-$NH_3)_2CuBr_4$ 和 $[CH_3(CH_2)_3NH_3]_2CuBr_4$，并制备相应的太阳电池，分别得到 0.51% 和 0.63% 的效率[216]。Cortecchia 等则制备了铜基甲胺类二维钙钛矿 $MA_2CuCl_xBr_{4-x}$，同时引入 Cl 来抑制 Cu^{2+} 的还原，从而提高其稳定性[217]。他们发现，由于 Jahn-Teller 效应，CuX_6 八面体中，Cu—X 键长差异较大，且通过调节 Br/Cl 的比例还能调节材料的吸收。基于 $MA_2CuCl_2Br_2$ 的钙钛矿太阳电池具有最高的效率，为 0.017%。朱华课题组报道了基于 $(3$-$BrC_3H_6NH_3)_2CuBr_4$ 的钙钛矿太阳电池，对红光及长波方向的太阳光吸收较弱，导致效率较低，获得 1.33% 的效率[215]。由此可见，纯铜基钙钛矿由于只能形成二维结构，且存在 Jahn-Teller 效应导致的八面体变形，导致其性能比较差。另外，Cu^{2+} 的还原问题也将是影响其效率和稳定性的重要问题。

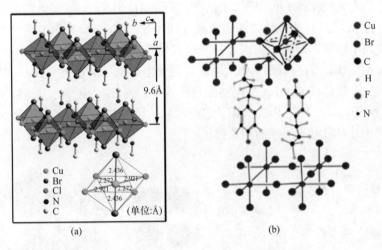

图 3-21　(a) $MA_2CuCl_2Br_2$ 晶体结构及不同键长的 Cu—X 键[217]；(b) $(p$-F-$C_6H_5C_2H_4$-$NH_3)_2$ $CuBr_4$ 结构示意图[216]

除此之外，Jahandar 等在 $MAPbI_3$ 中加入少量 $CuBr_2$，利用液态 $CuBr_2$-DMSO 中间体得到结晶性较好且晶粒较大的薄膜，电池效率由 $MAPbI_3$ 的 13.18% 提高到 $MAI(PbI_2)_{0.95}(CuBr_2)_{0.05}$ 的 17.09%[218]。此研究中，Cu 的含量较少，也无直接证据证明 Cu 参与到三维钙钛矿的形成，因此 Cu 究竟是否替代了三维钙钛矿的少量 Pb，还是起到其他作用，仍不清楚。廖良生课题组用 SnI_2 和 $CuBr_2$ 少量取代 PbI_2 制备了三金属 Pb-Sn-Cu 钙钛矿太阳电池，发现 Sn^{2+} 的取代导致薄膜的吸收边发生红移，Cu^{2+} 的引入改善了钙钛矿结晶晶粒、晶体覆盖率及晶体边界钝化，获得了 21.08% 的能量转换效率[219]。

3.5.4   基于ⅤA和ⅢA族金属的钙钛矿太阳电池

近来，在非铅钙钛矿太阳电池中，基于 Bi 的钙钛矿太阳电池也受到大家的广泛关注。Bi^{3+} 与 Pb^{2+} 同样具有孤对电子 $6s^2$，也具备合适的半径(103 pm)。由于 Bi^{3+} 离子价态的差异，它倾向于形成 $A_3Bi_3I_9$(A: MA^+、Cs^+，MBI) 零维钙钛矿[220]，其结构如图 3-22(a) 和(b) 所示。铋基钙钛矿主要形成分离的共面双八面体团簇 $Bi_3I_9^{3-}$，而正离子 A^+ 则分布在团簇间的间隙。这样的结构不存在共角八面体，既不同于三维铅基钙钛矿的结构，也不同于二维铅基钙钛矿的结构。Hoye 等比较了 $MA_3Bi_3I_9$(MBI) 和 $MAPbI_3$ 的稳定性，结果显示 $MA_3Bi_3I_9$ 具有较好的湿度稳定性 [图 3-22(c)]，在相对湿度 (61±4)%、温度 (21.8±0.7) ℃ 的环境中放置 26 d 也只有很小的变化，而 $MAPbI_3$ 放置 13 d 后基本都分解为 PbI_2[221]。Park 等首次报道了这类材料在太阳电池中的应用，基于 $MA_3Bi_3I_9$ 和 $Cs_3Bi_3I_9$ 的 n-i-p 型太阳电池的最高效率分别为 0.12% 和 1.09%[222]。Lyu 等使用 P3HT 作为 n-i-p 型太阳电池的空穴传输层，将 $MA_3Bi_3I_9$ 的电池效率提高到 0.19%[223]。由于 $MA_3Bi_3I_9$ 的结晶度和形貌等对其光电性质影响较大，因此基底对其生长及电池性能的影响也较大。TiO_2 的形貌对 $MA_3Bi_3I_9$ 的形貌影响很大，陈红征课题组使用 ITO/致密 TiO_2/多孔 TiO_2 基底得到基于此材料的 n-i-p 型电池的最高效率，为 0.42%[224]。其他阳离子的铋基钙钛矿 $A_3Bi_3I_9$(A: K^+、Rh^+、NH_4^+) 也有相应的研究，其能级和带隙与 $MA_3Bi_3I_9$ 类似，但并无太阳电池应用的相关报道。

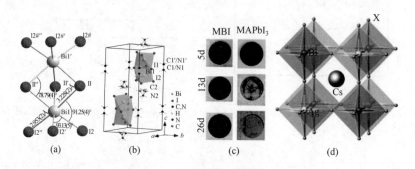

图 3-22 $MA_3Bi_3I_9$ 钙钛矿的结构

(a) $Bi_3I_9^{3-}$ 团簇结构; (b) 晶胞中正负离子的分布情况[220]; (c) MBI 和 $MAPbI_3$ 钙钛矿在空气中变化的照片[221]; (d) Cs_2AgBiX_6 (X = Cl^-、Br^-) 钙钛矿的晶胞结构[225]

铋基钙钛矿也衍生出双金属钙钛矿 Cs_2AgBiX_6(X: Br^-、Cl^-) 和 MA_2KBiCl_6[226]，它们的结构事实上是钾冰晶石 K_2NaAlF_6 的结构。其中，$Cs_2AgBiBr_6$ 和 $Cs_2AgBiCl_6$ 都为间接带隙半导体，单晶的带隙[225]分别为 1.8 eV 和 2.4 eV，粉末的带隙[227]则分别为 2.19 eV 和 2.77 eV，适用于叠层太阳电池中。此外，$Cs_2AgBiBr_6$ 也显示出

较好的热稳定性和湿稳定性。然而，MA_2KBiCl_6 的带隙则为 3.04 eV，并不适用于太阳电池。此外，也有 DFT 计算证明 MA_2TlBiI_6 具有与 $MAPbI_3$ 很类似的性质，也有应用于太阳电池的潜力[228]。但是，Tl 的毒性也很大，这也限制了该类材料的研究前景。到目前为止，基于ⅤA族双金属钙钛矿的太阳电池应用也无相关报道，都局限于材料性质研究和理论计算。

Kim 等则将 AgI 与 BiI_3 反应得到双金属碘化物 $AgBi_2I_7$，它由 AgI_6 八面体和 BiI_8 六面体混合组成[229]。$AgBi_2I_7$ 能够形成形貌较好的薄膜，其 n-i-p 型太阳电池最高效率为 1.22%，而且放置于空气中 10 d 后仍保持 1.13% 的效率，具有较好的稳定性。关于 $MABiXY_2$（X: S^{2+}、Se^{2+}、Te^{2+}；Y: Cl^-、Br^-、I^-）[230]和 BiIX（X: Se^{2+}、S^{2+}）[231]也有相关的理论计算研究。在 $MABiXY_2$ 中，$MABiSI_2$ 和 $MABiSeI_2$ 为直接带隙半导体，具有较为理想的带隙，1.3～1.4 eV，且其电子结构与 $MAPbI_3$ 很相似，应用于太阳电池的潜力比较大[230]。另外，BiIX 也具有适用于太阳电池的电子结构，但其能级与常用的界面层匹配不好，这将限制其性能。

Saparov 等也研究了与 Bi 同族的 Sb 的钙钛矿的相关性质[232]。$Cs_3Sb_2I_9$ 除了能形成同 Bi 一样的零维结构外，还能形成层状结构。层状钙钛矿材料 $Cs_3Sb_2I_9$ 的结构可看成抽除三分之一 Sb 离子层的钙钛矿结构。此材料呈现红色，其带隙为 2.05 eV，为弱 p 型材料，且具有较好的稳定性。DFT 计算表明，其前线轨道组成与 $MAPbI_3$ 很相似，但是它却存在比较多的深缺陷态，因此它对缺陷更为敏感。基于 $Cs_3Sb_2I_9$ 的平面 n-i-p 型太阳电池也因此显示出比较差的性能。

也有学者将ⅢA族金属引入到钙钛矿太阳电池进行研究。廖良生课题组通过引入 In 部分替代 Pb 来制备少铅钙钛矿太阳电池，发现 Pb-In 双金属钙钛矿太阳电池薄膜具有多重有序的结晶取向和多重电荷传输通道，通过 15% In 替代 Pb，其太阳电池的能量转换效率从纯 Pb 体系的 12.61% 提高到 Pb-In 双金属体系的 17.55%[233]。

3.5.5 非铅钙钛矿太阳电池的不足与展望

尽管铅基钙钛矿太阳电池中 Pb 的用量并不大，然而 $MAPbI_3$ 与水等极性溶剂接触易分解为微溶于水且可致癌的 PbI_2，因此继续寻找 Pb 元素的低毒性替代元素，减少环境污染意义重大。具有较窄带隙宽度的 $MASnI_3$ 和 $CsSnI_3$ 对太阳光的吸收光谱范围大，是目前替代 $MAPbI_3$ 制备钙钛矿太阳电池最具有发展潜力的材料。但二者稳定性差，能量转换效率较低。Ge 元素与 Pb 元素同属于ⅣA族，具有相似的核外电子排布，但锗基钙钛矿结构晶体对称性低，禁带宽度较大，难以充分吸收太阳光[141]。例如，$CsGeI_3$ 低温相空间群为 $R3m$，高温相空间群为 $Pmmm$。$CsGeCl_3$ 和 $CsGeBr_3$ 的禁带宽度分别为 3.67 eV 和 2.32 eV[234]。二维的铜基钙钛矿毒性相对较低，但是效率较低[215]。因此未来继续寻找 Pb 元素的替代元素，通过替换或混合有机阳离子、卤素离子等手段，以制备无铅或少铅的高性能太阳电池仍然是该领域亟待解决的问题。

3.6 结论与展望

近年来，钙钛矿太阳电池取得了巨大的进步，单结钙钛矿太阳电池的最高效率达到 25.2%，硅/钙钛矿叠层电池实现了 28.0% 的能量转换效率。同时，科技公司在高效率大面积模件组件的研发方面也取得了较大进步。钙钛矿原材料来源广泛、价格低廉，兼容湿法印刷生产，这些有利因素使钙钛矿太阳电池具备了商业化的可能性。但仍然面临较大的挑战，如钙钛矿在潮湿气氛、热应力和持续光照条件下理化性质的不稳定，导致钙钛矿太阳电池在水、氧、光、热等条件下呈现效率快速衰减，这给其商业化带来了极大的阻碍，备受关注。钙钛矿的本征结构稳定性是制约器件稳定性的先决条件。通过混合阳离子(MA^+、FA^+、Cs^+)、大体积的铵盐离子(BA^+ 和 PEA^+ 等)和阴离子(I^-、Br^-)来调节钙钛矿成分，使得钙钛矿的结构稳定性有了显著提升，进一步通过调控结晶维度和多晶薄膜形貌，制备高质量的钙钛矿结晶薄膜，可以提高器件的效率和稳定性。

除了钙钛矿固有结构稳定性，电子和空穴传输层与钙钛矿和电极之间的界面特性也极大影响了钙钛矿太阳电池的效率和稳定性。例如经典空穴传输材料 PEDOT：PSS 具有强吸湿性，基于 PEDOT：PSS 空穴传输层的钙钛矿活性层容易吸湿降解，从而降低器件寿命。疏水的 PTAA、spiro-OMeTAD 等空穴传输层则需要化学掺杂来增强导电性，这些掺杂体系自身不稳定，同时容易诱导钙钛矿材料分解，降低器件长期稳定性。钙钛矿太阳电池稳定性受到多种因素的影响，这要求提高器件在光、热、湿度等多种条件下的稳定性，需要采用协同调控策略，如优化基底的表面以促进钙钛矿结晶生长，制备高质量的钙钛矿结晶薄膜，发展高性能空穴传输层和电子传输层促进界面电荷提取，钝化钙钛矿晶界缺陷，阻隔离子迁移和降低水氧渗透等，来避免钙钛矿分解。因而开发出高性能界面材料对提升钙钛矿太阳电池稳定性具有重要意义。

目前的高效钙钛矿太阳电池均基于铅基杂化钙钛矿材料，然而铅基杂化钙钛矿材料容易分解而产生对人体有毒害的水溶性铅盐，在实际应用中可产生环境污染风险。从长远的角度考虑，寻找抑制铅离子逃逸的方法和环境友好金属替代铅也是钙钛矿太阳电池商业化发展过程中需要面对的问题。虽然研究者已经开发出以低毒或无毒的锡、锗、钙、铜等金属为代表的新型钙钛矿太阳电池，但是其效率都较低，因此寻求高效率非铅或少铅的钙钛矿成为一种有益的方案。综上，为了实现钙钛矿太阳电池技术的进一步发展和最终走向商业化，还将面临很多技术挑战和一段时间的发展历程。解决高效率钙钛矿太阳电池的稳定性、组件化和环境友好的问题，是目前实现钙钛矿太阳电池发展的必经之路。随着领域的逐渐成熟，大多数挑战在未来一段时间内将会得以解决，从而使得钙钛矿太阳电池走向商业化。

参 考 文 献

[1] Peña M A, Fierro J L G. Chemical structures and performance of perovskite oxides. Chem Rev, 2001, 101 (7): 1981-2018.

[2] Kim H D, Ohkita H, Benten H, et al. Photovoltaic performance of perovskite solar cells with different grain sizes. Adv Mater, 2016, 28 (5): 917-922.

[3] Li C, Lu X, Ding W, et al. Formability of ABX$_3$ (X = F, Cl, Br, I) halide perovskites. Acta Crystallogr Sect B: Struct Sci, 2008, 64 (6): 702-707.

[4] Saparov B, Mitzi D B. Organic-inorganic perovskites: Structural versatility for functional materials design. Chem Rev, 2016, 116 (7): 4558-4596.

[5] Eames C, Frost J M, Barnes P R F, et al. Ionic transport in hybrid lead iodide perovskite solar cells. Nat Commun, 2015, 6: 7497.

[6] Green M A, Ho-Baillie A, Snaith H J. The emergence of perovskite solar cells. Nat Photonics, 2014, 8 (7): 506-514.

[7] Wang Q, Shao Y, Xie H, et al. Qualifying composition dependent p and n self-doping in CH$_3$NH$_3$PbI$_3$. Appl Phys Lett, 2014, 105 (16): 163508.

[8] Stoumpos C C, Malliakas C D, Kanatzidis M G. Semiconducting tin and lead iodide perovskites with organic cations: Phase transitions, high mobilities, and near-infrared photoluminescent properties. Inorg Chem, 2013, 52 (15): 9019-9038.

[9] Yang T Y, Gregori G, Pellet N, et al. The significance of ion conduction in a hybrid organic-inorganic lead-iodide-based perovskite photosensitizer. Angew Chem, 2015, 127 (27): 8016-8021.

[10] Feng J, Zhu X, Yang Z, et al. Record efficiency stable flexible perovskite solar cell using effective additive assistant strategy. Adv Mater, 2018, 30 (35): 1801418.

[11] O'regan B, Grfitzeli M. A low-cost, high-efficiency solar cell based on dye-sensitized colloidal TiO$_2$ films. Nature, 1991, 353: 737-740.

[12] Kojima A, Teshima K, Shirai Y, et al. Organometal halide perovskites as visible-light sensitizers for photovoltaic cells. J Am Chem Soc, 2009, 131 (17): 6050-6051.

[13] Im J H, Lee C R, Lee J W, et al. 6.5% efficient perovskite quantum-dot-sensitized solar cell. Nanoscale, 2011, 3 (10): 4088-4093.

[14] Kim H S, Lee C R, Im J H, et al. Lead iodide perovskite sensitized all-solid-state submicron thin film mesoscopic solar cell with efficiency exceeding 9%. Sci Rep, 2012, 2: 591.

[15] Lee M M, Teuscher J, Miyasaka T, et al. Efficient hybrid solar cells based on meso-superstructured organometal halide perovskites. Science, 2012, 338 (6107): 643-647.

[16] Liu M, Johnston M B, Snaith H J. Efficient planar heterojunction perovskite solar cells by vapour

deposition. Nature, 2013, 501(7467): 395-398.

[17] Burschka J, Pellet N, Moon S J, et al. Sequential deposition as a route to high-performance perovskite-sensitized solar cells. Nature, 2013, 499(7458): 316-319.

[18] Zhou H, Chen Q, Li G, et al. Interface engineering of highly efficient perovskite solar cells. Science, 2014, 345(6196): 542-546.

[19] Jeon N J, Noh J H, Yang W S, et al. Compositional engineering of perovskite materials for high-performance solar cells. Nature, 2015, 517(7535): 476-480.

[20] Saliba M, Matsui T, Seo J Y, et al. Cesium-containing triple cation perovskite solar cells: Improved stability, reproducibility and high efficiency. Energy Environ Sci, 2016, 9(6): 1989-1997.

[21] Yang W S, Park B W, Jung E H, et al. Iodide management in formamidinium-lead-halide-based perovskite layers for efficient solar cells. Science, 2017, 356(6345): 1376-1379.

[22] Arora N, Dar M I, Hinderhofer A, et al. Perovskite solar cells with CuSCN hole extraction layers yield stabilized efficiencies greater than 20%. Science, 2017, 358(6364): 768-771.

[23] Yang Y, You J, Meng L. Efficient and stable perovskite solar cells with all solution processed metal oxide transporting layers: US20180033983, 2018.

[24] Tan H, Jain A, Voznyy O, et al. Efficient and stable solution-processed planar perovskite solar cells via contact passivation. Science, 2017, 355(6326): 722-726.

[25] Hou Y, Du X, Scheiner S, et al. A generic interface to reduce the efficiency-stability-cost gap of perovskite solar cells. Science, 2017, 358(6367): 1192-1197.

[26] Shin S S, Yeom E J, Yang W S, et al. Colloidally prepared La-doped $BaSnO_3$ electrodes for efficient, photostable perovskite solar cells. Science, 2017, 356(6334): 167-171.

[27] Chen H, Ye F, Tang W, et al. A solvent- and vacuum-free route to large-area perovskite films for efficient solar modules. Nature, 2017, 550: 92.

[28] Deng Y H, Zheng X P, Bai Y, et al. Surfactant-controlled ink drying enables high-speed deposition of perovskite films for efficient photovoltaic modules. Nat Energy, 2018, 3(7): 560-566.

[29] Bush K A, Palmstrom A F, Yu Z S J, et al. 23.6%-efficient monolithic perovskite/silicon tandem solar cells with improved stability. Nat Energy, 2017, 2(4): 17009.

[30] Ku Z, Rong Y, Xu M, et al. Full printable processed mesoscopic $CH_3NH_3PbI_3/TiO_2$ heterojunction solar cells with carbon counter electrode. Sci Rep, 2013, 3: 3132.

[31] Mei A, Li X, Liu L, et al. A hole-conductor-free, fully printable mesoscopic perovskite solar cell with high stability. Science, 2014, 345(6194): 295-298.

[32] Hu Y, Si S, Mei A, et al. Stable large-area (10×10 cm^2) printable mesoscopic perovskite module exceeding 10% efficiency. Sol RRL, 2017, 1(2): 1600019.

[33] Kojima A, Teshima K, Shirai Y, et al. Novel photoelectroch-emical cell with mesoscopic electrodes sensitized by lead-halide compounds(2). Cancun, Mexico: 210th ECS Meeting, 2006.

[34] Bi D, Boschloo G, Schwarzmüller S, et al. Efficient and stable $CH_3NH_3PbI_3$-sensitized ZnO nanorod array solid-state solar cells. Nanoscale, 2013, 5(23): 11686-11691.

[35] Edri E, Kirmayer S, Kulbak M, et al. Chloride inclusion and hole transport material doping to

improve methyl ammonium lead bromide perovskite-based high open-circuit voltage solar cells. J Phys Chem Lett, 2014, 5(3): 429-433.

[36] Zhang W, Saliba M, Stranks S D, et al. Enhancement of perovskite-based solar cells employing core-shell metal nanoparticles. Nano Lett, 2013, 13(9): 4505-4510.

[37] Zhao Y, Nardes A M, Zhu K. Solid-state mesostructured perovskite CH₃NH₃PbI₃ solar cells: Charge transport, recombination, and diffusion length. J Phys Chem Lett, 2014, 5(3): 490-494.

[38] Leijtens T, Eperon G E, Pathak S, et al. Overcoming ultraviolet light instability of sensitized TiO₂ with meso-superstructured organometal tri-halide perovskite solar cells. Nat Commun, 2013, 4: 2885.

[39] Jeon N J, Lee H G, Kim Y C, et al. *o*-Methoxy substituents in spiro-OMeTAD for efficient inorganic-organic hybrid perovskite solar cells. J Am Chem Soc, 2014, 136(22): 7837-7840.

[40] Abate A, Saliba M, Hollman D J, et al. Supramolecular halogen bond passivation of organic-inorganic halide perovskite solar cells. Nano Lett, 2014, 14(6): 3247-3254.

[41] Leijtens T, Lauber B, Eperon G E, et al. The importance of perovskite pore filling in organometal mixed halide sensitized TiO₂-based solar cells. J Phys Chem Lett, 2014, 5(7): 1096-1102.

[42] Im J H, Jang I H, Pellet N, et al. Growth of CH₃NH₃PbI₃ cuboids with controlled size for high-efficiency perovskite solar cells. Nat Nanotechnol, 2014, 9: 927.

[43] Xiao Z, Dong Q, Bi C, et al. Solvent annealing of perovskite-induced crystal growth for photovoltaic-device efficiency enhancement. Adv Mater, 2014, 26(37): 6503-6509.

[44] Gu Z, Zuo L, Larsen-Olsen T T, et al. Interfacial engineering of self-assembled monolayer modified semi-roll-to-roll planar heterojunction perovskite solar cells on flexible substrates. J Mater Chem A, 2015, 3(48): 24254-24260.

[45] Jiang C S, Yang M, Zhou Y, et al. Carrier separation and transport in perovskite solar cells studied by nanometre-scale profiling of electrical potential. Nat Commun, 2015, 6: 8397.

[46] Zhao J, Zheng X, Deng Y, et al. Is Cu a stable electrode material in hybrid perovskite solar cells for a 30-year lifetime? Energy Environ Sci, 2016, 9(12): 3650-3656.

[47] Song S, Kang G, Pyeon L, et al. Systematically optimized bilayered electron transport layer for highly efficient planar perovskite solar cells (η=21.1%). ACS Energy Lett, 2017, 2(12): 2667-2673.

[48] Marchioro A, Teuscher J, Friedrich D, et al. Unravelling the mechanism of photoinduced charge transfer processes in lead iodide perovskite solar cells. Nat Photonics, 2014, 8(3): 250-255.

[49] Ma J, Wang L W. Nanoscale charge localization induced by random orientations of organic molecules in hybrid perovskite CH₃NH₃PbI₃. Nano Lett, 2015, 15(1): 248-253.

[50] Ponseca C S, Savenije T J, Abdellah M, et al. Organometal halide perovskite solar cell materials rationalized: Ultrafast charge generation, high and microsecond-long balanced mobilities, and slow recombination. J Am Chem Soc, 2014, 136(14): 5189-5192.

[51] Oga H, Saeki A, Ogomi Y, et al. Improved understanding of the electronic and energetic landscapes of perovskite solar cells: High local charge carrier mobility, reduced recombination, and extremely shallow traps. J Am Chem Soc, 2014, 136(39): 13818-13825.

[52] Edri E, Kirmayer S, Mukhopadhyay S, et al. Elucidating the charge carrier separation and working

mechanism of CH₃NH₃PbI₃₋ₓClₓ perovskite solar cells. Nat Commun, 2014, 5: 3461.

[53] Edri E, Kirmayer S, Henning A, et al. Why lead methylammonium tri-iodide perovskite-based solar cells require a mesoporous electron transporting scaffold (but not necessarily a hole conductor). Nano Lett, 2014, 14(2): 1000-1004.

[54] Green M A. The depletion layer collection efficiency for p-n junction, Schottky diode, and surface insulator solar cells. J Appl Phys, 1976, 47(2): 547-554.

[55] Anderson R. Germanium-gallium arsenide heterojunctions. IBM J Res Dev, 1960, 4(3): 283-287.

[56] Lamberti C. Characterization of semiconductor heterostructures and nanostructures. Elsevier, 2008.

[57] Dubey A, Adhikari N, Mabrouk S, et al. A strategic review on processing routes towards highly efficient perovskite solar cells. J Mater Chem A, 2018, 6(6): 2406-2431.

[58] Im J H, Kim H S, Park N G. Morphology-photovoltaic property correlation in perovskite solar cells: One-step versus two-step deposition of CH₃NH₃PbI₃. APL Mater, 2014, 2(8): 081510.

[59] Saliba M, Tan K W, Sai H, et al. Influence of thermal processing protocol upon the crystallization and photovoltaic performance of organic-inorganic lead trihalide perovskites. J Phys Chem C, 2014, 118(30): 17171-17177.

[60] Wang Q, Shao Y, Dong Q, et al. Large fill-factor bilayer iodine perovskite solar cells fabricated by a low-temperature solution-process. Energy Environ Sci, 2014, 7(7): 2359-2365.

[61] Chen Q, Zhou H, Song T B, et al. Controllable self-induced passivation of hybrid lead iodide perovskites toward high performance solar cells. Nano Lett, 2014, 14(7): 4158-4163.

[62] Son D Y, Lee J W, Choi Y J, et al. Self-formed grain boundary healing layer for highly efficient CH₃NH₃PbI₃ perovskite solar cells. Nat Energy, 2016, 1: 16081.

[63] Yang W S, Noh J H, Jeon N J, et al. High-performance photovoltaic perovskite layers fabricated through intramolecular exchange. Science, 2015, 348(6240): 1234-1237.

[64] Paek S, Schouwink P, Athanasopoulou E N, et al. From nano- to micrometer scale: The role of antisolvent treatment on high performance perovskite solar cells. Chem Mater, 2017, 29(8): 3490-3498.

[65] Ahn N, Son D Y, Jang I H, et al. Highly reproducible perovskite solar cells with average efficiency of 18.3% and best efficiency of 19.7% fabricated via Lewis base adduct of lead(II) iodide. J Am Chem Soc, 2015, 137(27): 8696-8699.

[66] Xiao Z, Bi C, Shao Y, et al. Efficient, high yield perovskite photovoltaic devices grown by interdiffusion of solution-processed precursor stacking layers. Energy Environ Sci, 2014, 7(8): 2619-2623.

[67] Fu W, Yan J, Zhang Z, et al. Controlled crystallization of CH₃NH₃PbI₃ films for perovskite solar cells by various PbI₂(X) complexes. Sol Energy Mater Sol Cells, 2016, 155: 331-340.

[68] Chen Q, Zhou H, Hong Z, et al. Planar heterojunction perovskite solar cells via vapor-assisted solution process. J Am Chem Soc, 2014, 136(2): 622-625.

[69] Chen Y, Chen T, Dai L. Layer-by-layer growth of CH₃NH₃PbI₃₋ₓClₓ for highly efficient planar heterojunction perovskite solar cells. Adv Mater, 2015, 27(6): 1053-1059.

[70] Wang F, Yu H, Xu H, et al. HPbI₃: A new precursor compound for highly efficient solution-

processed perovskite solar cells. Adv Funct Mater, 2015, 25(7): 1120-1126.

[71] Zhou Z, Wang Z, Zhou Y, et al. Methylamine-gas-induced defect-healing behavior of CH₃NH₃PbI₃ thin films for perovskite solar cells. Angew Chem Int Ed, 2015, 54(33): 9705-9709.

[72] Xu Q Y, Yuan D X, Mu H R, et al. Efficiency enhancement of perovskite solar cells by pumping away the solvent of precursor film before annealing. Nanoscale Res Lett, 2016, 11(1): 248.

[73] Fu X W, Dong N, Lian G, et al. High-quality CH₃NH₃PbI₃ films obtained via a pressure-assisted space-confined solvent-engineering strategy for ultrasensitive photodetectors. Nano Lett, 2018, 18(2): 1213-1220.

[74] Brenner T M, Egger D A, Kronik L, et al. Hybrid organic-inorganic perovskites: Low-cost semiconductors with intriguing charge-transport properties. Nat Rev Mater, 2016, 1(1): 16.

[75] Xing G C, Mathews N, Sun S Y, et al. Long-range balanced electron- and hole-transport lengths in organic-inorganic CH₃NH₃PbI₃. Science, 2013, 342(6156): 344-347.

[76] Gratzel M. The light and shade of perovskite solar cells. Nat Mater, 2014, 13(9): 838-842.

[77] Mitzi D B. Synthesis, structure, and properties of organic-inorganic perovskites and related materials// Karlin K D, ed. Progress in Inorganic Chemistry. New York: John Wiley & Sons Inc, 1999: 1-121.

[78] Juarez-Perez E J, Hawash Z, Raga S R, et al. Thermal degradation of CH₃NH₃PbI₃ perovskite into NH₃ and CH₃I gases observed by coupled thermogravimetry-mass spectrometry analysis. Energy Environ Sci, 2016, 9(11): 3406-3410.

[79] Niu G D, Li W Z, Meng F Q, et al. Study on the stability of CH₃NH₃PbI₃ films and the effect of post-modification by aluminum oxide in all-solid-state hybrid solar cells. J Mater Chem A, 2014, 2(3): 705-710.

[80] Matsui T, Yamamoto T, Nishihara T, et al. Compositional engineering for thermally stable, highly efficient perovskite solar cells exceeding 20% power conversion efficiency with 85°c/85% 1000h stability. Adv Mater, 2019, 31(10): 1806823.

[81] Noh J H, Im S H, Heo J H, et al. Chemical management for colorful, efficient, and stable inorganic-organic hybrid nanostructured solar cells. Nano Lett, 2013, 13(4): 1764-1769.

[82] Frost J M, Butler K T, Brivio F, et al. Atomistic origins of high-performance in hybrid halide perovskite solar cells. Nano Lett, 2014, 14(5): 2584-2590.

[83] Cheng Z Y, Lin J. Layered organic-inorganic hybrid perovskites: Structure, optical properties, film preparation, patterning and templating engineering. Crystengcomm, 2010, 12(10): 2646-2662.

[84] Baikie T, Fang Y N, Kadro J M, et al. Synthesis and crystal chemistry of the hybrid perovskite (CH₃NH₃)PbI₃ for solid-state sensitised solar cell applications. J Mater Chem A, 2013, 1(18): 5628-5641.

[85] Smith I C, Hoke E T, Solis-Ibarra D, et al. A layered hybrid perovskite solar cell absorber with enhanced moisture stability. Angew Chem Int Ed, 2014, 53(42): 11232-11235.

[86] Quan L N, Yuan M J, Comin R, et al. Ligand-stabilized reduced-dimensionality perovskites. J Am Chem Soc, 2016, 138(8): 2649-2655.

[87] Tsai H H, Nie W Y, Blancon J C, et al. High-efficiency two-dimensional Ruddlesden-Popper

perovskite solar cells. Nature, 2016, 536(7616): 312-316.

[88] Pisoni A, Jacimovic J, Barisic O S, et al. Ultra-low thermal conductivity in organic-inorganic hybrid perovskite CH₃NH₃PbI₃. J Phys Chem Lett, 2014, 5(14): 2488-2492.

[89] Zhao J J, Deng Y H, Wei H T, et al. Strained hybrid perovskite thin films and their impact on the intrinsic stability of perovskite solar cells. Sci Adv, 2017, 3(11): eaao5616.

[90] Liu J, Wu Y Z, Qin C J, et al. A dopant-free hole-transporting material for efficient and stable perovskite solar cells. Energy Environ Sci, 2014, 7(9): 2963-2967.

[91] Shi J J, Dong J, Lv S T, et al. Hole-conductor-free perovskite organic lead iodide heterojunction thin-film solar cells: High efficiency and junction property. Appl Phys Lett, 2014, 104(6): 063901.

[92] Chen H, Wei Z, He H, et al. Solvent engineering boosts the efficiency of paintable carbon-based perovskite solar cells to beyond 14%. Adv Energy Mater, 2016, 6(8): 1502087.

[93] Li W Z, Dong H P, Wang L D, et al. Montmorillonite as bifunctional buffer layer material for hybrid perovskite solar cells with protection from corrosion and retarding recombination. J Mater Chem A, 2014, 2(33): 13587-13592.

[94] Zhang H, Shi Y T, Yan F, et al. A dual functional additive for the HTM layer in perovskite solar cells. Chem Commun, 2014, 50(39): 5020-5022.

[95] Zhao Y X, Zhu K. Optical bleaching of perovskite (CH₃NH₃)PbI₃ through room-temperature phase transformation induced by ammonia. Chem Commun, 2014, 50(13): 1605-1607.

[96] Chander N, Khan A F, Chandrasekhar P S, et al. Reduced ultraviolet light induced degradation and enhanced light harvesting using YVO₄ : Eu³⁺ down-shifting nano-phosphor layer in organometal halide perovskite solar cells. Appl Phys Lett, 2014, 105(3): 033904.

[97] Ahmad W, Khan J, Niu G D, et al. Inorganic CsPbI₃ perovskite-based solar cells: A choice for a tandem device. Sol RRL, 2017, 1(7): 1700048.

[98] Yang G, Tao H, Qin P, et al. Recent progress in electron transport layers for efficient perovskite solar cells. J Mater Chem A, 2016, 4(11): 3970-3990.

[99] Liu D, Kelly T L. Perovskite solar cells with a planar heterojunction structure prepared using room-temperature solution processing techniques. Nat Photonics, 2013, 8: 133-138.

[100] Dong Q, Shi Y, Wang K, et al. Insight into perovskite solar cells based on SnO₂ compact electron-selective layer. J Phys Chem C, 2015, 119(19): 10212-10217.

[101] Kogo A, Numata Y, Ikegami M, et al. Nb₂O₅ blocking layer for high open-circuit voltage perovskite solar cells. Chem Lett, 2015, 44(6): 829-830.

[102] Liu J, Gao C, Luo L, et al. Low-temperature, solution processed metal sulfide as an electron transport layer for efficient planar perovskite solar cells. J Mater Chem A, 2015, 3(22): 11750-11755.

[103] Li D B, Hu L, Xie Y, et al. Low-temperature-processed amorphous Bi₂S₃ film as an inorganic electron transport layer for perovskite solar cells. ACS Photonics, 2016, 3(11): 2122-2128.

[104] Wang L, Fu W, Gu Z, et al. Low temperature solution processed planar heterojunction perovskite solar cells with a CdSe nanocrystal as an electron transport/extraction layer. J Mater Chem C, 2014, 2(43): 9087-9090.

[105] Bera A, Wu K, Sheikh A, et al. Perovskite oxide SrTiO₃ as an efficient electron transporter for

hybrid perovskite solar cells. J Phys Chem C, 2014, 118(49): 28494-28501.

[106] Oh L S, Kim D H, Lee J A, et al. Zn2SnO4-based photoelectrodes for organolead halide perovskite solar cells. J Phys Chem C, 2014, 118(40): 22991-22994.

[107] Wojciechowski K, Leijtens T, Siprova S, et al. C60 as an efficient n-type compact layer in perovskite solar cells. J Phys Chem Lett, 2015, 6(12): 2399-2405.

[108] Zhu Z, Xu J Q, Chueh C C, et al. A low-temperature, solution-processable organic electron-transporting layer based on planar coronene for high-performance conventional perovskite solar cells. Adv Mater, 2016, 28(48): 10786-10793.

[109] Hagfeldt A, Boschloo G, Sun L, et al. Dye-sensitized solar cells. Chem Rev, 2010, 110(11): 6595-6663.

[110] Di M, Li Y, Wang H, et al. Ellipsoidal TiO2 mesocrystals as bi-functional photoanode materials for dye-sensitized solar cells. Electrochim Acta, 2018, 261: 365-374.

[111] Hendry E, Koeberg M, O'Regan B, et al. Local field effects on electron transport in nanostructured TiO2 revealed by terahertz spectroscopy. Nano Lett, 2006, 6(4): 755-759.

[112] Pathak S K, Abate A, Ruckdeschel P, et al. Performance and stability enhancement of dye-sensitized and perovskite solar cells by Al doping of TiO2. Adv Funct Mater, 2014, 24(38): 6046-6055.

[113] Liu D, Li S, Zhang P, et al. Efficient planar heterojunction perovskite solar cells with Li-doped compact TiO2 layer. Nano Energy, 2017, 31: 462-468.

[114] Zhang H, Shi J, Xu X, et al. Mg-doped TiO2 boosts the efficiency of planar perovskite solar cells to exceed 19%. J Mater Chem A, 2016, 4(40): 15383-15389.

[115] Zhang X, Bao Z, Tao X, et al. Sn-doped TiO2 nanorod arrays and application in perovskite solar cells. RSC Adv, 2014, 4(109): 64001-64005.

[116] Kim D H, Han G S, Seong W M, et al. Niobium doping effects on TiO2 mesoscopic electron transport layer-based perovskite solar cells. ChemSusChem, 2015, 8(14): 2392-2398.

[117] Liu L, Mei A, Liu T, et al. Fully printable mesoscopic perovskite solar cells with organic silane self-assembled monolayer. J Am Chem Soc, 2015, 137(5): 1790-1793.

[118] Han G S, Chung H S, Kim B J, et al. Retarding charge recombination in perovskite solar cells using ultrathin MgO-coated TiO2 nanoparticulate films. J Mater Chem A, 2015, 3(17): 9160-9164.

[119] Ogomi Y, Morita A, Tsukamoto S, et al. All-solid perovskite solar cells with HOCO-R-NH3+I− anchor-group inserted between porous titania and perovskite. J Phys Chem C, 2014, 118(30): 16651-16659.

[120] Shih Y C, Wang L Y, Hsieh H C, et al. Enhancing the photocurrent of perovskite solar cells via modification of the TiO2/CH3NH3PbI3 heterojunction interface with amino acid. J Mater Chem A, 2015, 3(17): 9133-9136.

[121] Cao J, Yin J, Yuan S, et al. Thiols as interfacial modifiers to enhance the performance and stability of perovskite solar cells. Nanoscale, 2015, 7(21): 9443-9447.

[122] Cao J, Lv X, Zhang P, et al. Plant sunscreen and Co(II)/(III) porphyrins for UV-resistant and thermally stable perovskite solar cells: From natural to artificial. Adv Mater, 2018, 30(27): 1800568.

[123] Snaith H J, Ducati C. SnO₂-based dye-sensitized hybrid solar cells exhibiting near unity absorbed photon-to-electron conversion efficiency. Nano Lett, 2010, 10(4): 1259-1265.

[124] Ding B, Huang S Y, Chu Q Q, et al. Low-temperature SnO₂-modified TiO₂ yields record efficiency for normal planar perovskite solar modules. J Mater Chem A, 2018, 6(22): 10233-10242.

[125] Jiang Q, Chu Z, Wang P, et al. Planar-structure perovskite solar cells with efficiency beyond 21%. Adv Mater, 2017, 29(46): 1703852.

[126] Ke W, Fang G, Liu Q, et al. Low-temperature solution-processed tin oxide as an alternative electron transporting layer for efficient perovskite solar cells. J Am Chem Soc, 2015, 137(21): 6730-6733.

[127] Liu Q, Qin M C, Ke W J, et al. Enhanced stability of perovskite solar cells with low-temperature hydrothermally grown SnO₂ electron transport layers. Adv Funct Mater, 2016, 26(33): 6069-6075.

[128] Yang G, Lei H, Tao H, et al. Reducing hysteresis and enhancing performance of perovskite solar cells using low-temperature processed Y-doped SnO₂ nanosheets as electron selective layers. Small, 2017, 13(2): 1601769.

[129] Yang G, Chen C, Yao F, et al. Effective carrier-concentration tuning of SnO₂ quantum dot electron-selective layers for high-performance planar perovskite solar cells. Adv Mater, 2018, 30(14): 1706023.

[130] Yang J, Siempelkamp B D, Mosconi E, et al. Origin of the thermal instability in CH₃NH₃PbI₃ thin films deposited on ZnO. Chem Mater, 2015, 27(12): 4229-4236.

[131] Zuo L, Gu Z, Ye T, et al. Enhanced photovoltaic performance of CH₃NH₃PbI₃ perovskite solar cells through interfacial engineering using self-assembling monolayer. J Am Chem Soc, 2015, 137(7): 2674-2679.

[132] Cao J, Wu B, Chen R, et al. Efficient, hysteresis-free, and stable perovskite solar cells with ZnO as electron-transport layer: Effect of surface passivation. Adv Mater, 2018, 30(11): 1705596.

[133] Gu Z, Chen F, Zhang X, et al. Novel planar heterostructure perovskite solar cells with CdS nanorods array as electron transport layer. Sol Energy Mater Sol Cells, 2015, 140: 396-404.

[134] Chen J, Zuo L, Zhang Y, et al. High-performance thickness insensitive perovskite solar cells with enhanced moisture stability. Adv Energy Mater, 2018, 8(23): 1800438.

[135] Sun C, Wu Z, Yip H L, et al. Amino-functionalized conjugated polymer as an efficient electron transport layer for high-performance planar-heterojunction perovskite solar cells. Adv Energy Mater, 2016, 6(5): 1501534.

[136] Yang S, Fu W, Zhang Z, et al. Recent advances in perovskite solar cells: Efficiency, stability and lead-free perovskite. J Mater Chem A, 2017, 5(23): 11462-11482.

[137] Li C Z, Liang P W, Sulas D B, et al. Modulation of hybrid organic-perovskite photovoltaic performance by controlling the excited dynamics of fullerenes. Mater Horiz, 2015, 2(4): 414-419.

[138] Yan K, Chen J, Ju H, et al. Achieving high-performance thick-film perovskite solar cells with electron transporting Bingel fullerene. J Mater Chem A, 2018, 6(32): 15495-15503.

[139] Yan K, Liu Z X, Li X, et al. Conductive fullerene surfactants via anion doping as cathode interlayers for efficient organic and perovskite solar cells. Org Chem Front, 2018, 5: 2845-2851.

[140] Li Y, Zhu J, Huang Y, et al. Mesoporous SnO_2 nanoparticle films as electron-transporting material in perovskite solar cells. RSC Adv, 2015, 5(36): 28424-28429.

[141] Dong Q S, Xue Y, Wang S, et al. Rational design of SnO_2-based electron transport layer in mesoscopic perovskite solar cells: More kinetically favorable than traditional double-layer architecture. Sci China Mater, 2017, 60(10): 963-976.

[142] Dong Q, Wang M, Zhang Q, et al. Discontinuous SnO_2 derived blended-interfacial-layer in mesoscopic perovskite solar cells: Minimizing electron transfer resistance and improving stability. Nano Energy, 2017, 38: 358-367.

[143] Yang D, Yang R, Zhang J, et al. High efficiency flexible perovskite solar cells using superior low temperature TiO_2. Energy Environ Sci, 2015, 8(11): 3208-3214.

[144] Wang C, Zhao D, Grice C R, et al. Low-temperature plasma-enhanced atomic layer deposition of tin oxide electron selective layers for highly efficient planar perovskite solar cells. J Mater Chem A, 2016, 4(31): 12080-12087.

[145] Gillet M, Aguir K, Lemire C, et al. The structure and electrical conductivity of vacuum-annealed WO_3 thin films. Thin Solid Films, 2004, 467(1): 239-246.

[146] Mahmood K, Swain B S, Kirmani A R, et al. Highly efficient perovskite solar cells based on a nanostructured WO_3-TiO_2 core-shell electron transporting material. J Mater Chem A, 2015, 3(17): 9051-9057.

[147] Gheno A, Thu Pham T T, Di Bin C, et al. Printable WO_3 electron transporting layer for perovskite solar cells: Influence on device performance and stability. Sol Energy Mater Sol Cells, 2017, 161: 347-354.

[148] Wang K, Shi Y, Dong Q, et al. Low-temperature and solution-processed amorphous WO_x as electron-selective layer for perovskite solar cells. J Phys Chem Lett, 2015, 6(5): 755-759.

[149] Wang K, Shi Y, Li B, et al. Amorphous inorganic electron-selective layers for efficient perovskite solar cells: Feasible strategy towards room-temperature fabrication. Adv Mater, 2016, 28(9): 1891-1897.

[150] Wang K, Shi Y, Gao L, et al. W(Nb)O_x-based efficient flexible perovskite solar cells: From material optimization to working principle. Nano Energy, 2017, 31: 424-431.

[151] Zhang C, Shi Y, Wang S, et al. Room-temperature solution-processed amorphous NbO_x as an electron transport layer in high-efficiency photovoltaics. J Mater Chem A, 2018, 6(37): 17882-17888.

[152] Zhang H, Cheng J, Lin F, et al. Pinhole-free and surface-nanostructured NiO_x film by room-temperature solution process for high-performance flexible perovskite solar cells with good stability and reproducibility. ACS Nano, 2016, 10(1): 1503-1511.

[153] Jeng J Y, Chen K C, Chiang T Y, et al. Nickel oxide electrode interlayer in $CH_3NH_3PbI_3$ perovskite/PCBM planar-heterojunction hybrid solar cells. Adv Mater, 2014, 26(24): 4107-4113.

[154] Wang K C, Jeng J Y, Shen P S, et al. p-Type mesoscopic nickel oxide/organometallic perovskite heterojunction solar cells. Sci Rep, 2014, 4: 4756.

[155] Park J H, Seo J, Park S, et al. Efficient $CH_3NH_3PbI_3$ perovskite solar cells employing nanostructured p-type NiO electrode formed by a pulsed laser deposition. Adv Mater, 2015,

27(27): 4013-4019.

[156] Chen W, Wu Y, Yue Y, et al. Efficient and stable large-area perovskite solar cells with inorganic charge extraction layers. Science, 2015, 350(6263): 944-948.

[157] Kim J H, Liang P W, Williams S T, et al. High-performance and environmentally stable planar heterojunction perovskite solar cells based on a solution-processed copper-doped nickel oxide hole-transporting layer. Adv Mater, 2015, 27(4): 695-701.

[158] Jung J W, Chueh C C, Jen A K Y. High-performance semitransparent perovskite solar cells with 10% power conversion efficiency and 25% average visible transmittance based on transparent CuSCN as the hole-transporting material. Adv Energy Mater, 2015, 5(17): 1500486.

[159] Rao H, Sun W, Ye S, et al. Solution-processed CuS NPs as an inorganic hole-selective contact material for inverted planar perovskite solar cells. ACS Appl Mater Interfaces, 2016, 8(12): 7800-7805.

[160] Yu Z K, Fu W F, Liu W Q, et al. Solution-processed CuO_x as an efficient hole-extraction layer for inverted planar heterojunction perovskite solar cells. Chin Chem Lett, 2017, 28(1): 13-18.

[161] Jeon N J, Lee H G, Kim Y C, et al. o-Methoxy substituents in spiro-OMeTAD for efficient inorganic-organic hybrid perovskite solar cells. J Am Chem Soc, 2014, 136(22): 7837-7840.

[162] Huang C, Fu W, Li C Z, et al. Dopant-free hole-transporting material with a C_{3h} symmetrical Truxene core for highly efficient perovskite solar cells. J Am Chem Soc, 2016, 138(8): 2528-2531.

[163] Chen H L, Fu W F, Huang C Y, et al. Molecular engineered hole-extraction materials to enable dopant-free, efficient p-i-n perovskite solar cells. Adv Energy Mater, 2017, 7(18): 1700012.

[164] Li H, Fu K, Boix P P, et al. Hole-transporting small molecules based on thiophene cores for high efficiency perovskite solar cells. ChemSusChem, 2014, 7(12): 3420-3425.

[165] Xu B, Bi D, Hua Y, et al. A low-cost spiro[fluorene-9,9′-xanthene]-based hole transport material for highly efficient solid-state dye-sensitized solar cells and perovskite solar cells. Energy Environ Sci, 2016, 9(3): 873-877.

[166] Docampo P, Ball J M, Darwich M, et al. Efficient organometal trihalide perovskite planar-heterojunction solar cells on flexible polymer substrates. Nat Commun, 2013, 4: 2761.

[167] Bi C, Wang Q, Shao Y, et al. Non-wetting surface-driven high-aspect-ratio crystalline grain growth for efficient hybrid perovskite solar cells. Nat Commun, 2015, 6: 7747.

[168] Xue Q, Chen G, Liu M, et al. Improving film formation and photovoltage of highly efficient inverted-type perovskite solar cells through the incorporation of new polymeric hole selective layers. Adv Energy Mater, 2016, 6(5): 1502021.

[169] Jo J W, Seo M S, Park M, et al. Improving performance and stability of flexible planar-heterojunction perovskite solar cells using polymeric hole-transport material. Adv Funct Mater, 2016, 26(25): 4464-4471.

[170] Zhang Z, Fu W, Ding H, et al. Modulate molecular interaction between hole extraction polymers and lead ions toward hysteresis-free and efficient perovskite solar cells. Adv Mater Interfaces, 2018, 5(15): 1800090.

[171] Chen C C, Bae S H, Chang W H, et al. Perovskite/polymer monolithic hybrid tandem solar cells

utilizing a low-temperature, full solution process. Mater Horiz, 2015, 2(2): 203-211.

[172] Chen W, Zhang J, Xu G, et al. A semitransparent inorganic perovskite film for overcoming ultraviolet light instability of organic solar cells and achieving 14.03% efficiency. Adv Mater, 2018, 30(21): 1800855.

[173] Liu Y, Hong Z, Chen Q, et al. Integrated perovskite/bulk-heterojunction toward efficient solar cells. Nano Lett, 2015, 15(1): 662-668.

[174] Lal N N, Dkhissi Y, Li W, et al. Perovskite tandem solar cells. Adv Energy Mater, 2017, 7(18): 1602761.

[175] Duong T, Wu Y, Shen H, et al. Rubidium multication perovskite with optimized bandgap for perovskite-silicon tandem with over 26% efficiency. Adv Energy Mater, 2017, 7(14): 1700228.

[176] Jackson P, Wuerz R, Hariskos D, et al. Effects of heavy alkali elements in Cu(In,Ga)Se$_2$ solar cells with efficiencies up to 22.6%. Phys Status Solidi Rapid Res Lett, 2016, 10(8): 583-586.

[177] Todorov T, Gershon T, Gunawan O, et al. Monolithic perovskite-CIGS tandem solar cells via *in situ* band gap engineering. Adv Energy Mater, 2015, 5(23): 1500799.

[178] Fu F, Feurer T, Weiss Thomas P, et al. High-efficiency inverted semi-transparent planar perovskite solar cells in substrate configuration. Nat Energy, 2016, 2(1): 16190.

[179] Han Q, Hsieh Y T, Meng L, et al. High-performance perovskite/Cu(In,Ga)Se$_2$ monolithic tandem solar cells. Science, 2018, 361(6405): 904-908.

[180] Eperon G E, Leijtens T, Bush K A, et al. Perovskite-perovskite tandem photovoltaics with optimized band gaps. Science, 2016, 354(6314): 861-865.

[181] Zhao D, Yu Y, Wang C, et al. Low-bandgap mixed tin-lead iodide perovskite absorbers with long carrier lifetimes for all-perovskite tandem solar cells. Nat Energy, 2017, 2(4): 17018.

[182] Zhao D, Wang C, Song Z, et al. Four-terminal all-perovskite tandem solar cells achieving power conversion efficiencies exceeding 23%. ACS Energy Lett, 2018, 3(2): 305-306.

[183] Huang J, Xiang S, Yu J, et al. Highly efficient prismatic perovskite solar cells. Energy Environ Sci, 2019, 12(3): 929-937.

[184] Brivio F, Walker A B, Walsh A. Structural and electronic properties of hybrid perovskites for high-efficiency thin-film photovoltaics from first-principles. APL Mater, 2013, 1(4): 042111.

[185] Feng J, Xiao B. Crystal structures, optical properties, and effective mass tensors of CH$_3$NH$_3$PbX$_3$ (X = I and Br) phases predicted from HSE06. J Phys Chem Lett, 2014, 5(7): 1278-1282.

[186] Shockley W, Queisser H J. Detailed balance limit of efficiency of p-n junction solar cells. J Appl Phys, 1961, 32(3): 510-519.

[187] Noel N K, Stranks S D, Abate A, et al. Lead-free organic-inorganic tin halide perovskites for photovoltaic applications. Energy Environ Sci, 2014, 7(9): 3061-3068.

[188] Hao F, Stoumpos C C, Cao D H, et al. Lead-free solid-state organic-inorganic halide perovskite solar cells. Nat Photonics, 2014, 8(6): 489-494.

[189] Umari P, Mosconi E, De Angelis F. Relativistic GW calculations on CH$_3$NH$_3$PbI$_3$ and CH$_3$NH$_3$SnI$_3$ perovskites for solar cell applications. Sci Rep, 2014, 4: 4467.

[190] Ogomi Y, Morita A, Tsukamoto S, et al. CH$_3$NH$_3$Sn$_x$Pb$_{1-x}$I$_3$ perovskite solar cells covering up to 1060 nm. J Phys Chem Lett, 2014, 5(6): 1004-1011.

[191] Bernal C, Yang K. First-principles hybrid functional study of the organic-inorganic perovskites $CH_3NH_3SnBr_3$ and $CH_3NH_3SnI_3$. J Phys Chem C, 2014, 118 (42): 24383-24388.

[192] Zhou Y, Garces H F, Senturk B S, et al. Room temperature "one-pot" solution synthesis of nanoscale $CsSnI_3$ orthorhombic perovskite thin films and particles. Mater Lett, 2013, 110: 127-129.

[193] Koh T M, Krishnamoorthy T, Yantara N, et al. Formamidinium tin-based perovskite with low E_g for photovoltaic applications. J Mater Chem A, 2015, 3 (29): 14996-15000.

[194] Kumar M H, Dharani S, Leong W L, et al. Lead-free halide perovskite solar cells with high photocurrents realized through vacancy modulation. Adv Mater, 2014, 26 (41): 7122-7127.

[195] Hoshi H, Shigeeda N, Dai T. Improved oxidation stability of tin iodide cubic perovskite treated by 5-ammonium valeric acid iodide. Mater Lett, 2016, 183: 391-393.

[196] Marshall K P, Walton R I, Hatton R A. Tin perovskite/fullerene planar layer photovoltaics: Improving the efficiency and stability of lead-free devices. J Mater Chem A, 2015, 3 (21): 11631-11640.

[197] Song T B, Yokoyama T, Stoumpos C C, et al. Importance of reducing vapor atmosphere in the fabrication of tin-based perovskite solar cells. J Am Chem Soc, 2017, 139 (2): 836-842.

[198] Lee B, Stoumpos C C, Zhou N, et al. Air-stable molecular semiconducting iodosalts for solar cell applications: Cs_2SnI_6 as a hole conductor. J Am Chem Soc, 2014, 136 (43): 15379-15385.

[199] Qiu X, Jiang Y, Zhang H, et al. Lead-free mesoscopic Cs_2SnI_6 perovskite solar cells using different nanostructured ZnO nanorods as electron transport layers. Phys Status Solidi Rapid Res Lett, 2016, 10 (8): 587-591.

[200] Zuo F, Williams S T, Liang P W, et al. Binary-metal perovskites toward high-performance planar-heterojunction hybrid solar cells. Adv Mater, 2014, 26 (37): 6454-6460.

[201] Zhu L, Yuh B, Schoen S, et al. Solvent-molecule-mediated manipulation of crystalline grains for efficient planar binary lead and tin triiodide perovskite solar cells. Nanoscale, 2016, 8 (14): 7621-7630.

[202] Li Y, Sun W, Yan W, et al. 50% Sn-based planar perovskite solar cell with power conversion efficiency up to 13.6%. Adv Energy Mater, 2016, 6 (24): 1601353.

[203] Zhu H L, Xiao J, Mao J, et al. Controllable crystallization of $CH_3NH_3Sn_{0.25}Pb_{0.75}I_3$ perovskites for hysteresis-free solar cells with efficiency reaching 15.2%. Adv Funct Mater, 2017, 27 (11): 1605469.

[204] Lian X, Chen J, Zhang Y, et al. Highly efficient Sn/Pb binary perovskite solar cell via precursor engineering: A two-step fabrication process. Adv Funct Mater, 2019, 29 (5): 1807024.

[205] Hao F, Stoumpos C C, Chang R P H, et al. Anomalous band gap behavior in mixed Sn and Pb perovskites enables broadening of absorption spectrum in solar cells. J Am Chem Soc, 2014, 136 (22): 8094-8099.

[206] Im J, Stoumpos C C, Jin H, et al. Antagonism between spin-orbit coupling and steric effects causes anomalous band gap evolution in the perovskite photovoltaic materials $CH_3NH_3Sn_{1-x}Pb_xI_3$. J Phys Chem Lett, 2015, 6 (17): 3503-3509.

[207] Feng H J, Paudel T R, Tsymbal E Y, et al. Tunable optical properties and charge separation in $CH_3NH_3Sn_xPb_{1-x}I_3/TiO_2$-based planar perovskites cells. J Am Chem Soc, 2015, 137 (25): 8227-

8236.

[208] Ju M G, Dai J, Ma L, et al. Lead-free mixed tin and germanium perovskites for photovoltaic application. J Am Chem Soc, 2017, 139(23): 8038-8043.

[209] Stoumpos C C, Frazer L, Clark D J, et al. Hybrid germanium iodide perovskite semiconductors: Active lone pairs, structural distortions, direct and indirect energy gaps, and strong nonlinear optical properties. J Am Chem Soc, 2015, 137(21): 6804-6819.

[210] Krishnamoorthy T, Ding H, Yan C, et al. Lead-free germanium iodide perovskite materials for photovoltaic applications. J Mater Chem A, 2015, 3(47): 23829-23832.

[211] Sun P P, Li Q S, Yang L N, et al. Theoretical insights into a potential lead-free hybrid perovskite: Substituting Pb^{2+} with Ge^{2+}. Nanoscale, 2016, 8(3): 1503-1512.

[212] Jacobsson T J, Pazoki M, Hagfeldt A, et al. Goldschmidt's rules and strontium replacement in lead halogen perovskite solar cells: Theory and preliminary experiments on $CH_3NH_3SrI_3$. J Phys Chem C, 2015, 119(46): 25673-25683.

[213] Bai X G, Shi Y T, Wang K, et al. Synthesis of $CH_3NH_3Sr_xPb_{1-x}I_3$ with less Pb content and its application in all-solid thin film solar cells. Acta Physico Chimica Sinica, 2015, 31(2): 285-290.

[214] Uribe J I, Ramirez D, Osorio-Guillén J M, et al. $CH_3NH_3CaI_3$ perovskite: Synthesis, characterization, and first-principles studies. J Phys Chem C, 2016, 120(30): 16393-16398.

[215] Yang Z, Ke W, Wang Y, et al. Lead-free Cu based hybrid perovskite solar cell. J Chin Ceramic Soc, 2018, 46(4): 455-460.

[216] Cui X P, Jiang K J, Huang J H, et al. Cupric bromide hybrid perovskite heterojunction solar cells. Synth Met, 2015, 209: 247-250.

[217] Cortecchia D, Dewi H A, Yin J, et al. Lead-free $MA_2CuCl_xBr_{4-x}$ hybrid perovskites. Inorg Chem, 2016, 55(3): 1044-1052.

[218] Jahandar M, Heo J H, Song C E, et al. Highly efficient metal halide substituted $CH_3NH_3I(PbI_2)_{1-x}(CuBr_2)_x$ planar perovskite solar cells. Nano Energy, 2016, 27: 330-339.

[219] Li M, Wang Z K, Zhuo M P, et al. Pb-Sn-Cu ternary organometallic halide perovskite solar cells. Adv Mater, 2018, 30(20): 1800258.

[220] Eckhardt K, Bon V, Getzschmann J, et al. Crystallographic insights into $(CH_3NH_3)_3(Bi_2I_9)$: A new lead-free hybrid organic-inorganic material as a potential absorber for photovoltaics. Chem Commun, 2016, 52(14): 3058-3060.

[221] Hoye R L Z, Brandt R E, Osherov A, et al. Methylammonium bismuth iodide as a lead-free, stable hybrid organic-inorganic solar absorber. Chem Eur J, 2016, 22(8): 2605-2610.

[222] Park B W, Philippe B, Zhang X, et al. Bismuth based hybrid perovskites $A_3Bi_2I_9$ (A: methylammonium or cesium) for solar cell application. Adv Mater, 2015, 27(43): 6806-6813.

[223] Lyu M, Yun J H, Cai M, et al. Organic-inorganic bismuth (III)-based material: A lead-free, air-stable and solution-processable light-absorber beyond organolead perovskites. Nano Research, 2016, 9(3): 692-702.

[224] Zhang X, Wu G, Gu Z, et al. Active-layer evolution and efficiency improvement of $(CH_3NH_3)_3Bi_2I_9$-based solar cell on TiO_2-deposited ITO substrate. Nano Research, 2016, 9(10): 2921-2930.

[225] Filip M R, Hillman S, Haghighirad A A, et al. Band gaps of the lead-free halide double perovskites Cs₂BiAgCl₆ and Cs₂BiAgBr₆ from theory and experiment. J Phys Chem Lett, 2016, 7(13): 2579-2585.

[226] Wei F, Deng Z, Sun S, et al. The synthesis, structure and electronic properties of a lead-free hybrid inorganic-organic double perovskite (MA)₂KBiCl₆ (MA = methylammonium). Mater Horiz, 2016, 3(4): 328-332.

[227] McClure E T, Ball M R, Windl W, et al. Cs₂AgBiX₆ (X = Br, Cl): New visible light absorbing, lead-free halide perovskite semiconductors. Chem Mater, 2016, 28(5): 1348-1354.

[228] Giorgi G, Yamashita K. Alternative, lead-free, hybrid organic-inorganic perovskites for solar applications: A DFT analysis. Chem Lett, 2015, 44(6): 826-828.

[229] Kim Y, Yang Z, Jain A, et al. Pure cubic-phase hybrid iodobismuthates AgBi₂I₇ for thin-film photovoltaics. Angew Chem Int Ed, 2016, 55(33): 9586-9590.

[230] Sun Y Y, Shi J, Lian J, et al. Discovering lead-free perovskite solar materials with a split-anion approach. Nanoscale, 2016, 8(12): 6284-6289.

[231] Ganose A M, Butler K T, Walsh A, et al. Relativistic electronic structure and band alignment of BiSI and BiSeI: candidate photovoltaic materials. J Mater Chem A, 2016, 4(6): 2060-2068.

[232] Saparov B, Hong F, Sun J P, et al. Thin-film preparation and characterization of Cs₃Sb₂I₉: A lead-free layered perovskite semiconductor. Chem Mater, 2015, 27(16): 5622-5632.

[233] Wang Z K, Li M, Yang Y G, et al. High efficiency Pb-In binary metal perovskite solar cells. Adv Mater, 2016, 28(31): 6695-6703.

[234] Schwarz U, Wagner F, Syassen K, et al. Effect of pressure on the optical-absorption edges of CsGeBr₃ and CsGeCl₃. Phys Rev B, 1996, 53(19): 12545-12548.

第 *4* 章

二维-准二维钙钛矿材料及其在太阳电池中的应用

自 2009 年 Miyasaka 等首次报道基于三维结构钙钛矿（MAPbI$_3$ 和 MAPbBr$_3$）的太阳电池以来，有机-无机杂化钙钛矿太阳电池的研究经历了前所未有的快速发展[1-6]。小面积（<1 cm^2）钙钛矿太阳电池的实验室认证能量转换效率已经超过 23%，大面积钙钛矿模组效率也取得了重大进展[7-12]。随着电池效率的突飞猛进，材料与器件在潮湿、光照和热环境下的稳定性开始受到越来越多的重视[13-15]。为提高钙钛矿材料与器件的稳定性，研究人员从活性层材料化学结构[12, 16, 17]、界面材料与界面结构[18-24]、器件结构[24, 25]及封装技术[26]等不同方向进行了大量尝试。其中，在三甲胺卤化铅钙钛矿体系中，引入烷基铵、芳香铵作为间隔阳离子取代部分甲胺离子，获得的具有二维或准二维结构特征的钙钛矿材料，由于间隔阳离子强于甲胺离子的疏水特性，以及组分间氢键作用的增强，展现出优于三维杂化钙钛矿材料的耐潮湿特征[27, 28]。

二维或准二维钙钛矿可看作三维杂化钙钛矿的衍生，由于其结构与 Ruddlesden 和 Popper 在 1957 年发现的 A$_2$BO$_4$ 型化合物相似，因此也被称为 Ruddlesden-Popper 型钙钛矿[29]。其化学结构通式为 (RNH$_3$)$_2$A$_{n-1}$B$_n$X$_{3n+1}$（n=1, 2, 3, 4, $\cdots$），A 为一价有机阳离子，如甲胺离子、甲脒离子[HC(NH$_2$)$_2^+$, FA$^+$]或其混合物；B 为金属阳离子，如铅、锡离子等，X 为卤素阴离子，如氯、溴、碘离子；RNH$_3^+$为烷基胺、芳香胺间隔阳离子，如丁胺离子（BA$^+$）、苯乙胺离子（PEA$^+$）等，间隔阳离子将相邻的钙钛矿片层相互隔离；n 为连续的钙钛矿片层的层数，n 的数值可以通过改变前驱体溶液的化学计量比进行调节。浙江大学陈红征课题组较早开展了二维钙钛矿材料光伏特性的研究。他们以 3-BrC$_3$H$_6$NH$_3^+$为间隔阳离子，合成了基于 CuBr$_2$ 的杂化钙钛矿(3-BrC$_3$H$_6$NH$_3$)$_2$CuBr$_4$（BPA-CuBr$_4$），并以其为活性层制备了结构为 ITO/PEDOT：PSS/BPA-CuBr$_4$/C$_{60}$/Al 的光伏器件，研究了活性层薄膜退火温度对器件性能的影响，在低温（50 ℃）退火条件下得到了 0.021%的能量转换效率[30]。2014 年，

Karunadasa 及其合作者将$(PEA)_2(MA)_{n-1}Pb_nI_{3n+1}$二维钙钛矿材料[图4-1(a)和(b)]作为平面结构太阳电池(以涂覆有致密二氧化钛的玻璃为基底)的光吸收层,在PEAI∶MAI∶PbI$_2$(摩尔比)为2∶2∶3的条件下,获得4.73%的能量转换效率,同时因为带隙拓宽(2.1 eV),开路电压达到1.18 V。此外,二维钙钛矿在52%相对湿度下存储46 d,显示出优异的耐潮湿稳定性,XRD结果证实钙钛矿薄膜未发生改变[27]。随后,Kanatzidis 及其同事用非芳香族间隔阳离子 BA$^+$代替 PEA$^+$,报道了基于$(BA)_2(MA)_{n-1}Pb_nI_{3n+1}$ 的钙钛矿太阳电池,具有与前者相近的能量转换效率,为4.02%[28]。他们发现,当n从∞下降到1时,$(BA)_2(MA)_{n-1}Pb_nI_{3n+1}$带隙从1.52 eV 增大到2.24 eV[图 4-1(c)],这和基于 PEA 的二维钙钛矿带隙变化趋势是相同的。然而,当n值相同时,基于 BA 的二维钙钛矿总是显示出比基于 PEA 的二维钙钛矿更小的带隙,表明间隔阳离子类型会影响钙钛矿薄膜性质。

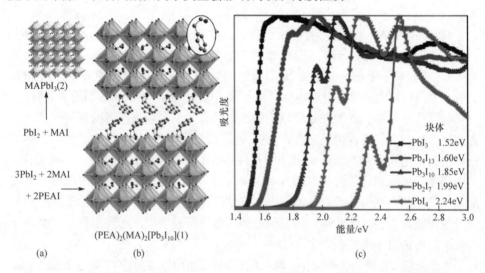

图 4-1 三维钙钛矿 MAPbI$_3$(a)和二维钙钛矿$(PEA)_2(MA)_2[Pb_3I_{10}]$(b)的晶体结构示意图[27]以及$(BA)_2(MA)_{n-1}Pb_nI_{3n+1}$($n$=1~4, ∞)吸收光谱与带隙变化(c)[28]

尽管二维钙钛矿材料的耐潮湿性优于三维钙钛矿,但是其层状结构也带来一些新的问题。首先,引入的间隔阳离子会形成绝缘层,并阻碍电荷传输,导致电荷累积和严重的复合损失[31]。其次,杂化钙钛矿结构维度的降低会造成带隙的增大,从而难以充分吸收太阳辐射。上述两者都会降低钙钛矿太阳电池的效率。为实现杂化钙钛矿太阳电池稳定性与效率的平衡,目前的研究主要从稳定性优先与效率优先两个不同的角度入手。稳定性优先的研究思路是以低n值(n≤10)二维钙钛矿材料为光吸收层,在保证其耐潮湿性的前提下,通过调控薄膜中晶体的取向,避免间隔阳离子层对载流子输运的阻碍。效率优先的研究可以分成两类,一是制备二维/三维混合(准二维)钙钛矿材料,二是以二维钙钛矿作为三维钙钛矿的表面保护层,这两者都可以看作是通过减少活性层中二维部分的含量,来避免效率的损失。

4.1　低 n 值二维钙钛矿取向调控

当 $n \leqslant$ 小于 10 时,二维钙钛矿材料具有相对较好的耐潮湿性,但间隔阳离子含量高,光生载流子的传输容易受阻,调控二维钙钛矿薄膜中晶体生长方向,使之沿着载流子传输方向垂直于基底取向,可以有效改善载流子传输,降低间隔阳离子层对电池短路电流和能量转换效率的影响。Kanatzidis 等的研究表明,随二维钙钛矿 $(BA)_2(MA)_{n-1}Pb_nI_{3n+1}$ 的 n 值从 1 增加到 4,其晶体生长从倾向于面内取向(平行于基底)向随机取向和面外取向(垂直于基底)变化。然而,在实际成膜中,由于前驱体溶液中 BA^+ 与 MA^+ 的竞争,简单的一步旋涂方法并不能保证晶体在垂直于基底方向维持统一的取向。目前,热旋涂和前驱体工程方法(包括添加剂和混合溶剂)是实现二维钙钛矿垂直于基底取向生长的主要途径。

Mohite 及其合作者采用热旋涂的方法,制备了近于单晶的、高度面外取向的二维杂化钙钛矿 $(BA)_2(MA)_{n-1}Pb_nI_{3n+1}$ ($n=3, 4$)薄膜(图 4-2),改善了薄膜与电极之间的电荷传输,相应的反型平面结构太阳电池($n=4$)短路电流密度从 7.58 mA/cm^2(未取向)提高到了 16.76 mA/cm^2,电池效率也从 4.44%提高到 12.52%[32]。在未封装条件下,二维钙钛矿太阳电池在潮湿环境(相对湿度为 65%)持续光照下,显示出比三维钙钛矿太阳电池更好的稳定性。采用这种热旋涂方法,刘生忠教授课题组在 TiO$_2$ 覆盖的 FTO 基底上制备了 Cs$^+$ 掺杂的 $(BA)_2(MA)_3Pb_4I_{13}$ 二维钙钛矿,进一步提高了器件的短路电流,获得了 13.7%的能量转换效率。他们认为,Cs$^+$ 掺杂有助于增加晶粒尺寸,降低缺陷态密度,从而改善载流子的传输[33]。

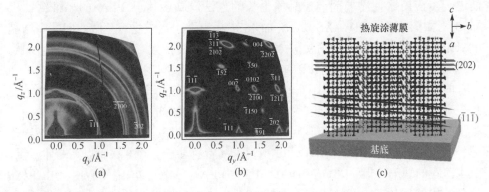

图 4-2　室温旋涂多晶(a)和热旋涂近似单晶(b)的 $(BA)_2(MA)_3Pb_4I_{13}$ 钙钛矿薄膜掠入射广角 X 射线散射(GIWAXS)图以及晶体(101)取向的示意图(c)[32]

　　然而，随着 n 值的增大，不同方向上晶体生长的热力学差异逐渐减小，单纯的热旋涂方法无法满足晶体取向调控的需要。Mohite 及其合作者采用同样的方法制备了基于二维杂化钙钛矿 $(BA)_2(MA)_{n-1}Pb_nI_{3n+1}$（$n=5$）的太阳电池，最高能量转换效率仅有 8.71%[34]，远小于 $n=4$ 时的能量转换效率（12.52%）。因此他们进一步发展了热旋涂方法，辅助以混合溶剂的应用[35]，通过在 DMF 中加入 DMSO，在 DMF：DMSO = 3：1 时，制备了面外取向生长的 $n=5$ 钙钛矿薄膜。他们认为，在不使用 DMSO 的情况下，热旋涂工艺过程溶剂挥发过快，使得钙钛矿层间组装不完全，因此结晶度低，而添加的 DMSO 对金属卤化物具有高亲和力，易形成中间溶剂化相，以延缓结晶[35, 36]。最终，在平面异质结型太阳电池器件中实现了 10% 的能量转换效率，但依然小于 $n=4$ 时的能量转换效率（12.52%）。关于 DMSO 对二维钙钛矿取向生长的影响，对不同材料体系的研究给出了不同的结果。Kanatzidis 及其合作者发现，当以 DMSO 为溶剂制备二维钙钛矿 $(BA)_2(MA)_{n-1}Sn_nI_{3n+1}$ 薄膜时，$[(MA)_{n-1}Sn_nI_{3n+1}]^{2-}$ 片层平行于基底取向，而当以 DMF 为溶剂时，片层则垂直于基底取向[37]。而宁志军等则发现，以 DMF/DMSO 混合溶剂配制前驱体溶液，可以实现二维钙钛矿 $(PEA)_2(FA)_{n-1}Sn_nI_{3n+1}$（$n=9$）薄膜在氧化镍（$NiO_x$）基底上的垂直取向生长，对应的反型平面结构太阳电池效率为 5.94%，未封装的器件在手套箱中储存超过 100 h 后效率没有明显降低[38]。

　　前驱体工程提供了更多的调控二维钙钛矿晶体取向的方法，主要包括添加剂和混合溶剂的使用。陈红征课题组发展了一种通过在前驱体溶液中加入添加剂的方法，实现了二维钙钛矿垂直于基底的取向生长。以 NH_4SCN 为添加剂，借助于 SCN^- 与 Pb^{2+} 间的强相互作用，他们采用简单的一步旋涂工艺，制备了具有垂直取向特征的二维 $(BA)_2(MA)_{n-1}Pb_nI_{3n+1}$（$n=3$、4）钙钛矿薄膜[39]。采用 ITO/PEDOT：PSS/$(BA)_2(MA)_2Pb_3I_{10}$/$PC_{61}BM$/BCP/Ag 结构的器件，平均能量转换效率为 6.82%（$n=3$）和 8.79%（$n=4$），同样具有出色的湿环境稳定性。后续研究工作中，他们进一步应用这种添加剂调控晶体生长的方法，制备基于 PEA 的二维钙钛矿（$n=5$）。如图 4-3 中 GIWAXS 所示，加入 SCN^- 有助于形成垂直基底取向的高结晶度二维钙钛矿薄膜，因此钙钛矿太阳电池的能量转换效率从 0.56% 显著增加到 11.01%[40]。另外，在调控钙钛矿晶体垂直于平面的取向生长的过程中，要获得高质量的二维钙钛矿薄膜相对困难，导致其较低的填充因子，限制相应效率的进一步提升。陈红征课题组进一步使用 NH_4SCN 作为添加剂，加以合并退火的方法制备了高质量垂直于基底的二维 $(PEA)_2(MA)_4Pb_5I_{16}$ 薄膜。在 NH_4SCN 添加剂导致薄膜取向生长的基础上，使用合并退火减缓了晶体生长速度，从而提高晶体质量，减少薄膜的缺陷。最终 ITO/PEDOT：PSS/$(PEA)_2(MA)_4Pb_5I_{16}$/$PC_{61}BM$/BCP/Ag 反型结构的器件获得了填充因子 0.77，最高 13.01% 的电池效率[41]，高于他们之前报道的基于 $(BA)_2(MA)_{n-1}Pb_nI_{3n+1}$ 钙钛矿器件的能量转换效率。其中的原因可能是：与柔性直链的 BA 不同，PEA 中的刚性苯环可限制结构自由度以稳定取向结构，即使在较高 n 值情况下仍可形成高度结晶面外取向的二维钙钛矿薄膜[40]。

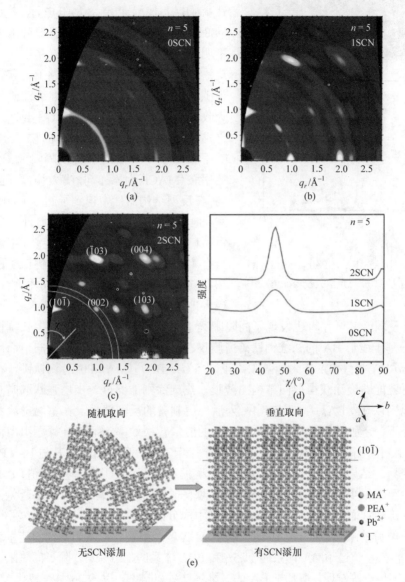

图 4-3　(a)～(c)不同添加量 NH₄SCN[(a) 0SCN，(b) 1SCN，(c) 2SCN]的 $(PEA)_2(MA)_4Pb_5I_{16}(n=5)$ 钙钛矿薄膜的 GIWAXS 图；(d) 如(c)所示，沿 q_r 范围为 1.30Å⁻¹ 至 1.42Å⁻¹ 区域提取的信号强度分布；(e) 添加 SCN 时从随机取向到垂直取向变化的示意图[40]

受这种添加剂辅助生长方法的启发，该课题组进一步发现硫脲(THA)可用于

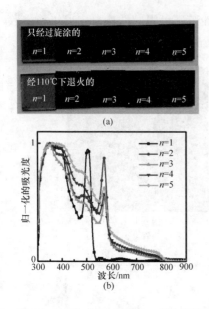

图 4-4 $(BA)_2(FA)_{n-1}Pb_nI_{3n+1}$ 钙钛矿薄膜的实物图(a)与光学吸收表征(b)[42]

调控基于 FA 的二维钙钛矿取向生长,并制备了基于 FA 的低带隙(E_g=1.51 eV)二维层状钙钛矿 $(BA)_2(FA)_2Pb_3I_{10}$ 太阳电池, 实现了 6.88%的最佳能量转换效率,且器件滞后效应不明显[42]。该工作最大的亮点在于, 以室温旋涂方法在低 n 值(n = 3)条件下, 获得光学带隙与三维钙钛矿相当的二维钙钛矿材料, 吸收光谱可以拓宽到 800 nm (图 4-4)。

刘永胜课题组将碘化有机胺离子(2-噻吩甲胺离子,ThMA[+])作为间隔阳离子, 并以氯甲胺(MACl)为添加剂, 有效调控了晶体取向, 在反型结构器件中得到了超过 15.0%的效率。他们研究发现, 在没有添加剂时, 制备的钙钛矿取向混乱, 电荷传输性能差, 电池效率只有 1.74%。MACl 能有效调控钙钛矿的结晶和取向, 增大了晶粒并且使得晶体垂直取向, 极大地改善了电荷传输[43]。

梁子骐及其合作者也发现了间隔阳离子结构的变化对晶体取向生长特性的影响[44]。基于线形 BA 的二维钙钛矿薄膜仅在热旋涂时才具备良好取向, 而用短支链的 iso-BA 替代 BA 作为间隔阳离子制备 $(iso\text{-}BA)_2(MA)_3Pb_4I_{13}$ 钙钛矿, 在室温条件下就能够旋涂获得取向结构的薄膜, 热旋涂则能够进一步增强其取向和结晶性。他们以 $(iso\text{-}BA)_2(MA)_3Pb_4I_{13}$ 为活性层制备的反型器件, 在室温旋涂和热旋涂条件下, 分别获得了 8.82%和 10.63%的能量转换效率。Sargent 课题组用丙烯铵盐(ALA)作为新的间隔阳离子制备二维钙钛矿材料,研究对比了其与 BA、PEA 体系的差异。结果表明, ALA 制备的钙钛矿薄膜中钙钛矿片层厚度(n 值)分布更均一, 没有或很少有低 n 值的部分, 使得薄膜材料内部能级排列有序, 避免了复杂势阱的形成;而基于 BA 和 PEA 的体系中成分混杂, 易形成势阱结构, 并进而成为捕获电荷的缺陷。在 n = 10 时, 基于 ALA 的二维钙钛矿太阳电池的能量转换效率为 14.4%, 超过了 BA 体系的 11.5%和 PEA 体系的 12.1%[45]。除了间隔阳离子的变化,邹华平等发现, 在基于 BA 的二维钙钛矿材料中, 引入 20%FA 替代 MA, 制备 $(BA)_2(MAFA)_3Pb_4I_{13}$, 也可以实现对薄膜晶体取向的调控, 器件效率达到了 12.81%[46]。

值得注意的是, 二维钙钛矿沉积的基底对其晶体取向往往有很大影响,目前高效器件大多基于 PEDOT:PSS 基底, 而二维钙钛矿材料组成的多样性, 使得不同组成间存在较大能级差异,单一基底选择对充分发挥钙钛矿材料性能是不利的。

陈红征课题组报道了以 NiO_x 为空穴传输材料的高效二维钙钛矿太阳电池，填补了在高效体系中空穴传输材料选择的空缺。在保证二维钙钛矿晶体垂直基底取向的前提下，由于 NiO_x 与钙钛矿有更匹配的 HOMO 能级，与以 PEDOT：PSS 为空穴传输材料的器件相比，能量转换效率可从 7.99% 提升到 11.01%。进一步通过混合 ICBA 调控 PCBM 能级，最终基于 NiO_x 的器件获得高达 1.23 V 的开路电压，能量转换效率突破 12%[47]，进一步证明了界面工程在提升二维钙钛矿太阳电池性能中的重要作用，因而寻找满足二维钙钛矿取向生长，同时具备合适能级的电荷传输材料，也是未来研究的一个重点。

4.2　准二维钙钛矿材料

通常，随 n 值的不断增大，二维钙钛矿薄膜的特性向三维钙钛矿转变，但仍可观察到二维钙钛矿的一些特征。在这种情况下，薄膜更像是二维/三维混合的钙钛矿材料，也被称为准二维钙钛矿材料。

Sargent 及其合作者合成了 $(PEA)_2(MA)_{n-1}Pb_nBr_{3n+1}$（$n = 20$、30、40、50、60）准二维钙钛矿材料。这些高 n 值钙钛矿材料的吸收边与三维 $MAPbBr_3$ 钙钛矿吸收边接近。在 XRD 中仍可观察到二维组分衍射峰信号。二维组分的存在赋予其器件高达 1.46 V 的开路电压，同时保证能量转换效率与对应纯三维结构的器件相当，使之具有作为叠层太阳电池前电池的潜力[48]。

另外，Snaith 等研究发现，通过适当改变 $(BA)_x(FA_{0.83}Cs_{0.17})_{1-x}Pb(I_yBr_{1-y})_3$ 钙钛矿薄膜中的 BA 与 FA/Cs 比例，在三维钙钛矿颗粒之间会形成垂直于薄膜平面取向的"板状"钙钛矿微晶（图 4-5）。通过 XRD 表征可证明，"板状"钙钛矿实为二维层状钙钛矿，是由掺入前驱体溶液中的 BA^+ 阳离子作用形成。由于二维和三维晶粒的良好晶格匹配，三维钙钛矿晶粒生长受到二维晶粒的限制，晶体生长的 [100] 方向与薄膜法线平行（图 4-6）。此外，由于二维钙钛矿相的带隙比三维组分的带隙宽，这种能级结构可以保证电荷分布集中在三维钙钛矿中，减小在晶界处受缺陷作用发生复合的影响，延长载流子寿命。对应带隙分别为 1.61 eV 和 1.72 eV 的

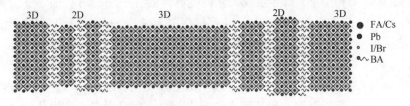

图 4-5　三维钙钛矿晶粒间形成"板状"钙钛矿示意图[49]

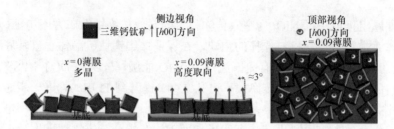

图 4-6　$x=0.09$ 的 $(BA)_x(FA_{0.83}Cs_{0.17})_{1-x}Pb(I_yBr_{1-y})_3$ 薄膜中三维钙钛矿相取向示意图[49]

钙钛矿薄膜，器件最优平均稳定能量转换效率分别为 $(17.5±1.3)\%$ 和 $(15.8±0.8)\%$。即使暴露在空气中 1000 h 后，这些器件仍维持 80% 的初始能量转换效率[49]。

多个课题组已经证明准二维钙钛矿具备另一个优点，即可以改善某些钙钛矿相的稳定性。例如，Jen 等报道，混入 PEA 的 $FA_xPEA_{1-x}PbI_3$ 薄膜，α-$FAPbI_3$ 相的稳定性大大提高，薄膜保存 30 d 稳定不变[50]。赵一新及其同事介绍了另一种阻隔阳离子，乙二胺（EDA²⁺），用于稳定 α-$CsPbI_3$ 相[51]。EDA^{2+} 上的末端—NH_3^+ 基团有望交联 α-$CsPbI_3$ 钙钛矿晶体单元，抑制 α 相过渡到 δ 非钙钛矿相。即使 100 ℃ 条件下加热退火一周，准二维钙钛矿薄膜也能维持 α 钙钛矿相不变，而纯 α-$CsPbI_3$ 钙钛矿薄膜室温下 12 h 内转变成黄色 δ-$CsPbI_3$ 钙钛矿薄膜。此外，研究者还报道了苄基胺（BA*）[52]、辛基胺[53]等间隔阳离子对准二维钙钛矿薄膜结构与性能的影响。

不同于将二维组分添加到三维钙钛矿本体中的方法，Mathews 等提出了一种逆向策略，制备准二维钙钛矿薄膜。首先旋涂含有化学计量比的碘化铅和碘乙基碘化铵（$IC_2H_4NH_3I$）的前驱体溶液获得二维钙钛矿（$n=1$）薄膜，然后将所得薄膜浸入含有甲基碘化铵的异丙醇/甲苯混合溶液中持续不同时间（$1\sim5$ min），将其转化为更高维度（$1<n<\infty$）钙钛矿薄膜。这种方法可以通过控制浸没时间，调节薄膜中二维/三维比例，从而调节薄膜的光电特性及稳定性。优化后的薄膜实现了超过 9% 的器件效率[54]。

非铅太阳电池对环境更友好，最近报道的非铅钙钛矿太阳电池的研究中，也包含应用准二维钙钛矿的方法。例如，Loi 及其同事正是通过向三维锡钙钛矿中添加极少量（8 mol%）的二维层状锡钙钛矿，将器件能量转换效率提高到 9%[55]。二维锡钙钛矿作为种子层，诱导生成大且高度取向的 $FASnI_3$ 晶粒。此外，二维钙钛矿将 $FASnI_3$ 晶粒"熔合"在一起，从而模糊晶界减少 Sn 空位和 Sn^{4+} 的形成。与 Etgar 的结果类似[56]，准二维锡钙钛矿太阳电池的开路电压（0.52 V）高于纯三维锡钙钛矿太阳电池（0.45 V），稳定性也更好，暴露于空气中 76 h 后，效率仍保持原来的 59%，而基于纯三维锡钙钛矿的太阳电池则完全失效[54]。以上研究表明，虽然二维组分仅占准二维钙钛矿薄膜中的一小部分，但是微量二维组分的引入可以显著改善钙钛矿太阳电池性能，二维组分不但可以增强晶体生长取向，而且能够充当功能性屏障，保护薄膜免受环境侵蚀。

4.3 二维层状钙钛矿作界面层

以二维钙钛矿用作太阳电池的吸收层，在效率和稳定性之间总是存在平衡。然而，二维钙钛矿相对较好的耐潮湿性启发人们将其用于界面材料的可能性。理论上，可以在三维钙钛矿的底部或顶部引入二维钙钛矿薄层作为界面层(保护层)。在底部引入二维钙钛矿，通常采用自组装原位形成的方法。例如，Li 和同事发明的原位成型二维钙钛矿作为界面层的方法，可用于制备稳定高效 $MAPbX_3$ 钙钛矿太阳电池。通过在空穴传输层(PEDOT：PSS)上覆盖支化聚乙烯亚胺碘化氢(PEI·HI)，可在 $MAPbX_3$ 钙钛矿薄膜结晶过程原位形成 $(PEI)_2PbI_4$ 薄层(图 4-7)。$(PEI)_2PbI_4$ 薄层作为多功能界面，通过三个方面提高光伏性能：①调控在其上的三维钙钛矿薄膜的晶粒生长和形貌；②改善能级排列促进钙钛矿与空穴传输层间的空穴提取；③$(PEI)_2PbI_4$ 界面增强器件整体耐潮湿性。最终分别在刚性和柔性基底上实现超过 16%和 13.8%的能量转换效率，同时器件耐潮湿性增强[57]。Nazeeruddin 及其同事报道了稳定长达一年的钙钛矿太阳电池[58]。他们在准二维钙钛矿薄膜内构筑了一个特殊的多维渐变界面，使器件具有 11.2%的最佳能量转换效率和大于 10000 h 的稳定性。与上一个工作不同的是，二维组分是在旋涂含有少量(摩尔分数<5%)氨基戊酸碘化物(AVAI)的前驱体溶液之后，在金属氧化物层和三维钙钛矿层之间自组装形成。AVAI 配体上的羧基锚接作用诱导在 TiO_2 介孔支架界面自组装形成二维钙钛矿。此外，该界面还可增强三维钙钛矿的取向生长。因此，这种二维/三维界面可以将二维钙钛矿的稳定性和三维钙钛矿的优异电荷传输特性结合在一起。

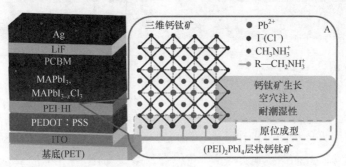

图 4-7 底部原位生成层状钙钛矿 $(PEI)_2PbI_4$ 示意图[58]

自组装或原位形成是将二维钙钛矿层引入三维钙钛矿薄膜底部的简单且实用

的方法。然而，前提是需要特殊界面条件，限制了二维钙钛矿的选择，从界面工程角度考虑似乎不那么令人满意。另外，从加工难易性的角度来看，从三维钙钛矿顶部引入二维钙钛矿似乎更容易实现，且有更丰富的二维组分可供选择。

杨世和课题组在三维钙钛矿顶部制备了三维-二维（MAPbI$_3$-PEA$_2$Pb$_2$I$_4$）渐变界面（图 4-8）。三维-二维渐变界面能调整界面能级，因此获得 1.17 V 高开路电压，器件效率为 19.89%。更重要的是，渐变界面还充当自封装层，抑制内部离子跨层扩散，减缓活性层和金属电极在外界环境中的分解和降解[59]。类似地，史浩飞等展示了另一种将二维钙钛矿作为界面层覆盖三维钙钛矿的方法[60]。在退火后的三维钙钛矿薄膜上，额外旋涂溶有环丙基碘化铵（CAI）的 IPA 溶液。原位形成的二维钙钛矿层的厚度可根据溶液中 CAI 的浓度进行调节。与没有这种界面层的器件相比，具有优化的二维钙钛矿界面的器件在 220 h 后仍保持原始效率的 54%，显示出增强的环境稳定性，相反，无界面层器件 50 h 内失效。

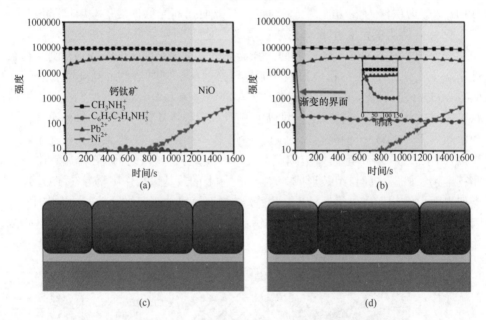

图 4-8　常规(a)与渐变(b)钙钛矿界面薄膜飞行时间离子质谱表征及常规(c)与渐变(d)钙钛矿界面示意图[59]

除了使用大体积的有机铵盐外，还可以使用不同类型的胺，在三维钙钛矿上形成二维钙钛矿界面层。例如，Wong 等在三维 FA$_{0.15}$Cs$_{0.85}$Pb(I$_{0.73}$Br$_{0.27}$)$_3$ 薄膜顶部旋涂 BA$^+$溶液，在晶界和薄膜顶部形成二维层状钙钛矿（BA$_2^*$PbI$_4$）[61]。经过此处理后的钙钛矿薄膜，光致相分离和钙钛矿分解得到有效抑制。光稳定性和热稳定性测试表明，经过 8 h 老化，未处理的薄膜在 XRD 谱图 2θ =12.7°处出现碘化铅特征信号，表明薄膜已发生分解，且 20.20°处主峰分裂成两个峰，表明发生相分离。相反，经 BA*处理的薄膜没有明显的分解和相分离。基于 BA*处理薄膜的器件具有最高18.1%的效率和1.24 V 的高开路电压。相应器件在相对湿度为(65±5)%的空气环境中暴露 40 d 后，仍保留 80%的初始效率，未经处理的器件在 2 周后迅速降解[61]。Zhao 和同事在对不同胺(苯胺、苄胺和苯乙胺)处理 FAPbI₃钙钛矿薄膜对器件性能影响的研究中发现，尽管三者的化学结构相似，苄胺改性薄膜与其他薄膜相比具有更好的抗湿性。暴露空气[相对湿度为(50±5)%]超过 2900 h，苄胺处理的薄膜保持不变，而未处理的薄膜在相同的储存条件下 90 h 内完全降解[62]。其可能的机理为分子钝化效应，疏水性芳香基团的存在阻止了水分子的扩散。然而，根据 Wong 的观点，这可能是因为苄胺处理后在界面处形成了二维钙钛矿薄层。唐瑜等[63]利用便宜易得的材料[酞氰锌(ZnPc)]处理钙钛矿表面，经研究发现ZnPc 能与钙钛矿作用，在晶界处形成新的二维钙钛矿。通过该作用，能有效钝化缺陷，提高效率，并且能提升其稳定性。

与将准二维钙钛矿作为光吸收材料相比，将二维钙钛矿作为界面层似乎更简单且更有效。最重要的是，可以通过改变溶液的化学计量组成和浓度，调节 n 值及二维钙钛矿层的总厚度，为实现可控材料工程提供了很大的自由度。此外，自组装或后处理的二维钙钛矿主要存在于活性层的表面，因此可以保持三维钙钛矿的所有优点。另外，二维和三维钙钛矿的结构相似性保证了二维和三维层之间良好的界面匹配。因此，通过这种方法有望实现高效稳定的钙钛矿太阳电池。

4.4　新型二维层状钙钛矿作活性层

近来，科研人员报道了两类新型二维层状卤素钙钛矿，如图 4-9 所示[64]。与上述 Ruddlesden-Popper 型(RP 型)钙钛矿稍有不同，在 Dion-Jacobson 型(DJ 型)钙钛矿中，无机层之间不再由简单的范德瓦耳斯键相连接，而是通过与大体积有机胺阳离子上的多官能团(通常为胺基)形成氢键进行"对接"，因此所选大体积有机胺阳离子通常为二价离子，如乙二胺、丙二胺、丁二胺，其结构通式可用 (H₃NRNH₃)Aₙ₋₁BₙX₃ₙ₊₁ (n=1, 2, 3, 4, …)表示。DJ 型钙钛矿优势在于，使用单层有机离子，有可能减小绝缘层厚度，减小电荷在层间传递的阻碍，同时提高整体结构的稳定性，对应太阳电池具备更出色的环境稳定性。Kanatzidis 等首次以 3-(氨甲基)哌啶(3AMP)和 4-(氨甲基)哌啶(4AMP)为大离子制备 DJ 型二维卤素钙钛矿，其中基于 3AMP 的电池器件获得 7.32%的能量转换效率[65]。除此之外，Lo 和 Lee 等也提出了用短链二胺作为间隔阳离子连接相邻的钙钛矿片层，通过缩短钙钛矿片层间距的方法，减小间隔阳离子层对电荷传输的影响。他们用 1, 3-丙二胺

(PDA)作为间隔阳离子制备二维钙钛矿，尽管 GIWAXS 表征显示其取向不如 BA 体系，但依然实现了 13.0%的能量转换效率[66]。李灿课题组也用 PDA 实现了相近的器件性能，还进行了复杂环境下器件的稳定性测试。得益于增强的层间相互作用，DJ 型钙钛矿稳定性远高于 RP 型，温度 85 ℃、相对湿度 85%条件下存储 168h 仍保持 95%的初始效率[67]。ACI (交替阳离子间隔层，alternating cation in the interlayer) 型二维卤素钙钛矿在 2017 年由 Kanatzidis 等首次提出[68]。不同于以上两种钙钛矿，目前仅在胍胺(GA[+])体系中存在 ACI 结构，其结构特征为，GA[+]与通常用于形成钙钛矿的离子(MA[+]、FA[+]、Cs[+])交替排列，形成有机隔离层，可用通式 $A'A_nB_nX_{3n+1}$ 表示。ACI 结构中"小体积"的 GA[+]对这一类型的钙钛矿光电性能有较大影响。在相同 n 值条件下，即钙钛矿片层厚度相同，"小体积"GA 的插入对 Pb—I—Pb 键角扭曲的影响最小(计算表明越少的晶格扭曲，带隙越小[69])，使得

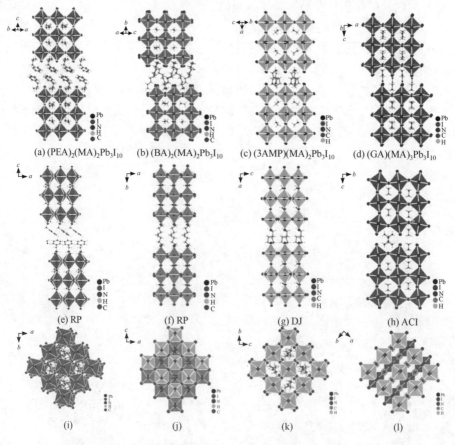

图 4-9　Ruddlesden-Popper 型[(a)、(b)、(e)、(f)、(i)、(j)]，Dion-Jacobson 型[(c)、(g)、(k)]和 ACI 型[(d)、(h)、(l)]钙钛矿结构示意图[64]

ACI 型钙钛矿在这三类二维钙钛矿中拥有最小的光学带隙。Kanatzidis 等初步尝试 $n=3$ 的薄膜仅有 1.73 eV 的带隙，单结太阳电池实现 7.26%的能量转换效率，非常适合构筑叠层太阳电池[68]。

4.5 结论与展望

二维钙钛矿作为钙钛矿大家族的一个分支，继承了钙钛矿的一些优点，如丰富的化学组成、可溶液制备等，又以其独有的性能，如出色的抗湿性、电荷传输的各向异性、高激子结合能等，已然成为现今乃至未来几年研究的热点。在太阳电池领域，无论是作为光吸收材料单独使用，还是与传统三维钙钛矿复合作为光活性层，都有其一席之地，尤其在最近报道 DJ 型和 ACI 型二维钙钛矿之后，有望打破二维钙钛矿体系中效率与稳定性之间的平衡，是钙钛矿太阳电池走向商业化迈出的一大步。

参 考 文 献

[1] Mitzi D B. Solution-processed inorganic semiconductors. J Mater Chem, 2004, 14(15): 2355-2365.

[2] Xing G, Mathews N, Sun S, et al. Long-range balanced electron- and hole-transport lengths in organic-inorganic CH₃NH₃PbI₃. Science, 2013, 342(6156): 344-347.

[3] Marchioro A, Teuscher J, Friedrich D, et al. Unravelling the mechanism of photoinduced charge transfer processes in lead iodide perovskite solar cells. Nat Photonics, 2014, 8(3): 250-255.

[4] Li Y, Zhu J, Huang Y, et al. Mesoporous SnO₂ nanoparticle films as electron-transporting material in perovskite solar cells. RSC Adv, 2015, 5(36): 28424-28429.

[5] Protesescu L, Yakunin S, Bodnarchuk M I, et al. Nanocrystals of cesium lead halide perovskites (CsPbX₃, X = Cl, Br, and I): Novel optoelectronic materials showing bright emission with wide color gamut. Nano Lett, 2015, 15(6): 3692-3696.

[6] Zuo C, Bolink H J, Han H, et al. Advances in perovskite solar cells. Adv Sci, 2016, 3(7): 1500324.

[7] Jeon N J, Noh J H, Yang W S, et al. Compositional engineering of perovskite materials for high-performance solar cells. Nature, 2015, 517(7535): 476-480.

[8] Saliba M, Matsui T, Domanski K, et al. Incorporation of rubidium cations into perovskite solar cells improves photovoltaic performance. Science, 2016, 354(6309): 206-209.

[9] Qiu W, Merckx T, Jaysankar M, et al. Pinhole-free perovskite films for efficient solar modules. Energy Environ Sci, 2016, 9(2): 484-489.

[10] Yang W S, Park B W, Jung E H, et al. Iodide management in formamidinium-lead-halide-based perovskite layers for efficient solar cells. Science, 2017, 356(6345): 1376-1379.

[11] Jaysankar M, Qiu W M, van Eerden M, et al. Four-terminal perovskite/silicon multijunction solar

modules. Adv Energy Mater, 2017, 7(15): 201602807.

[12] Qiu W M, Ray A, Jaysankar M, et al. An interdiffusion method for highly performing cesium/formamidinium double cation perovskites. Adv Funct Mater, 2017, 27(28): 1700920.

[13] Leijtens T, Eperon G E, Pathak S, et al. Overcoming ultraviolet light instability of sensitized TiO_2 with meso-superstructured organometal tri-halide perovskite solar cells. Nat Commun, 2013, 4: 2885.

[14] Park N G, Gratzel M, Miyasaka T, et al. Towards stable and commercially available perovskite solar cells. Nat Energy, 2016, 1: 16152.

[15] Yang B, Dyck O, Ming W, et al. Observation of nanoscale morphological and structural degradation in perovskite solar cells by *in situ* TEM. ACS Appl Mater Interfaces, 2016, 8(47): 32333-32340.

[16] Saliba M, Matsui T, Seo J Y, et al. Cesium-containing triple cation perovskite solar cells: Improved stability, reproducibility and high efficiency. Energy Environ Sci, 2016, 9(6): 1989-1997.

[17] Yang S D, Liu W Q, Zuo L J, et al. Thiocyanate assisted performance enhancement of formamidinium based planar perovskite solar cells through a single one-step solution process. J Mater Chem A, 2016, 4(24): 9430-9436.

[18] Li F, Wang H, Kufer D, et al. Ultrahigh carrier mobility achieved in photoresponsive hybrid perovskite films via coupling with single-walled carbon nanotubes. Adv Mater, 2017, 29(16): 1602432.

[19] Chen H L, Fu W F, Huang C Y, et al. Molecular engineered hole-extraction materials to enable dopant-free, efficient p-i-n perovskite solar cells. Adv Energy Mater, 2017, 7(18): 1700012.

[20] Liu J, Wu Y Z, Qin C J, et al. A dopant-free hole-transporting material for efficient and stable perovskite solar cells. Energy Environ Sci, 2014, 7(9): 2963-2967.

[21] Zuo L, Gu Z, Ye T, et al. Enhanced photovoltaic performance of $CH_3NH_3PbI_3$ perovskite solar cells through interfacial engineering using self-assembling monolayer. J Am Chem Soc, 2015, 137(7): 2674-2679.

[22] Qiu W, Bastos J P, Dasgupta S, et al. Highly efficient perovskite solar cells with crosslinked PCBM interlayers. J Mater Chem A, 2017, 5(6): 2466-2472.

[23] Qiu W M, Buffiere M, Brammertz G, et al. High efficiency perovskite solar cells using a PCBM/ZnO double electron transport layer and a short air-aging step. Org Electron, 2015, 26: 30-35.

[24] Brinkmann K O, Zhao J, Pourdavoud N, et al. Suppressed decomposition of organometal halide perovskites by impermeable electron-extraction layers in inverted solar cells. Nat Commun, 2017, 8: 13938.

[25] Koushik D, Verhees W J H, Kuang Y H, et al. High-efficiency humidity-stable planar perovskite solar cells based on atomic layer architecture. Energy Environ Sci, 2017, 10(1): 91-100.

[26] Dong Q, Liu F, Wong M K, et al. Encapsulation of perovskite solar cells for high humidity conditions. ChemSusChem, 2016, 9(18): 2597-2603.

[27] Smith I C, Hoke E T, Solis-Ibarra D, et al. A layered hybrid perovskite solar-cell absorber with

enhanced moisture stability. Angew Chem Int Ed, 2014, 53 (42): 11232-11235.

[28] Cao D H, Stoumpos C C, Farha O K, et al. 2D homologous perovskites as light-absorbing materials for solar cell applications. J Am Chem Soc, 2015, 137 (24): 7843-7850.

[29] Ruddlesden S N, Popper P. New compounds of the K_2NiF_4 type. Acta Crystallogr, 1957, 10 (8): 538-540.

[30] Yang Z S, Yang L G, Wu G, et al. A heterojunction based on well-ordered organic-inorganic hybrid perovskite and its photovoltaic performance. Acta Chim Sinica, 2011, 69 (6): 627-632.

[31] Yamada Y, Nakamura T, Endo M, et al. Photocarrier recombination dynamics in perovskite $CH_3NH_3PbI_3$ for solar cell applications. J Am Chem Soc, 2014, 136 (33): 11610-11613.

[32] Tsai H, Nie W, Blancon J C, et al. High-efficiency two-dimensional Ruddlesden-Popper perovskite solar cells. Nature, 2016, 536 (7616): 312-316.

[33] Zhang X, Ren X D, Liu B, et al. Stable high efficiency two-dimensional perovskite solar cells via cesium doping. Energy Environ Sci, 2017, 10 (10): 2095-2102.

[34] Stoumpos C C, Soe C M M, Tsai H, et al. High members of the 2D Ruddlesden-Popper halide perovskites: Synthesis, optical properties, and solar cells of $(CH_3(CH_2)_3NH_3)_2(CH_3NH_3)_4Pb_5I_{16}$. Chem, 2017, 2 (3): 427-440.

[35] Soe C M M, Nie W Y, Stoumpos C C, et al. Understanding film formation morphology and orientation in high member 2D Ruddlesden-Popper perovskites for high-efficiency solar cells. Adv Energy Mater, 2018, 8 (1): 1700979.

[36] Fu W F, Yan J L, Zhang Z Q, et al. Controlled crystallization of $CH_3NH_3PbI_3$ films for perovskite solar cells by various $PbI_2(X)$ complexes. Sol Energy Mat Sol Cells, 2016, 155: 331-340.

[37] Cao D H, Stoumpos C C, Yokoyama T, et al. Thin films and solar cells based on semiconducting two-dimensional Ruddlesden-Popper $(CH_3(CH_2)_3NH_3)_2(CH_3NH_3)_{n-1}Sn_nI_{3n+1}$ perovskites. ACS Energy Lett, 2017, 2 (5): 982-990.

[38] Liao Y, Liu H, Zhou W, et al. Highly oriented low-dimensional tin halide perovskites with enhanced stability and photovoltaic performance. J Am Chem Soc, 2017, 139 (19): 6693-6699.

[39] Zhang X, Wu G, Yang S, et al. Vertically oriented 2D layered perovskite solar cells with enhanced efficiency and good stability. Small, 2017, 13 (33): 1700611.

[40] Zhang X Q, Wu G, Fu W F, et al. Orientation regulation of phenylethylammonium cation based 2D perovskite solar cell with efficiency higher than 11%. Adv Energy Mater, 2018, 8 (14): 1702498.

[41] Lian X, Chen J, Fu R, et al. An inverted planar solar cell with 13% efficiency and a sensitive visible light detector based on orientation regulated 2D perovskites. J Mater Chem A, 2018, 6 (47): 24633-24640.

[42] Yan J L, Fu W F, Zhang X Q, et al. Highly oriented two-dimensional formamidinium lead iodide perovskites with a small bandgap of 1.51eV. Mat Chem Front, 2018, 2 (1): 121-128.

[43] Lai H, Kan B, Liu T, et al. Two-dimensional Ruddlesden-Popper perovskite with nanorod-like morphology for solar cells with efficiency exceeding 15. J Am Chem Soc, 2018, 140 (37): 11639-11646.

[44] Chen Y N, Sun Y, Peng J J, et al. Tailoring organic cation of 2D air-stable organometal halide perovskites for highly efficient planar solar cells. Adv Energy Mater, 2017, 7 (18): 1700162.

[45] Proppe A H, Quintero-Bermudez R, Tan H, et al. Synthetic control over quantum well width distribution and carrier migration in low-dimensional perovskite photovoltaics. J Am Chem Soc, 2018, 140(8): 2890-2896.

[46] Zhou N, Shen Y, Li L, et al. Exploration of crystallization kinetics in quasi two-dimensional perovskite and high performance solar cells. J Am Chem Soc, 2018, 140(1): 459-465.

[47] Chen J, Lian X, Zhang Y, et al. Interfacial engineering enables high efficiency with a high open-circuit voltage above 1.23V in 2D perovskite solar cells. J Mater Chem A, 2018, 6(37): 18010-18017.

[48] Quan L N, Yuan M, Comin R, et al. Ligand-stabilized reduced-dimensionality perovskites. J Am Chem Soc, 2016, 138(8): 2649-2655.

[49] Wang Z, Lin Q, Chmiel F P, et al. Efficient ambient-air-stable solar cells with 2D-3D heterostructured butylammonium-caesium-formamidinium lead halide perovskites. Nat Energy, 2017, 6: 17135.

[50] Li N, Zhu Z, Chueh C C, et al. Mixed cation $FA_xPEA_{1-x}PbI_3$ with enhanced phase and ambient stability toward high-performance perovskite solar cells. Adv Energy Mater, 2017, 7(1): 1601307.

[51] Zhang T, Dar M I, Li G, et al. Bication lead iodide 2D perovskite component to stabilize inorganic α-CsPbI_3 perovskite phase for high-efficiency solar cells. Science Advances, 2017, 3(9): e1700841.

[52] Cohen B, Wierzbowska M, Etgar L. High efficiency quasi 2D lead bromide perovskite solar cells using various barrier molecules. Sustain Energy Fuels, 2017, 1(9): 1935-1943.

[53] Koh T M, Shanmugam V, Guo X T, et al. Enhancing moisture tolerance in efficient hybrid 3D/2D perovskite photovoltaics. J Mater Chem A, 2018, 6(5): 2122-2128.

[54] Koh T M, Shanmugam V, Schlipf J, et al. Nanostructuring mixed-dimensional perovskites: A route toward tunable, efficient photovoltaics. Adv Mater, 2016, 28(19): 3653-3661.

[55] Shao S, Liu J, Portale G, et al. Highly reproducible Sn-based hybrid perovskite solar cells with 9% efficiency. Adv Energy Mater, 2018, 8(4): 1702019.

[56] Cohen B E, Wierzbowska M, Etgar L. High efficiency and high open circuit voltage in quasi 2D perovskite based solar cells. Adv Funct Mater, 2017, 27(5): 1604733.

[57] Yao K, Wang X F, Xu Y X, et al. A general fabrication procedure for efficient and stable planar perovskite solar cells: Morphological and interfacial control by *in-situ*-generated layered perovskite. Nano Energy, 2015, 18: 165-175.

[58] Grancini G, Roldan-Carmona C, Zimmermann I, et al. One-year stable perovskite solar cells by 2D/3D interface engineering. Nat Commun, 2017, 8: 15684.

[59] Bai Y, Xiao S, Hu C, et al. Dimensional engineering of a graded 3D-2D halide perovskite interface enables ultrahigh V_{oc} enhanced stability in the p-i-n photovoltaics. Adv Energy Mater, 2017, 7(20): 1701038.

[60] Ma C, Leng C, Ji Y, et al. 2D/3D perovskite hybrids as moisture-tolerant and efficient light absorbers for solar cells. Nanoscale, 2016, 8(43): 18309-18314.

[61] Zhou Y, Wang F, Cao Y, et al. Benzylamine-treated wide-bandgap perovskite with high thermal-photostability and photovoltaic performance. Adv Energy Mater, 2017, 7(22): 1701048.

[62] Wang F, Geng W, Zhou Y, et al. Phenylalkylamine passivation of organolead halide perovskites enabling high-efficiency and air-stable photovoltaic cells. Adv Mater, 2016, 28(45): 9986-9992.

[63] Cao J, Li C, Lv X, et al. Efficient grain boundary suture by low-cost tetra-ammonium zinc phthalocyanine for stable perovskite solar cells with expanded photoresponse. J Am Chem Soc, 2018, 140(37): 11577-11580.

[64] Mao L L, Stoumpos C C, Kanatzidis M G. Two-dimensional hybrid halide perovskites: Principles and promises. J Am Chem Soc, 2019, 141(3): 1171-1190.

[65] Mao L, Ke W, Pedesseau L, et al. Hybrid dion-jacobson 2D lead iodide perovskites. J Am Chem Soc, 2018, 140(10): 3775-3783.

[66] Ma C, Shen D, Ng T W, et al. 2D perovskites with short interlayer distance for high-performance solar cell application. Adv Mater, 2018, 30(22): e1800710.

[67] Ahmad S, Fu P, Yu S W, et al. Dion-Jacobson phase 2D layered perovskites for solar cells with ultrahigh stability. Joule, 2019, 3(3): 794-806.

[68] Soe C M M, Stoumpos C C, Kepenekian M, et al. New type of 2D perovskites with alternating cations in the interlayer space, $(C(NH_2)_3)(CH_3NH_3)_nPb_nI_{3n+1}$: Structure, properties, and photovoltaic performance. J Am Chem Soc, 2017, 139(45): 16297-16309.

[69] Stoumpos C C, Kanatzidis M G. The renaissance of halide perovskites and their evolution as emerging semiconductors. Acc Chem Res, 2015, 48(10): 2791-2802.

第 **5** 章

钙钛矿量子点发光材料与器件

钙钛矿材料表现出优异的光电性质，如吸收系数大、带隙可调、载流子迁移率高等特点，在太阳电池的应用中具有显著优势[1-7]。随着有机-无机杂化钙钛矿材料在光伏领域应用的快速发展，其在发光领域的应用也引起了科学家的广泛兴趣。

5.1 钙钛矿量子点的研究意义

由于其特殊的有机-无机杂化结构，钙钛矿材料同样表现出独特的发光性质，包括窄的发光峰、宽的光谱调节范围、低的激发阈值等，在宽色域显示、激光等领域都有潜在应用价值[8-14]。如图 5-1(a) 所示，Ahmad 等通过改变卤素阴离子，可以将发光波长在 400～610 nm 范围内调控。这类层状钙钛矿材料在室温下表现出较强的光致发光，其发射具有显著的激子发射特征，在 400～610 nm 波长范围内都表现出较窄的发射峰[15]。他们还调节了有机胺的种类，并用 Sn、Hg 等对 Pb 进行了替换，发现改变有机胺和中心金属离子也可以有效地调节发光波长。此研究工作证明了有机-无机杂化钙钛矿具有结构和组分的多样性，并且很容易实现对发光波长的调节，同时在很宽的光谱范围内都具有窄带发射的性质。在具有优良发光性质的同时，有机-无机杂化钙钛矿还表现出有机材料所具有的良好的溶液加工性能，为发光器件的制备带来极大便利。2014 年，Friend 等报道了基于三维结构有机-无机杂化钙钛矿材料的电致发光器件[10]。如图 5-1(b) 所示，利用溶液旋涂获得的 $MAPbI_{3-x}Cl_x$ 和 $MAPbBr_3$ 薄膜分别制备了近红外和绿光发射的电致发光器件，所获得的近红外器件 EQE 为 0.76%，绿光器件 EQE 为 0.1%，最大亮度为 364 cd/m^2，证明了有机-无机杂化钙钛矿不仅在太阳电池中有突出的表现，在发光领域也有着潜在应用前景。随后，Mathews 和 Sum 等利用泵浦激光器激发溶液旋涂得到的 MAPbI$_3$ 薄膜，发现随着泵涌通量的增加，MAPbI$_3$ 薄膜的发光强度随之增加。如图 5-1(c)和(d)所示，当泵涌通量达到某一阈值后，MAPbI$_3$ 薄膜发光的强度迅速增大，半峰宽(FWHM)急剧变窄，产生激射现象[16]。相比于 CdSe 量子点及有机发光体，MAPbI$_3$ 薄膜激射所需的激发阈值更低。在调节卤素离子组成的基础上调控发光波长，获得了在 400～800 nm 范围内波长可调节的激光发射。

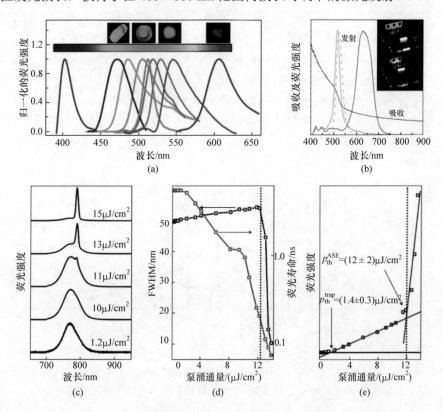

图 5-1　(a) 通过改变(Cl-C$_6$H$_4$NH$_3$)$_2$PbX$_4$ 晶体中的卤素阴离子种类及比例所得产物的发射光谱，插图是不同发射波长的材料在共聚焦显微镜下的照片[15]；(b) 基于 MAPbI$_{3-x}$Cl$_x$ 和 MAPbBr$_3$ 器件的电致发光光谱，插图是电致发光器件实物照片[10]；(c) MAPbI$_3$ 薄膜发射光谱随泵涌通量的变化；(d) MAPbI$_3$ 薄膜发光半峰宽随泵涌通量的变化；(e) MAPbI$_3$ 薄膜荧光强度随泵涌通量的变化关系[16]

　　从以上报道可以看出，钙钛矿材料具有很宽的发射峰范围(400～800 nm)，发射波长可以覆盖整个可见光区，并且在全波长范围内都表现出较窄的半峰宽。与几类传统的发光材料相比，钙钛矿材料的发光半峰宽具有明显优势。如图 5-2 (a) 所示，有机发光体发光的半峰宽一般大于 40 nm[17-19]，无机半导体量子点 CdSe 的半峰宽在 30 nm 左右[20]，而钙钛矿材料的半峰宽约为 20 nm，是目前发光材料中半峰宽最窄的一类材料[21]。而且，在很宽的尺寸范围内(1 nm～1 μm)，钙钛矿材料都能保持窄带发射的特性。另外，钙钛矿材料的发光波长对颗粒尺寸的依赖性较小，如图 5-2(b)所示，与传统的无机半导体量子点 CdSe 和 InP 相比，钙钛矿材料发射峰移动随颗粒尺寸的变化不明显[22-24]。在无机半导体量子点中，调节量子点的尺寸从而调控发光波长的同时，还会引起量子点发射谱的宽化，这是因为制备的胶体量子点往往具有一定的尺寸分布。因此，在无机半导体量子点的制备中，为了尽可能获得较窄的半峰宽，需要通过实验条件严格控制量子点的尺寸分布，以获得单分散颗粒。而在钙钛矿材料中，较弱的尺寸效应使得在制备钙钛矿颗粒时，不必刻意控制钙钛矿的粒径分布，即使钙钛矿产物的尺寸分布较宽，仍然能在一定程度上保证较窄的半峰宽。进一步的研究结果揭示，影响钙钛矿材料半峰宽的主要因素是纵向光学声子散射和电子-声子耦合，而缺陷及其他杂质对半峰宽的影响可以忽略[25,26]。所以，钙钛矿材料的半峰宽主要由晶体结构决定，表现出较弱的尺寸依赖性。

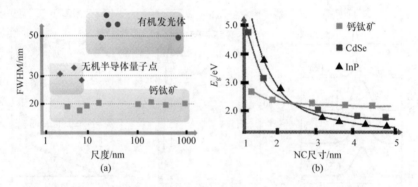

图 5-2 (a) 有机发光体、无机半导体量子点、有机-无机杂化钙钛矿材料的发射光谱半峰宽与材料维度的关系[21]；(b) CdSe、InP 及钙钛矿的发光波长与尺寸的关系

然而，钙钛矿本体材料并不是一类理想的发光材料，早期的研究证明钙钛矿本体材料在室温及低激发密度下的发光效率很低，这严重限制了该材料在发光领域的应用。最早在 20 世纪 90 年代初，Mitzi 及其合作者对二维层状钙钛矿材料进行了系列研究，他们发现包含长链有机胺的层状钙钛矿可以在低温下产生稳定的激子，但是，随着温度的升高，荧光强度快速下降，在室温下几乎不发光[27]。同时，基于层状钙钛矿材料的电致发光也只能在低温(<110 K)下实现[28-30]。之后的研究工作中所观察到的钙钛矿材料的高效发光都是在高激发密度或低温下实现的，$MAPbX_3$(X=Cl[-]、Br[-]、I[-])块体材料在室温及低激发密度下的荧光量子产率(quantum yield, QY)很低，这严重限制了该材料在发光领域的应用。如图 5-3(a)所示，在 $MAPbI_3$ 微米级的晶体中，QY 随激发密度的增加迅速增大，在激发密度

为 10^{17}cm^{-3} 以上时，QY 可接近 100%，但是当激发密度为 10^{14}cm^{-3} 左右时，QY 很低(< 0.1%)，是一种几乎不发光的状态[31]。图 5-3(b) 是 MAPbI$_3$ 薄膜荧光强度随温度的变化关系曲线，在低温下，MAPbI$_3$ 薄膜高效发光，随着温度升高，荧光快速衰减，在室温下的荧光强度很低[32]。相关研究证实，有机-无机杂化钙钛矿块体材料中存在复杂的本征缺陷，光激发产生的载流子主要发生两种复合方式：自由载流子被缺陷俘获的非辐射复合及辐射复合。如图 5-3(c) 所示，在不同激发密度下 MAPbI$_3$ 薄膜的荧光衰减曲线表明，在较低的激发密度下，MAPbI$_3$ 薄膜的荧光寿命较长，符合单指数衰减，随着激发密度的增加，荧光寿命逐渐变短，不再符合单指数衰减过程[33]。这表明在低激发密度下只发生载流子到缺陷的复合过程，随着激发密度的增大，材料中的固有缺陷被填满，然后才发生载流子之间的辐射复合过程。图 5-3(d) 展示了钙钛矿材料在低激发密度和高激发密度下的载流子复合机制。在低激发密度下，材料中产生的光生载流子密度很低，所产生的光生载流子很容易被材料内部的缺陷捕获，发生单分子过程，是非辐射复合；在高

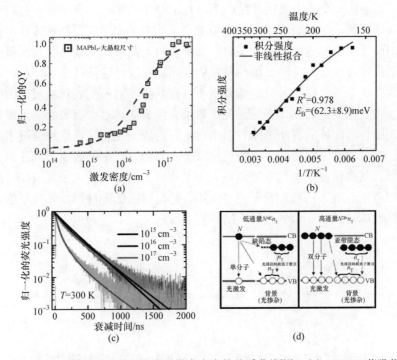

图 5-3 (a) MAPbI$_3$ 材料荧光量子产率与激发密度的关系曲线[31]；(b) MAPbI$_3$ 薄膜荧光强度随温度变化的关系曲线[32]；(c) MAPbI$_3$ 薄膜在不同激发密度下的荧光衰减曲线；(d) MAPbI$_3$ 薄膜在低激发密度与高激发密度下的载流子复合机制[33]

n_T 代表临界缺陷态密度

激发密度下，载流子将材料内部的固有缺陷全部填满，多余的载流子发生双分子的辐射复合过程，发出荧光。以上模型很好地解释了有机-无机杂化钙钛矿材料在低激发光功率密度下几乎不发光的原因。关于有机-无机杂化钙钛矿荧光随温度升高而下降的现象，研究指出，三维钙钛矿材料中的激子属于瓦尼尔(Wannier)激子，激子结合能较低。激子结合能反映电子和空穴之间相互作用的强弱，光激发产生的电子-空穴对会经历两个过程：被分离成自由载流子或者形成激子。在低温下，由于激子可以稳定存在，因此会发出较强的荧光，而在室温下，由于热活化作用，大部分 Wannier 激子解离成自由载流子，而自由载流子又很容易被材料内部的缺陷捕获发生非辐射过程，造成发光强度降低[26, 34-36]。

由以上分析可以看出，钙钛矿材料在室温及低激发密度下发光效率低的主要原因是材料内部的固有缺陷和较低的激子结合能。因此，如果能有效减少缺陷并增加激子结合能，就可以使高效发光成为可能。根据以上讨论提出了如下理论模型：如图 5-4 所示，在钙钛矿块体材料中，根据文献报道[16]，其缺陷态密度是 $10^{14}\,\mathrm{mm}^{-3}$，即在一个毫米级的晶粒中平均有 10^{14} 个缺陷，而在钙钛矿材料中载流子的迁移率很高，扩散长度很大，光激发产生的电子和空穴在迁移过程中很容易碰到缺陷而发生非辐射复合；如果将钙钛矿材料的晶粒尺寸缩小至纳米级别，通过简单的换算可知在一个纳米级的晶粒中缺陷态密度迅速降低至 $10^{-4}\,\mathrm{nm}^{-3}$，此时可以认为在一个纳米级的晶粒内部几乎不存在缺陷。然而随着颗粒尺寸的急剧减小，表面将占据很大比例，不可避免地带来大量表面缺陷。而表面缺陷可以通过在颗粒表面包裹配体的方法消除，以实现良好的表面钝化。在这种情况下，电子和空穴的扩散长度大幅受限，而缺陷又极少，光激发产生的载流子只能以辐射的方式复合，从而使得在室温及低激发光功率密度下的高效发光成为可能。从以上分析可以看出，制备钙钛矿量子点(PeQDs)是提高钙钛矿材料发光效率的重要途径，对钙钛矿材料在显示领域的应用具有重要意义。

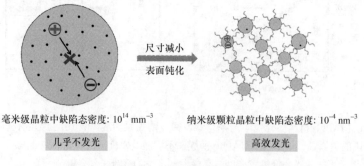

图 5-4 提高钙钛矿材料发光效率的理论模型

5.2　钙钛矿量子点的制备

纳米科学经过近几十年来的飞速发展,关于纳米颗粒的制备方法已日趋成熟。按照制备策略来划分,纳米颗粒的制备包括自上而下和自下而上两种策略[37, 38]。按照制备过程中物质的状态分类,纳米颗粒的制备主要分为固相法、气相法和液相法[39,40]。固相法包括高能球磨法、模板法、固相反应法等;气相法包括物理气相沉积法、化学气相沉积法、溅射法等;液相法包括水热法、热注入法、微乳液法、再沉淀法、溶胶-凝胶法等。无论采用哪种制备方法,材料的形核与生长都遵从经典的晶体形核生长理论。经典的形核生长理论认为,晶体的形核与生长是由吉布斯自由能(ΔG)控制的,假设在均相体系中形成一个半径为 r 的球形核,ΔG 的表达式见式(5-1)[41]

$$\Delta G = -\frac{4\pi r^3}{3V_m} RT\ln(c/c_0) + 4\pi r^2 \sigma \tag{5-1}$$

其中,V_m 为溶剂摩尔体积;c 为溶液浓度;c_0 为目标产物在溶液中的饱和溶解度;σ 为表面能;R 为摩尔气体常数;T 为温度。从式(5-1)可以看出,决定形核过程中总吉布斯自由能的变化由两项组成,第一项表示新相的形成能,新相形成过程吉布斯自由能为负值,是自发进行的。第二项表示表面能,在晶核析出的过程中会在液固界面形成新的表面,此过程吉布斯自由能大于零,是非自发过程。由于两项符号相反,因此形核是两种过程相互制约平衡的结果。图 5-5 给出了形核过程中ΔG随晶核半径r变化的关系曲线,在该曲线中存在一临界形核半径r_0,对应于 $\mathrm{d}\Delta G/\mathrm{d}r = 0$ 的情况。在临界形核半径以下,随着晶核的增大,吉布斯自由能增加,形成的晶核不稳定,会重新溶解于溶液中;在临界形核尺寸之上,晶核的增大会导致吉布斯自由能下降,晶核可以稳定存在并继续生长。所以形成稳定晶核的必要条件是形核半

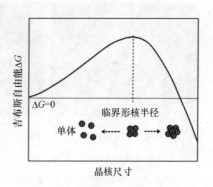

图 5-5　晶体形核过程中吉布斯自由能的变化

径大于临界形核半径。在 $\mathrm{d}\Delta G/\mathrm{d}r = 0$ 时,可得临界形核半径 r_0 的表达式

$$r_0 = \frac{2V_m\sigma}{RT\ln(c/c_0)} \tag{5-2}$$

式(5-2)中,V_m、σ、R、T 等在确定的体系中都具有确定的数值,临界形核半径将

由 c/c_0 即过饱和度决定，可见晶核的析出是由过饱和度决定的，当过饱和度大于临界成核浓度时，即可发生形核过程。从临界形核半径的表达式可以看出，形核与溶液的过饱和度有关，任何可以引起溶液过饱和的因素都可以诱导形核过程的发生。以上所述纳米材料的制备方法都利用了过饱和度的变化来诱导晶体形核生长进而获得预期的纳米材料。

量子点作为一类零维纳米材料，其制备技术已经过了近三十年的发展。其中，经典的无机半导体量子点如 CdSe 量子点或 InP 量子点往往是采用热注法制备的，有机纳米颗粒采用再沉淀法制备，利用模板限制材料生长也可获得量子点。

5.2.1　原位复合法

原位复合法是将钙钛矿前驱体溶液与多孔材料混合在一起，然后将溶剂挥发诱导钙钛矿在孔隙中结晶，最终获得钙钛矿纳米颗粒镶嵌在多孔材料孔隙中的复合材料。2012 年，Kojima 等使用多孔 Al_2O_3 模板制备了 $MAPbBr_3$ 纳米颗粒，如图 5-6 所示，利用多孔 Al_2O_3 模板的孔径限制 $MAPbBr_3$ 颗粒的生长，最终获得了 $MAPbBr_3$ 纳米颗粒/Al_2O_3 复合材料[42]，该复合材料在 525 nm 处有一个发射峰，第一次报道了 $MAPbBr_3$ 纳米材料的发光。

图 5-6　利用多孔 Al_2O_3 模板制备的 $MAPbBr_3$ 纳米颗粒/多孔 Al_2O_3 复合材料[42]

2016 年，Malgras 和 Yamauchi 等将 $MAPbBr_xI_{3-x}$ 纳米晶生长在多孔硅胶模板中，如图 5-7 所示，通过硅胶的孔径控制量子点的尺寸，获得了粒径分别为 3.3 nm、3.7 nm、4.2 nm、6.2 nm 和 7.1 nm 的 $MAPbBr_xI_{3-x}$ 纳米晶[43]。随着尺寸变化，$MAPbBr_3$ 纳米晶和 $MAPbI_3$ 纳米晶的发射光谱随之变化，表现出显著的量子尺寸效应，并应用理论模型拟合了 $MAPbBr_3$ 纳米晶和 $MAPbI_3$ 纳米晶中发射波长与尺寸之间的关系。

随后，2016 年，Dirin 和 Kovalenko 等将钙钛矿前驱体溶液浸入介孔 SiO_2 (meso-SiO_2)中，如图 5-8 所示，在干燥过程中随着溶剂挥发，逐渐形成镶嵌在多孔 SiO_2 中的钙钛矿纳米颗粒[44]。该文献报道的 $CsPbBr_3/SiO_2$ 复合材料最高荧光量子产率达到 90%。

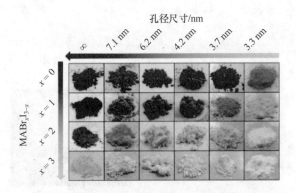

图 5-7　利用多孔硅胶制备的 $MAPbBr_xI_{3-x}$ 纳米晶/硅胶复合材料[43]

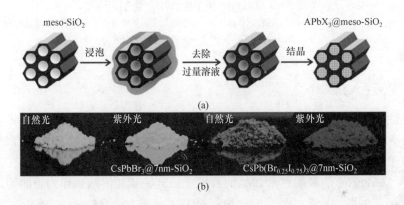

图 5-8　利用多孔 SiO_2 制备的 $MAPbBr_xI_{3-x}$ 纳米晶/SiO_2 复合材料[44]

(a) 原位复合过程示意图；(b) $MAPbBr_xI_{3-x}$ 纳米晶/SiO_2 复合材料在自然光及紫外光下的照片

　　除了以上使用的 Al_2O_3、SiO_2 等多孔材料外，聚合物也可以作为模板来合成钙钛矿量子点。2016 年，北京理工大学钟海正课题组报道了 $MAPbX_3$/聚偏氟乙烯 (PVDF) 复合光学膜[45]。如图 5-9 所示，该方法是将钙钛矿前驱体和 PVDF 一起溶解于 DMF 中，然后将混合溶液涂到基底表面，随着溶剂挥发，PVDF 先开始结晶形成聚合物骨架，随后钙钛矿开始在 PVDF 分子链形成的空隙中形核并生长，最终得到 $MAPbX_3$ 量子点镶嵌在 PVDF 间隙中的复合膜。这种原位复合法利用了钙钛矿量子点和 PVDF 从溶液中结晶的差异性，很好地解决了量子点在聚合物中的分散性问题，所得的复合薄膜荧光量子产率可达 90%以上，并且可以一次性大面积成膜，在背光源显示中有着巨大的应用前景。

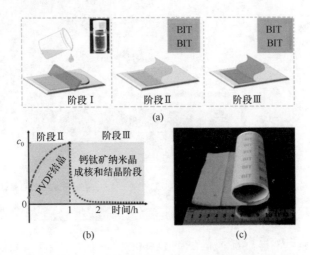

图 5-9   MAPbBr₃ 量子点/PVDF 复合膜[45]

（a）MAPbBr₃ 量子点/PVDF 复合膜制备过程示意图；（b）复合膜制备过程中混合溶液各组分浓度随时间的变化曲线；（c）MAPbBr₃ 量子点/PVDF 复合膜照片

5.2.2   热注入法

热注入法是利用温度的变化来引起过饱和并诱导形核。经典的半导体量子点如 CdSe 等往往都是采用热注入法制备的。传统的热注入法同样可以用来制备钙钛矿量子点。最早在 2014 年，西班牙实验室的 Schmidt 等采用热注入法在溶液中合成了 MAPbBr₃ 纳米颗粒[46]。他们利用了长链烷基胺溴盐来作为表面配体，在 80 ℃下，将油酸、长链烷基胺溴盐加入 ODE 中，再加入 MABr 和 PbBr₂，最后加入丙酮将 MAPbBr₃ 颗粒沉淀出来，该沉淀能重新分散于多种低极性溶剂中。如图 5-10 所示，所合成的 MAPbBr₃ 纳米颗粒直径为 6 nm，激子吸收峰位置为 520 nm，在 525 nm 处表现出荧光发射峰，半峰宽约为 23 nm，荧光量子产率为 17%。虽然该文献首次报道了在溶液相中制备 MAPbBr₃ 纳米颗粒，但是 MAPbBr₃ 纳米颗粒的吸收谱在长波段范围表现出明显的散射，在甲苯中分散的照片较为浑浊，这说明制备的 MAPbBr₃ 纳米颗粒分散性较差，而且荧光量子产率仍然较低，有很大的提升空间。

2015 年 2 月，瑞士联邦理工学院 Protesescu 和 Kovalenko 等利用热注入法制备了全无机 CsPbX₃（X = Cl⁻、Br⁻、I⁻）量子点[47]。他们将 PbX₂ 加入 ODE 中，再加入油胺、油酸等表面配体，将体系抽真空，在 N₂ 保护下升温至 140～200 ℃，快速注入 CsOA，然后用冰水浴迅速降温。从实验过程可以看出，该方法是在高温下注入 CsOA 使体系过饱和以诱导形核，然后快速降温抑制晶粒生长，与经典的热注入法一致。最终获得的 CsPbX₃ 量子点具有立方形状，如图 5-11 所示，通过改变卤素离子种类，发光波长在 410～700 nm 可调，荧光量子产率为 50%～90%。

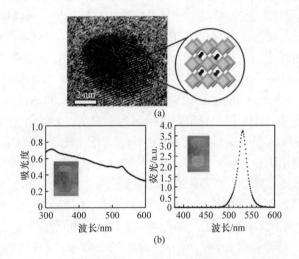

图 5-10　在胶体溶液中合成的 MAPbBr₃ 纳米颗粒[46]

(a) MAPbBr₃ 纳米颗粒高分辨 TEM 图及结构示意图；(b) MAPbBr₃ 纳米颗粒吸收(左)和发射(右)谱，插图是 MAPbBr₃ 纳米颗粒分散在甲苯中在太阳光(左)及紫外灯(右)下的照片

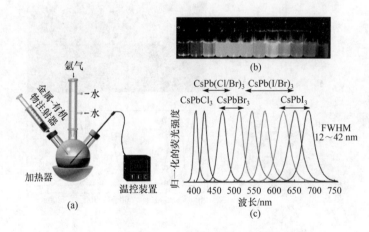

图 5-11　利用热注入法合成的 CsPbX₃ 量子点[47]

(a) 合成装置；(b) CsPbX₃ 在紫外光下的照片；(c) 归一化的荧光光谱

5.2.3　LARP 法

　　虽然热注入法可以有效制备钙钛矿量子点，但是经热注入法制备的有机-无机杂化钙钛矿量子点荧光量子产率较低，而且制备工艺也较为复杂，需要进一步探索室温简便的合成方法。在早期的研究中，再沉淀法被用来制备有机纳米颗粒[48-50]。

再沉淀法是利用目标产物在良溶剂和不良溶剂中的溶解度差异来诱导产物形核生长的方法。钙钛矿表现出一定的离子化合物特性，往往可以溶解于极性溶剂，而在非极性溶剂中不溶，这为再沉淀法制备钙钛矿材料提供了可能性。2015 年，钟海正课题组发现层状钙钛矿材料可以溶于丙酮而不溶于正己烷，在丙酮和正己烷的混合体系中表现出与有机分子类似的聚集诱导发光(AIE)现象，为钙钛矿材料的再沉淀合成提供了思路[51]。随后，该课题组还发展了室温配体辅助再沉淀 (ligand assisted reprecipitation, LARP) 法制备了高效发光的 MAPbX$_3$ 量子点，如图 5-12 所示，选择 DMF 作为良溶剂，甲苯为不良溶剂，长链胺为表面配体，将前驱体、长链胺、OA 等一起溶解在 DMF 中，然后逐滴加入到快速搅拌的甲苯中，利用溶解度的变化诱导钙钛矿形核，在生长的过程中配体包覆在钙钛矿颗粒表面，抑制颗粒生长最终将颗粒尺寸限制在纳米级别[52]。LARP 法简单高效，可实现室温制备，且具有很强的通用性，不仅能用于合成 MAPbX$_3$ 量子点，还可用于合成 FAPbX$_3$ 及全无机 CsPbX$_3$ 量子点。2015 年，Rogach 等研究了温度对 LARP 过程的影响，发现随着温度升高，所得的 MAPbBr$_3$ 量子点粒径越大，并且伴随着发光波长的红移，他们将观察到的现象归因为 MAPbBr$_3$ 量子点中存在的量子限域效应[53]。

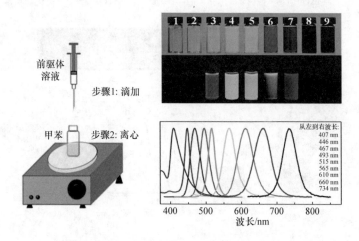

图 5-12　利用 LARP 法合成的 MAPbX$_3$ 量子点[52]

Sichert 等采用类似 LARP 的策略制备了 MAPbBr$_3$ 纳米片，发现通过改变 OA 加入量可以控制纳米片的厚度，而具有不同厚度的纳米片表现出可调节的发光波长，最后通过量子限域模型的优化很好地拟合了 MAPbBr$_3$ 中随着层数变化的尺寸效应[54]。2016 年，南洋理工大学熊启华课题组采用 LARP 法制备了无定形态 MAPbBr$_3$ 纳米颗粒，如图 5-13 所示，他们认为制备的关键在于使用了 DMF 和丁内酯的混合溶剂作为 MAPbBr₃ 前驱体的良溶剂，此研究工作说明不同的良溶剂会对 MAPbBr₃ 的结晶过程产生重要影响[55]。

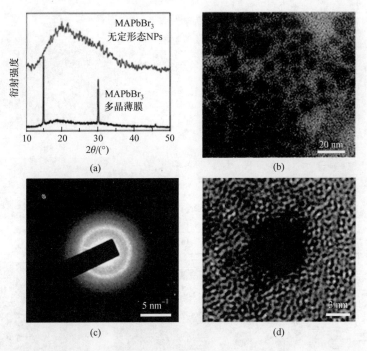

图 5-13　MAPbBr₃ 无定形态纳米颗粒的 XRD 谱图(a)、TEM 图片(b)、选区电子衍射图片
(c)和高分辨 TEM 图片(d)[55]

　　2016 年，佛罗里达州立大学高汉伟课题组采用 LARP 法在室温下制备了全无机 $CsPbBr_3$ 量子点，发现与高温下制备的 $CsPbBr_3$ 量子点相比，室温下制备的 $CsPbBr_3$ 量子点具有更加优越的发光性质[56]。随后，南京大学邓正涛课题组同样采用 LARP 法制备了 $CsPbBr_3$ 量子点，如图 5-14 (a)所示，通过改变再沉淀中配体种类，获得了 $CsPbBr_3$ 量子点、$CsPbBr_3$ 纳米棒、$CsPbBr_3$ 纳米块、$CsPbBr_3$ 纳米片等，实现了对 $CsPbBr_3$ 纳米晶的形貌调控[57]。Levchuk 和 Brabec 等利用 LARP 法制备了 $FAPbX_3$ 量子点，发光波长范围为 415～740 nm，最高荧光量子产率达到 85%[58]。之后，Chen 和 Fang 等制备了 $Cs_{1-m}FA_mPbX_3$ $(0 \leqslant m \leqslant 1)$ 合金化量子点，这种类型的量子点在结构上具有更高的稳定性，而且可以实现对材料带隙更加精确的调控。对于非铅钙钛矿的合成，Leng 和 Tang 等利用 LARP 法制备了 $MA_3Bi_2Br_9$ 量子点，该量子点发射峰在 423 nm，荧光量子产率为 12%，如图 5-14 (b)所示[59]。随后，Zhang 和 Song 等又对上述材料进行了优化，合成出 $Cs_3Sb_2Br_9$ 量子点，在蓝紫光 410 nm 处具有发射峰，最高荧光量子产率达到 46%[60]。综上，LARP 法经

报道后引起研究者的广泛关注，具有普遍适用性，已成为制备钙钛矿量子点的经典方法。

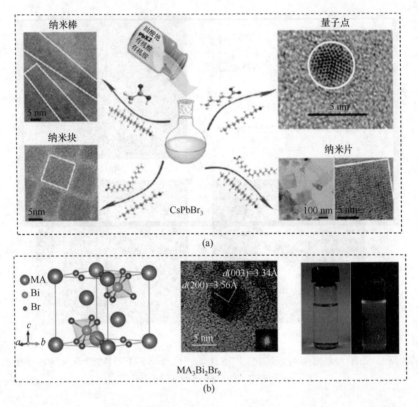

图 5-14 （a）采用 LARP 法制备的 CsPbBr₃ 量子点、纳米片、纳米棒及纳米块[57]；（b）采用 LARP 法制备的蓝紫光发射 MA₃Bi₂Br₉ 量子点[59]

经 LARP 法所制备的 MAPbX₃ 量子点具有荧光量子产率高、半峰宽窄等突出优点，是显示领域应用的理想材料。在电致发光器件应用中，胶体量子点必须经过多次分离提纯以去除表面残留的配体，因为表面残留的配体会严重影响器件的电荷传输，进而影响器件效率。虽然 LARP 法可以有效制备 MAPbX₃ 量子点，但是最终所得的 MAPbX₃ 量子点甲苯溶液是一个复杂的体系，该体系中还存在少量的良溶剂 DMF 及残留的表面配体，不能直接旋涂以获得 MAPbX₃ 量子点薄膜。另外，MAPbX₃ 量子点对极性溶剂非常敏感，很容易被极性溶剂破坏，这使得 MAPbX₃ 量子点的分离提纯面临很大挑战。为了解决 MAPbX₃ 量子点所存在的分离提纯问题，Huang 等在 LARP 法的基础上进行了改进，提出了微乳液法[61]。如图 5-15 所示，将钙钛矿前驱体(PbBr₂、MABr)溶解在 DMF 中，然后滴入预先添加配体(正辛胺、油酸)的剧烈搅拌的正己烷中，由于正己烷与 DMF 不互溶，而体系中存在的油酸分子具有双亲性，可以包裹在 DMF 小液滴的表面以分散在正己烷中形成乳液。当加入破乳剂后，破坏了乳液体系的平衡导致破乳，DMF 液滴中溶解的前驱体进入不良溶剂正己烷中，经形核生长为 $MAPbBr_3$ 量子点并从体系中沉淀出来，进而通过离心分离获得 $MAPbBr_3$ 量子点粉末，再经多次提纯获得"纯净的" $MAPbBr_3$ 量子点。微乳液法制备的"纯净的" $MAPbBr_3$ 量子点为电致发光器件的应用奠定了基础。Huang 等利用获得的 $MAPbBr_3$ 量子点制备了电致发光器件，最高亮度达到 2503 cd/m² ，外量子效率为 1.1%。随后，Liu 等发现随着静置时间的增加，微乳液法制备的 $MAPbBr_3$ 量子点在偶极诱导作用下会发生自组装形成 $MAPbBr_3$ 纳米片，该纳米片不仅具有 $MAPbBr_3$ 量子点较高的发光效率，还具有偏振特性[62]。

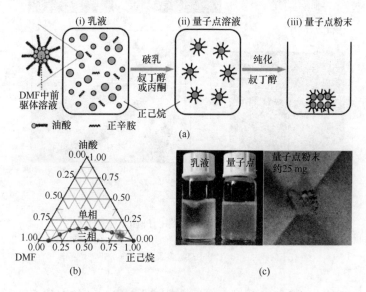

图 5-15　微乳液法制备钙钛矿量子点示意图[61]

(a) 微乳液法制备 $MAPbBr_3$ 量子点的实验过程；(b) 油酸、DMF、正己烷的三元相图；(c) 微乳液法制备的 $MAPbBr_3$ 量子点溶液及粉末的照片

5.2.4　研磨/超声法

与上述自下而上的制备方法不同，研磨或超声法制备钙钛矿纳米颗粒是自上而下的制备策略。2016 年，Tong 和 Feldmann 等利用超声法制备了 $CsPbX_3$ 量子点[63]。如图 5-16 所示，将前驱体 Cs_2CO_3 和 PbX_2 及配体油胺、油酸等混合于非极性溶剂 ODE 中，然后对混合体系进行超声处理。随着超声的进行，Cs_2CO_3 粉末

逐渐与油酸反应形成配合物而溶解到 ODE 中,并在配体存在的情况下与 PbX_2 反应形成 $CsPbX_3$ 量子点。这种方法制备的纯卤素 $CsPbBr_3$ 量子点和 Cs_2PbI_3 量子点的荧光量子产率均可以超过 90%,但是卤素离子合金化 $CsPbBr_xCl_{3-x}(x \geqslant 2)$ 量子点的荧光量子产率只有 10%~25%,说明这种方法不太适合合成 Cl、Br 混合或 Br、I 混合钙钛矿量子点。

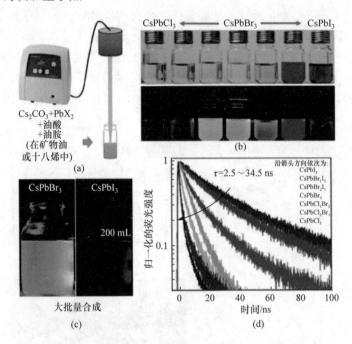

图 5-16 利用超声法制备的 $CsPbBr_xI_{3-x}$ 量子点[63]

(a) 超声法制备过程示意图;(b) $CsPbBr_xI_{3-x}$ 量子点溶液的照片;(c) $CsPbBr_3$ 量子点和 $CsPbI_3$ 量子点溶液在紫外灯下的照片;(d) $CsPbBr_xI_{3-x}$ 量子点的时间分辨荧光光谱

在自上而下的制备策略中,研磨法也是减小晶粒尺寸的有效手段。2016 年,Hintermayr 和 Urban 将 MABr 和 $PbBr_2$ 粉末混合后开始研磨,然后将混合粉末分散在甲苯中,再用配体辅助剥离制备了 $MAPbBr_3$ 纳米片[64],如图 5-17(a)所示。Zhu 和 Zhang 等通过机械研磨的方法制备了 $CsPbBr_3$ 纳米晶[65],如图 5-17(b)所示,随着研磨的进行,粉末颜色逐渐转变为黄色,然后再用少量的油胺处理,得到绿光发射的 $CsPbBr_3$ 纳米晶,荧光量子产率为 44%。研磨法是一种固相反应,虽然省去了溶剂的使用,但是制备的钙钛矿纳米晶的荧光量子产率及形貌控制等与胶体溶液中制备的钙钛矿纳米晶仍有较大差距[66-68]。

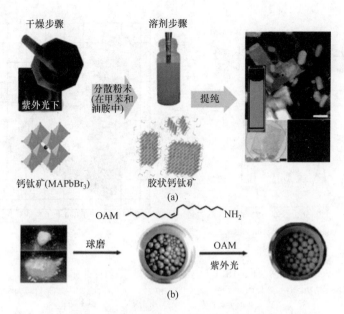

图 5-17 利用研磨法制备的钙钛矿纳米晶

(a) 利用研磨加配体辅助剥离制备的 MAPbBr₃ 纳米片[64]; (b) 利用研磨法制备 CsPbBr₃ 纳米晶示意图[65]

5.3 钙钛矿量子点光致发光器件

钙钛矿量子点表现出优异的光学性质，在显示领域中的应用具有显著优势。钙钛矿量子点在显示领域中主要有两种应用方式：光致发光和电致发光。本节重点介绍光致发光。量子点背光源显示是在背光源中引入量子点作为光转换材料，利用蓝光芯片发出的蓝光激发红光量子点和绿光量子点分别发出红光和绿光，再将红绿蓝三色光组合成白光。2015 年，Zhang 等将 Mn⁴⁺：K₂SiF₆(KSF) 与硅胶按一定比例混合涂布到蓝光 LED 芯片上，如图 5-18 所示，然后将制备的 MAPbBr₃ 量子点与 PMMA 复合获得了 MAPbBr₃ 量子点/PMMA 复合薄膜，再将该复合薄膜叠放至 KSF 层上，获得了基于 MAPbBr₃ 量子点的光转换型白光 LED 器件，该器件在 4.9 mA 电流下的流明效率为 48 lm/W，色域达到 NTSC 标准的 130%[52]。与传统半导体量子点相比，应用钙钛矿量子点极大地扩展了显示器件的显色范围，证明了钙钛矿量子点在显示领域中的潜在应用价值。

2016 年，Huang 等使用笼型聚倍半硅氧烷(POSS)对 CsPbX₃ 量子点进行包覆，提高了 CsPbX₃ 量子点在水中的稳定性。然后采用 POSS 包裹的 CsPbX₃ 量子点制备了光转型白光 LED 器件，器件流明效率为 14.1 lm/W[69]。同年，Zhou 等发展了原位制备技术，将 MAPbBr₃ 前驱体与 PVDF 一起溶解在 DMF 中，然后涂膜，在

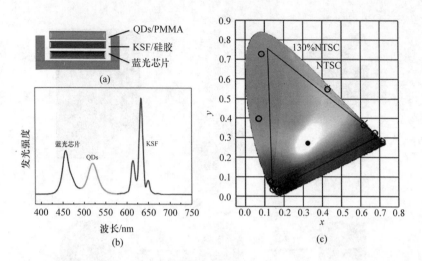

图 5-18 宽色域背光源显示器件[52]

(a) 背光源显示器件结构；(b) 器件电致发光光谱；(c) CIE 1931 色品图，高亮三角形区域为 NTSC 色域，黑色
三角形为器件色域，实心黑点为器件色坐标

溶剂挥发的过程中 PVDF 先结晶，然后钙钛矿成核并在 PVDF 形成的孔隙中生长，最终得到了钙钛矿量子点镶嵌在 PVDF 中的复合薄膜。如图 5-19 所示，利用该复合薄膜制备了光转换型白光 LED 器件，色域为 121%，该方法可以实现显示器件的大面积制备，为钙钛矿量子点在背光源显示中的应用奠定良好基础[45]。

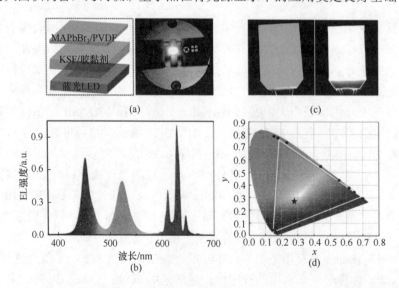

图 5-19 (a) 基于 MAPbBr₃ 量子点/PVDF 复合薄膜的光转换型白光 LED 器件结构及 LED 工作照片；(b) 白光 LED 发光光谱；(c) 基于 MAPbBr₃ 量子点/PVDF 复合薄膜的大尺寸背光源照片；(d) 器件在 CIE 1931 色品图上的色域及色坐标[45]

5.4　钙钛矿量子点电致发光器件

自从 20 世纪 80 年代邓青云教授首次实现了有机发光二极管(OLED)以来,电致发光已成为显示领域的新一代显示技术,并引起了科学家的广泛兴趣。基于钙钛矿材料的电致发光器件沿用了传统 OLED 器件的结构,只是将发光层由有机分子替换成钙钛矿材料。钙钛矿发光二极管(PeLED)的工作原理类似于 OLED 器件,即将钙钛矿材料作为发光层,利用外加电场并通过电荷传输层实现电荷(电子或空穴)注入,最后在钙钛矿层进行复合发光。由于钙钛矿材料所具有的优异的发光性质,其在电致发光领域的应用很早就引起了科学家的关注。然而早期的研究发现,钙钛矿材料的电致发光只能在低温下实现。例如,1992 年 Era 和 Saito 等利用层状钙钛矿 $(C_6H_5C_2H_4)_2PbI_4$ 制备了电致发光器件,虽然该器件的发光峰很窄,但是器件的电致发光只能在液氮温度($<110\,K$)下观察到。1999 年,Chondroudis 和 Mitzi 第一次获得了室温下的电致发光器件,该器件应用层状钙钛矿材料 $(H_3NC_2H_4C_{16}H_8S_4\text{-}C_2H_4NH_3)_2PbI_4$,并且最高外量子效率达到了 0.11%[70],然而该器件的发光并不是来源于层状钙钛矿材料,而是来源于有机染料,因此发光的色纯度较低。此后,关于钙钛矿材料电致发光器件的研究进入一段相对平缓期。2009 年以来,随着钙钛矿材料在光伏领域的兴起,科学家对钙钛矿材料又重新投入了极大兴趣。随着在光伏领域对钙钛矿材料光电性质认识的深入,其在电致发光领域的应用逐渐取得了突破。2014 年,基于三维结构有机-无机杂化钙钛矿材料的电致发光器件被首次报道[10],随后,薄膜电致发光器件得到快速发展,基于不同组成、不同维度的钙钛矿电致发光器件得到广泛研究[71-77]。但钙钛矿薄膜中激子结合能较低($MAPbBr_3$ 的激子结合能仅为 76 meV 左右),导致其容易发生自发解离,造成光致发光量子产率降低,因此极大限制了有机-无机杂化钙钛矿电致发光器件性能的提高[73]。而钙钛矿量子点由于其所具有的量子限域效应,可以将激子有效限制在一定区域内,从而提高激子结合能和光致发光量子产率,以实现高性能器件的制备[52]。与此同时,钙钛矿量子点发光峰窄、发光颜色纯净,使其在下一代显示器中实现超宽色域具有独特优势,且其荧光量子产率高,荧光波长可调节覆盖整个可见光波段[78]。这说明钙钛矿量子点作为发光材料在电致发光器件中具有巨大的应用潜力[79-85]。

5.4.1　器件结构及工作原理

通常,基于钙钛矿的电致发光器件结构包括前透明电极(如 FTO、ITO),ETL 材料[如 TiO_2、ZnO、聚(9,9-二辛基芴)(F8)、1, 3, 5-三(1-苯基-1*H*-苯并咪唑-2-基)(TPBi)、BCP 等],发光层、HTL 材料[如 PEDOT∶PSS、聚((9,9-二正辛基芴基-2, 7-二基)-*alt*-{4,4′-[*N*-(4-正丁基)苯基]-二苯胺})(TFB)、2, 2′, 7, 7′-四[*N, N*-二

(4-甲氧基苯基)氨基]-9,9′-螺二芴(spiro-OMeTAD)、聚[双(4-苯基)(4-丁基苯基)胺](poly-TPD)等]和背电极。根据组装顺序可以概括为 ETL/钙钛矿/HTL 或 HTL/钙钛矿/ETL 结构，相应的能级图如图 5-20 所示[86]。电子和空穴分别通过 ETL 和 HTL 被直接注入到钙钛矿发光层(EL 层)，在钙钛矿发光层形成激子，进而通过辐射复合产生 EL 发射。因此，针对不同的钙钛矿发光层，适当的 HTL 和 ETL 材料的设计和选择对高性能器件的实现至关重要。根据钙钛矿的不同组分，可分为有机-无机杂化钙钛矿量子点及全无机钙钛矿量子点 [47, 87-90]。

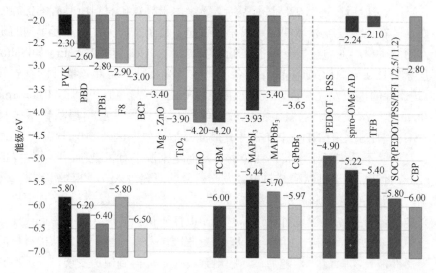

图 5-20   钙钛矿电致发光器件中不同材料的能级图[86]

电子传输层(左)、钙钛矿发光层(中)和空穴传输层(右)

5.4.2   基于不同钙钛矿材料的电致发光器件

1. 有机-无机杂化钙钛矿量子点

在目前有机-无机杂化钙钛矿量子点电致发光器件的研究中，有机组分主要包括 MA 和 FA。2015 年，Huang 等通过在前驱体溶液中加入破乳剂的方法制备 MAPbBr₃ 钙钛矿量子点，并可实现量子点尺寸在 2～8 nm 调控，其荧光量子产率通常为 80%～92%[61]。随后采用 ITO/PEDOT/QDs/TPBi/CsF/Al 的器件结构，成功制备绿光器件。如图 5-21 所示，器件的最大亮度为 2503 cd/m²，电流效率为 4.5 cd/A，外量子效率为 1.1%。虽然该研究实现了基于钙钛矿量子点的电致发光器件，但器件性能仍然有很大的提升空间。

与 FA 相比，基于 MA 的钙钛矿量子点制备工艺相对简单[52, 91]，但器件性能

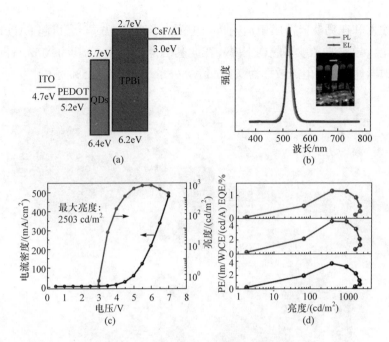

图 5-21　钙钛矿电致发光器件的性能[61]

(a) 器件的能级图；(b) MAPbBr₃ 的归一化 EL 和 PL 光谱，插图是点亮的器件光学照片；(c) 电流密度和亮度与电压的关系曲线；(d) 电流效率、流明效率和外量子效率与亮度的关系曲线

（电流效率约为 11.49 cd/A 和外量子效率约为 3.8%）[55]较薄膜制备的钙钛矿电致发光器件仍有不小的差距（电流效率约为 42.9 cd/A 和外量子效率约为 8.53%）[73]，这主要是电荷注入效率低导致的。此外，基于 MA 的钙钛矿材料在热、光及湿度下的稳定性差，容易导致器件不稳定，从而限制其在器件中的发展应用[92]。相较于 MAPbBr₃，FAPbBr₃ 在载流子寿命和扩散长度上都更有优势，从而使 FAPbBr₃ 在光电器件的应用上有更大的潜力[93, 94]。与此同时，FA 的离子半径较 MA 大，基于 FA 的钙钛矿容忍因子更接近 1，表明其在室温条件下更稳定。因此，基于 FAPbBr₃ 量子点的电致发光器件的研究也十分有必要。

　　目前，关于 FAPbBr₃ 量子点的钙钛矿电致发光器件研究已取得了一定进展。Perumal 等将室温制备的 FAPbBr₃ 量子点应用到电致发光器件中，器件的电流效率可达 6.4 cd/A[95]，研究结果表明 FAPbBr₃ 量子点薄膜中电荷的注入和传输依赖于有机配体中绝缘烃链的长度。之后，Lee 等在室温下制备了 FAPbBr₃ 量子点，控制量子点表面配体的长度可以有效降低陷阱内的载流子复合损失并促进电荷的注入和传输，从而提高钙钛矿电致发光器件的性能。如图 5-22 所示，采用短链配体，电荷注入和薄膜传输能力得到有效改善，这主要是因为绝缘烃链的长度阻碍电荷的注入和在钙钛矿薄膜中运输[96]。但配体长度太短时，会引起 FAPbBr₃ 量子点不稳定，导致发光效率急剧下降。在此基础上，制备了基于 FAPbBr₃ 的钙钛矿电致发光器件，实现电流效率为 9.16 cd/A，外量子效率为 2.5% 的电致发光器件[97]。

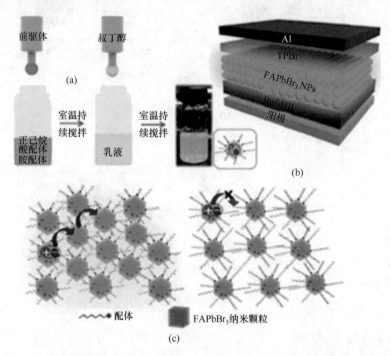

图 5-22　(a) 在室温下乳液体系合成 FAPbBr₃ 的示意图；(b) FAPbBr₃ 电致发光器件的结构示意图，Buf 代表缓冲层；(c) 具有短配体(左)和长配体(右)的 FAPbBr₃ 的发光效率和电荷注入/传输能力的示意图，打叉表示阻碍的过渡[97]

近期，Wang 等采用全溶液法制备纯 FA 钙钛矿电致发光器件，实现了最优的器件性能。如图 5-23 所示，采用 PEDOT：PSS 8000 代替传统的 PEDOT：PSS 4083 作为空穴注入层，ZnO 纳米颗粒作为电子传输层以改善电子注入。通过调控载流子的平衡注入，降低界面处及发光层的激子猝灭来提高器件的性能。随着 ZnO 纳米颗粒粒径的减小(2.9 nm)，全溶液制备的钙钛矿电致发光器件的最大流明效率为 22.3 lm/W，最大电流效率为 21.3 cd/A，最大外量子效率为 4.66%，最大亮度可达 1.09×10^5 cd/m²。在器件稳定性测试方面，当初始亮度为 10 000 cd/m² 时，T_{50}(代表衰减到初始强度的 50%) 为 436 s[98]。

Xu 等采用 MA 与 Cs 混合阳离子，通过溶液合成的方法在室温下制备了 $(MA)_{1-x}Cs_xPbBr_3$ 量子点[99]。基于 $MA_{0.7}Cs_{0.3}PbBr_3$ 量子点的电致发光器件结构及性能如图 5-24 所示，器件最大亮度为 24 500 cd/m²，电流效率为 4.1 cd/A。

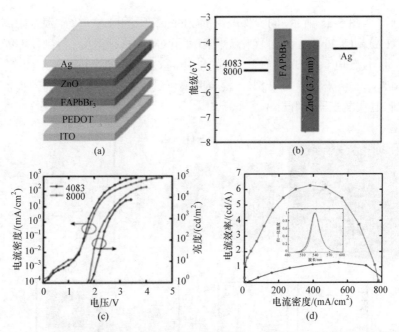

图 5-23　FAPbBr₃ 钙钛矿器件结构(a)和能级结构(b)示意图以及具有不同 HIL 的基于
FAPbBr₃ 的电致发光器件的 *J-V* 曲线、*L-V* 曲线(c)和 LE-*J* 曲线(d)(插图为 FAPbBr₃ 钙钛矿的
电致发光光谱)[98]

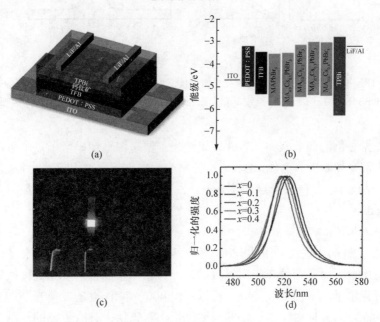

图 5-24　(MA)$_{1-x}$Cs$_x$PbBr₃ 钙钛矿器件的结构(a)、相应的能级图(b)、点亮器件的光学
照片(c)和电致发光光谱(d)[99]

随后，如图 5-25 所示，同一课题组的 Zhang 等采用 FA^+ 与 Cs^+ 混合阳离子[100]，制备了 $(FA)_{1-x}Cs_xPbBr_3$，通过优化无机阳离子 Cs^+ 的掺杂浓度，得到了性能优异的钙钛矿量子点电致发光器件，发光亮度高达 55 005 cd/m^2，电流效率达到 10.09 cd/A，外量子效率为 2.8%。混合阳离子钙钛矿量子点的研究为制备更高效的钙钛矿电致发光器件开辟了一条新的道路。

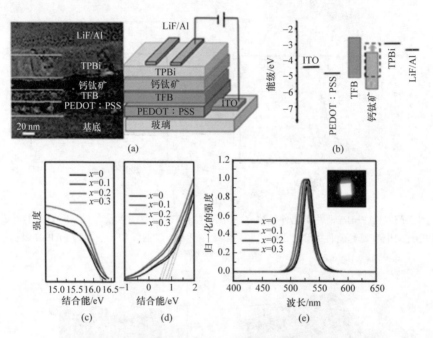

图 5-25　$(FA)_{1-x}Cs_xPbBr_3$ 钙钛矿电致发光器件的界面图与结构示意图(a)、能级示意图(b)、UPS 谱图[(c)、(d)]和电致发光光谱(e)(中插图为点亮器件的光学照片)[100]

在发光颜色的调节方面，器件发光波长主要是由钙钛矿量子点中卤素原子的组成及比例来控制的。例如，Deng 等在 $MAPbBr_3$ 量子点中引入 Cl 原子，成功制备基于 $MAPbBr_{1.5}Cl_{1.5}$ 量子点的蓝光电致发光器件，在 445 nm 处的最大发光亮度为 2473 cd/m^2[101]。

2. 全无机钙钛矿量子点

有机-无机杂化钙钛矿中的有机组分容易与空气中水氧反应，存在稳定性差等问题，极大地阻碍了器件在应用领域的发展。相比较而言，全无机钙钛矿量子点具有高荧光量子产率，窄发光峰，可以实现 400～700 nm 的发射光谱调节等优异的光电性能。与此同时，众多研究表明无机卤素钙钛矿具有更高的热稳定性，在工作过程中的离子迁移被有效降低，有望改善其在应用过程中的稳定性，吸引了越来越多研究人员聚焦的目光。

2015 年 1 月，瑞士的 Maksym 教授课题组首次报道了全无机钙钛矿量子点 CsPbX$_3$，荧光量子产率高达 90%，发光颜色在整个可见光范围内可调，同时色域达到 140% NTSC，在发光领域表现出极大的潜力，但并没有将其应用到电致发光器件中。同年，Song 等首次报道了基于全无机钙钛矿量子点(CsPbX$_3$，X=Cl⁻、Br⁻、I⁻)的电致发光器件[102]，制备的全无机钙钛矿量子点表现出量子尺寸效应。量子点的 PL 光谱可以通过控制反应时间调节量子点的尺寸及改变钙钛矿中阴离子的组分及比例进行调控，量子点的荧光量子产率超过 60%，其中 CsPbBr$_3$ 的荧光量子产率高达 85%。如图 5-26 所示，采用 ITO/PEDOT：PSS/PVK/QDs/TPBi/LiF/Al 的器件结构，所制备的量子点发光二极管(QLED)可实现显示 4 cm×4 cm 基底下的电致发光，器件均可以发出均匀的大面积蓝色(i)、绿色(ii)和橙色(iii)的光。其中，绿光器件最大亮度为 946 cd/m^2，外量子效率为 0.12%。实验表明，全无机钙钛矿量子点有可能成为低成本显示器、照明和光通信应用的新候选者，但器件的效率和稳定性仍有待提高。

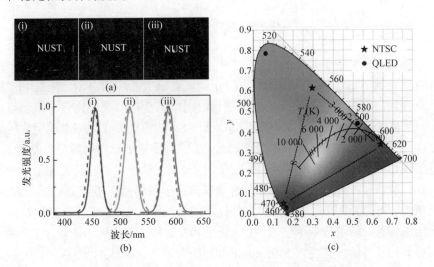

图 5-26　(a) 南京科技大学(NUST)制备的点亮的电致发光器件照片；(b) EL(实线)、PL 光谱(虚线)，施加电压为 5.5V；(c) 三种颜色的 CIE 坐标比较[102]

随后，Liu 等在研究中发现，随着 Br 含量的增加，电子缺陷态陷阱明显减少，富 Br 和少 Br 的合成示意如图 5-27 所示[103]。在纯化过程中，溴化铵作为钝化层包裹 CsPbBr$_3$ 量子点，以富 Br 量子点作为发光层，采用 ITO/PEDOT：PSS/p-TPD/QDs/TPBi/LiF/Al 结构的电致发光器件的最大亮度为 12 090 cd/m^2，电流效率为 3.1 cd/A，外量子效率为 1.194%。

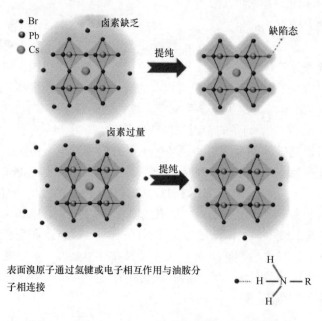

图 5-27　富卤和少卤 CsPbBr$_3$ 量子点的合成示意图[103]

3. 非铅钙钛矿量子点

虽然钙钛矿量子点作为发光层在显示领域有极大的应用潜力,但是 Pb^{2+}的环境污染性问题仍是制约其发展的重要因素。因此,少铅、无铅钙钛矿量子点顺势而生。目前,最常用来替代 Pb 的是 Sn。基于 Sn 的钙钛矿在太阳电池中应用更为广泛,在电致发光器件中的发展仍然相对滞后。非铅量子点的制备最早是由 Bohm课题组提出的[104],采用 Sn 代替 Pb 制备出 CsSnX$_3$ 量子点,但其荧光量子产率只有 0.14%。随后,Zhang 等报道铅锡混合金属阳离子的钙钛矿量子点 CsPb$_{1-x}$Sn$_x$Br$_3$,系统研究了 Sn 掺杂对光学特性和器件性能的影响[105]。Sn 掺杂会引起钙钛矿量子点光谱的偏移,随着掺杂浓度的增加,带隙和发射峰均会出现不同程度的蓝移。随后制备器件获得最大亮度为 5495 cd/m^2 和电流效率为 3.6 cd/A,这项工作为金属离子的替代提供了有效的指引。Lai 等制备了波长可调节的近红外 MASn(Br$_{1-x}$I$_x$)$_3$ 量子点,并使用 ITO/PEDOT:PSS/MASn(Br$_{1-x}$I$_x$)$_3$/F8/Ca/Ag 结构制备电致发光器件,实现了 945 nm 的近红光发射,最大外量子效率可达 0.72%[106],与早期的铅基器件相当。研究表明,随着溴化物含量的增加,量子点的带隙变小,发射波长逐渐向短波发射,可达 667 nm。随后,Hong 等成功制备 CsSnI$_3$ 量子点,采用ITO/PEDOT:PSS/CsSnI$_3$/PBD/LiF/Al 器件结构制备了发光波长在 950 nm 的近红外电致发光器件,外量子效率可达 3.5%[107]。此外,Mn 替代 Pb 也被 Zhu 等进行了报道,他们制备了高含量 Mn 掺杂的 CsPbX$_3$(X=Cl$^-$、Br$^-$、I$^-$)量子点,其中,

Mn 的最大掺杂含量达到了 37.73%，为 $CsPbX_3$ 钙钛矿量子点在室温下的掺杂提供了新途径[108]。在 Pb 原子的替代方面，Leng 等对量子点的组分进行了改善，制备了全无机量子点 $Cs_3Bi_2X_9$（X=Cl⁻、Br⁻、I⁻），其中 $Cs_3Bi_2Br_9$ 的发射峰在 410 nm，为蓝光电致发光器件，器件的稳定性较有机-无机杂化钙钛矿量子点得到明显提高，这主要是由于 $BiBr_3$ 遇水生成宽带隙的 BiOBr，使得量子点表面发生自身钝化，减少了量子点表面的悬挂键和其他表面缺陷，最大限度地避免了激子的非辐射复合[109]。

5.5　钙钛矿电致发光器件优化

5.5.1　钙钛矿量子点的纯化

在基于钙钛矿量子点的电致发光器件中，钙钛矿量子点的表面配体(如配体种类、含量等)是影响量子点电致发光器件性能的主要因素。实现高效钙钛矿量子点电致发光器件面临的重大挑战之一是如何有效纯化钙钛矿量子点。一方面，足量的表面配体有助于提高量子点在溶剂中的分散性，防止颗粒团聚，同时充分钝化量子点表面，减少表面缺陷，保障量子点的高荧光量子产率及溶液稳定性；但另一方面，这些表面配体又会在一定程度上阻碍所制备器件的电荷注入，特别是过量的配体将严重影响发光器件性能提升。在传统的镉基量子点电致发光器件中，配体纯化已经被普遍运用，但是晶体的离子特性使得无机钙钛矿极易受到清洗溶剂的极性影响，难以进行有效的量子点产物提纯，更不用说进行表面配体含量调控。如何同时实现量子点高稳定性、量子点薄膜高均匀性、光致发光高效率、有效电荷注入这四个所需的要素是该领域的关键问题。

基于以上问题，吴朝新课题组首次提出直接采用具有共轭结构的烷基胺苯丙烯胺(PPA)作为配体，如图 5-28 所示，利用共轭基团的电子离域特性，解决了量子点稳定性与载流子传输特性之间的矛盾，既成功地合成了甲胺铅溴钙钛矿量子点，又在不降低量子点胶体稳定性的同时，提高了量子点薄膜的导电性能[110]。相比采用正辛胺为配体制备的钙钛矿量子点，PPA 的使用使得钙钛矿量子点薄膜中的载流子迁移率提高了 22 倍，相应的发光二极管器件性能提高了约 8 倍，含有 PPA 的钙钛矿量子点发光二极管的亮度可达 9053 cd/m^2，电流效率可达 9.08 cd/A。这项工作成功解决了量子点载流子传输性能与稳定性之间的矛盾，为量子点的设计提供了新的思路，将加速共轭配体的设计及其在相应的量子点光电领域的应用。

Pan 等采用短链配体 DDAB 来钝化 $CsPbX_3$ 提高电荷传输性能，钝化后，荧光量子产率由 49%提高到 71%。钝化后分别制备绿光和蓝光电致发光器件，如

图 5-29 所示，器件 EL 谱图的半峰宽仅为 19 nm，器件的最大亮度分别可达 330 cd/m² 和 35 cd/m²，外量子效率分别为 3.0% 和 1.9%[111]。然而，考虑到高度动态的无机钙钛矿量子点表面及复杂的配体体系，通过配体交换来提升器件性能依然任重而道远。

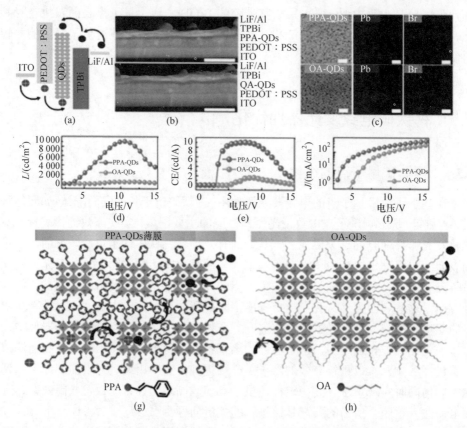

图 5-28 OA-QDs、PPA-QDs 作为发光层的电致发光器件的能级图(a)及其相应的 SEM 图(标尺：250 nm)(b)；PPA-QDs 和 OA-QDs 薄膜的 SEM 图像及相应元素分布(Pb 和 Br)(标尺：500 nm)(c)；发光强度(d)、电流效率(e)和电流密度(f)与驱动电压的关系曲线；薄膜中载流子传输的示意图(g，h)[110]

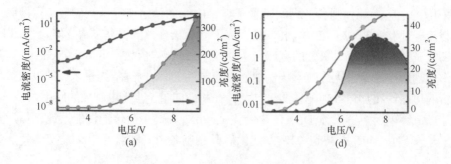

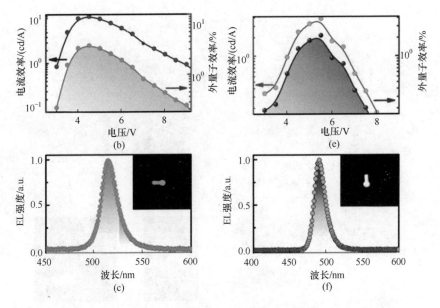

图 5-29   绿光 (CsPbBr₃) PeLED 器件性能[111]

(a) 电流密度和亮度与驱动电压的关系曲线；(b) 电流效率和外量子效率与驱动电压的关系曲线；(c) 在 4.5 V 施加电压下的 EL 光谱，插图为器件照片。蓝光 (CsPbBr$_x$Cl$_{3-x}$) PeLED 器件性能；(d) 电流密度和亮度与驱动电压的关系曲线；(e) 电流效率和外量子效率与驱动电压的关系曲线；(f) 在 5.5 V 施加电压下的 EL 光谱，插图为器件照片

随后，同一课题组内 Sun 等采用具有可交联和聚合物的配体制备纳米晶的新方法[112]。如图 5-30 所示，采用含有苯乙烯基团的作为交联剂，加热作用下即可引发自由基交联反应。该方法使得后续的沉积可以通过旋涂制备，避免破坏钙钛矿量子点层。在此基础上，制备了结构为 ITO/TiO₂/Al₂O₃/钙钛矿/F8/MoO₃/Ag 的电致发光器件，实现了超过 7000 cd/m² 的亮度。

在一系列后续工作中，采用 CsPb(Br/I)₃ 作为钙钛矿量子点制备了高效三原色电致发光器件，其中采用聚乙烯亚胺 (PEI) 后处理的方式，PEI 在器件中具有多个作用，如钝化钙钛矿量子点的表面，有效促进电子注入。优化后的钙钛矿红光、绿光、蓝光的三原色器件的最大发光亮度可达 435 cd/m²、3019 cd/m²、11 cd/m²，器件的外量子效率分别为 7.25%、0.4%、0.61%，依次伴随 0.49 cd/A、1.32 cd/A、0.0049 cd/A 的电流效率。红光、绿光器件的启亮电压非常低，仅为 1.9 V、2.4 V。蓝光器件的启亮电压略高，达到 3.4 V，这主要是蓝光量子点的溶解性差，形成的薄膜质量不高，进而导致荧光量子产率降低和空穴注入的能垒升高，这与蓝光器件的性能整体较差是一致的[113]。与此同时，Sun 等提出利用含氨基的硅烷作为合成钙钛矿量子点的配体，利用量子点自身的硅烷配体在空气气氛下，原位水解缩

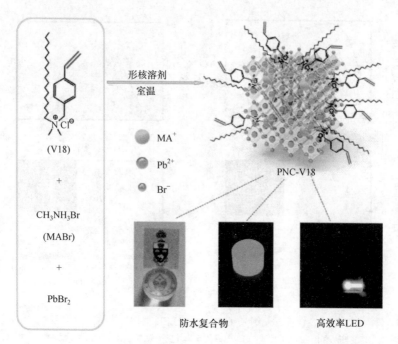

图 5-30　采用化学可寻址配体制备钙钛矿纳米晶及作为防水复合材料在钙钛矿电致发光器件中的应用[112]

合，一步制备出钙钛矿量子点/二氧化硅复合荧光粉[114]。所制备的钙钛矿量子点/二氧化硅复合物不但维持了原有量子点的效率，还具有非常好的稳定性。粉体材料在空气中放置三个月，效率无明显变化。同时，由于量子点表面包覆了二氧化硅基质，抑制了不同卤化物间的离子交换反应。在此基础上，制备出色域为 120%、流明效率为 61.2 lm/W 的白光 LED 器件。该结果点燃了钙钛矿量子点成为新一代显示材料的希望。

　　Li 等提出了利用己烷和乙酸乙酯作为混合溶剂来反复纯化量子点，在钝化量子点表面的同时，能有效去除多余的表面配体，保持量子点在表面钝化和后期电荷注入之间的平衡，电荷的注入效率得到有效提高[115]。研究表明，量子点表面配体的密度随着纯化次数的增加不断减小，但重复三次以后，量子点也会发生明显聚集、沉淀，影响量子点的性能。随后，如图 5-31 所示，成功制备出外量子效率达 6.27%，亮度超过 15 000 cd/m^2 的 CsPbBr$_3$ 量子点发光二极管，大大提升了基于无机钙钛矿发光器件的性能。该方法一定程度上解决了无机钙钛矿量子点的提纯难题，有助于推动无机钙钛矿在实际发光器件中的应用。之后，同一课题组 Song 等采用四辛基溴化铵 (TOAB)、双十二烷基二甲基溴化铵 (DDAB) 和辛酸 (OTAc) 三种配体制备了钙钛矿量子点，其中基于 CsPbBr$_3$ 量子点的绿光电致发光器件的最大外量子效率为 11.6%，相应的内量子效率和流明效率分别为 52.2% 和 44.65 lm/W，是迄今为止胶体 CsPbBr$_3$ 量子点作为发光层的最有效的钙钛矿电致发光器件[116]。

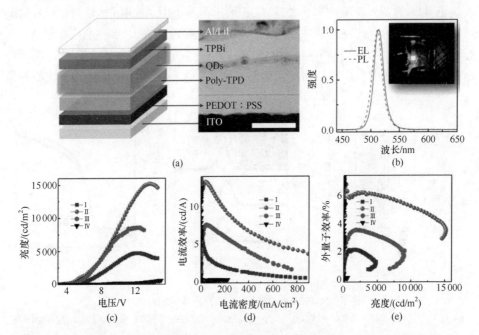

图 5-31　(a) CsPbBr$_3$ 钙钛矿结构及横截面示意图(标尺：50 nm)；(b) CsPbBr$_3$ 钙钛矿的归一化 EL 光谱(实线)和 PL 光谱(虚线)；(c)～(e) CsPbBr$_3$ 钙钛矿器件的亮度-驱动电压、电流效率-电流密度、外量子效率-亮度的关系曲线[115]

蒋阳课题组采用不同极性的醚类溶剂结合热注入方法，实现无机钙钛矿量子点的低温制备[117]。溶剂极性和反应温度对钙钛矿量子点成核生长的动力学有影响。在醚类体系中，钙钛矿量子点的形核生长过程涉及到取向吸附生长机制，并且首次证实了溶剂极性和反应温度对量子点形核生长的协同作用。研究发现，当使用低极性溶剂来合成量子点时，可以有效控制量子点的生长，获得的高质量量子点具有宽广且可调的发射光谱，半峰宽窄及荧光量子产率高等优点。制备出的白光发光二极管可以呈现出显色指数高达 93.2，色温为 5447K 的白光发射光谱，性能优异。与传统荧光粉白光发光二极管一般在 85 左右的显色指数相比，该钙钛矿白光发光二极管的显色指数有了显著提高。这一结果表明，高荧光铯铅卤钙钛矿量子点在制备白光发光二极管上作为光色转换层的突出的应用价值。

除此之外，Kido 课题组报道了一种新的钙钛矿量子点的洗涤方法，采用不良溶剂，如丁醇(BuOH)、己烷和乙酸乙酯(AcOEt)及乙酸丁酯(AcOBu)洗涤钙钛矿量子点以除去过量的配体[118]。他们系统研究了洗涤剂对薄膜的荧光量子产率、荧光寿命、量子点尺寸及表面粗糙度的影响。与用 BuOH 和 AcOEt 洗涤的钙钛矿量子点相比，用 AcOBu 洗涤的 $CsPbBr_3$ 钙钛矿量子点薄膜由于其能量转移被抑制而表现出 42% 的荧光量子产率。如图 5-32 所示，基于用 AcOBu 清洗过的 $CsPbBr_3$ 钙钛矿量子点的电致发光器件的 EL 光谱的半峰宽为 17 nm，启亮电压非常低，为 2.60 V，最大流明效率和外量子效率分别达到 31.7 lm/W 和 8.73%。因此，选择合适的洗涤剂，并调整器件结构的能级是实现高荧光量子产率，优化器件性能的另一种方法。

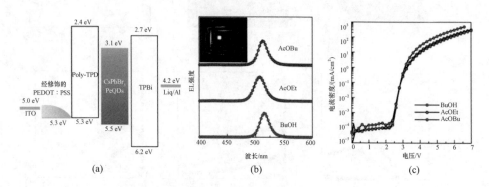

图 5-32　$CsPbBr_3$ 钙钛矿电致发光器件的性能[118]

(a) 能级图；(b) $CsPbBr_3$ 钙钛矿器件的电致发光光谱，插图为器件的光学照片；(c) 电流密度-电压关系曲线

　　Rogach 课题组采用基于 Ag 掺杂钝化的 $CsPbI_3$ 钙钛矿量子点制备电致发光器件[119]。研究表明，Ag^+ 取代钙钛矿晶格结构中的 Cs^+，除此之外，掺杂能够有效钝化 $CsPbI_3$ 钙钛矿量子点的表面缺陷态，从而提高荧光量子产率和光致发光效率，能有效延长发光寿命，提高钙钛矿薄膜的稳定性。器件结构中，Ag 和三层 $MoO_3/Au/MoO_3$ 结构分别用作阴极和阳极，降低电子注入势垒并确保了阳极的高透明度和低电阻。器件最终的最大外量子效率从 7.3% 增长至 11.2%。

5.5.2　钙钛矿薄膜质量的改善

　　表面缺陷钝化是减少非辐射复合损失的有效方法。孙小卫课题组发现在 $CsPbBr_3$ 纳米晶中引入 $CsPb_2Br_5$ 纳米颗粒形成双无机复合材料[120]，纳米颗粒的引入可以缩短一侧激子的扩散长度从而提高电流效率，同时降低另一侧带隙中的缺陷态密度。此外，纳米颗粒的引入可以改善离子的传导性，并通过控制缺陷态密度来减少非辐射能量转移到缺陷态，进而延长寿命。引入纳米颗粒后器件最大亮度为 3853 cd/m²，电流效率为 8.98 cd/A，外量子效率为 2.21%，为双相全无机复合钙钛矿材料的发光应用提供了新的途径。除此之外，致密、平滑的钙钛矿薄膜有利于电荷传输，因此能有效提高器件的性能。路易斯酸碱加合物、长链的有机胺盐及高分子聚合物的引入都可以不同程度地钝化钙钛矿表面的缺陷，改善薄膜质量，提高其在电致发光器件中的应用性能。

在钙钛矿前驱体溶液中引入添加剂来调控钙钛矿薄膜的制备是目前研究报道中另一种简单、易行的方法。添加剂可分为两类：一类是小分子配体，另一类是聚合物。加入小分子配体能有效钝化钙钛矿薄膜的表面缺陷，提高薄膜质量，进而提升其在电致发光器件中的性能。

Park 等在原位制备钙钛矿纳米晶采用路易斯酸碱加合物，辅助溶剂真空处理的方式，得到发光性能优异的钙钛矿量子点 $MAPbBr_3$。过量的 MABr 引入钙钛矿前驱体溶液中，其在抑制 $MAPbBr_3$ 的晶体生长中起关键作用，将 $MAPbBr_3$ 嵌入未反应的较宽带隙 MABr 中形成纳米晶体并与核心 $MAPbBr_3$ 形成 I 型带对齐。制备的钙钛矿纳米晶的尺寸为 12 nm 左右，基于此制备的 $MAPbBr_3$ 钙钛矿电致发光器件的最大外量子效率为 8.21%，电流效率为 34.46 cd/A[121]。

除此之外，Rand 等在原位制备钙钛矿纳米晶的过程中引入长链的有机铵盐作为添加剂抑制钙钛矿的晶体生长，制备的钙钛矿的纳米晶尺寸通常小于 10 nm[平均晶粒径为 (5.4 ± 0.8) nm 的 $MAPbI_3$ 及 (6.4 ± 1.3) nm 的 $MAPbBr_3$]。同时，添加剂的引入也有钝化钙钛矿表面的作用，减小了表面的缺陷态密度，改善了钙钛矿的荧光量子产率和瞬态荧光寿命。如图 5-33 所示，基于此，分别制备了近红外和绿光电致发光器件，其外量子效率分别为 7.9%和 7.0%，较无添加剂存在的器件的性能有明显提高[122]。

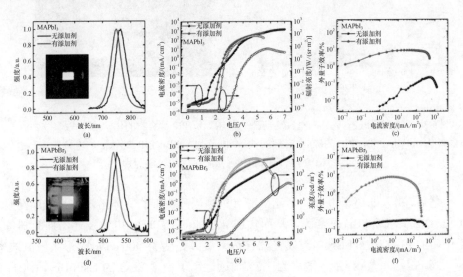

图 5-33　(a)~(c) $MAPbI_3$ 钙钛矿的电致发光光谱(插图为器件的光学照片)，J-V、R-V 曲线和 J-EQE 曲线；(d)~(f) $MAPbBr_3$ 钙钛矿的电致发光光谱(插图为器件的光学照片)，J-V、L-V 曲线和 J-EQE 曲线[122]

高分子聚合物的引入在钙钛矿电致发光器件中应用更为广泛,通常是将高分子聚合物引入钙钛矿前驱体溶液中。例如,PEO 被用作添加剂来提高钙钛矿的薄膜质量[123],添加剂的引入不会引起钙钛矿发射光谱的变化,薄膜的致密性与光滑性得到明显改善,以此为基础制备的钙钛矿电致发光器件的最大亮度为 591 197 cd/m²,外量子效率为 5.7%,流明效率为 14.1 lm/W。

Greenham 课题组在钙钛矿纳米晶引入导电聚合物(PIP),MAPbBr₃ 纳米晶采用原位生长的方式制备。纳米晶均匀分布在薄膜中,导电聚合物则填充在孔隙中用来抑制非辐射复合损失。如图 5-34 所示,钙钛矿电致发光器件在 345 nm 处呈现绿光发射,且其半峰宽为 19 nm。发光均匀,也证明钙钛矿纳米晶的均匀分布。在钙钛矿中引入 PIP,器件的外量子效率等性能明显提升[124]。

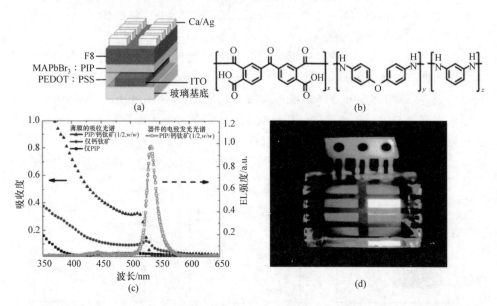

图 5-34   (a) MAPbBr₃ 钙钛矿电致发光器件结构; (b) PIP 聚合物的化学结构式; (c) PIP、MAPbBr₃ 和 MAPbBr₃/PIP 的吸收光谱(实线),以及 MAPbBr₃/PIP 钙钛矿的电致发光光谱(虚线); (d) MAPbBr₃/PIP 钙钛矿器件的光学照片[12]

之后,引入非离子电介质聚乙二醇(PEG)至钙钛矿前驱体溶液中形成超薄(约 30 nm)PEG:CsPbBr₃ 复合膜,从而实现高性能的 CsPbBr₃ 电致发光器件的制备。优化后的 PEG:CsPbBr₃ 电致发光器件达到最大亮度 38 900 cd/m²,最大电流效率为 4.26 cd/A,最大外量子效率为 1.2%,远远高于不含 PEG 的 CsPbBr₃ 钙钛矿器件。如图 5-35(a)所示,与纯 CsPbBr₃ 薄膜相比,PEG:CsPbBr₃ 钙钛矿薄膜的非辐射复合明显减少。这主要归因于 PEG 和 CsPbBr₃ 之间的相互作用,使得钙钛矿晶粒尺寸减小,非辐射缺陷得到钝化及非辐射损失被抑制。如图 5-35(b)所示,通过一步优化 CsBr 和 PbBr$_2$ 的摩尔比，最优钙钛矿器件的最大电流效率为 19 cd/A，最大外量子效率为 5.34%[125]。

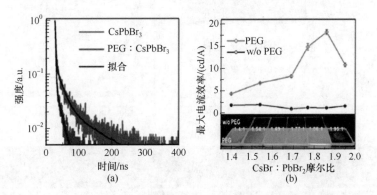

图 5-35　(a) 纯 CsPbBr$_3$ 和 PEG：CsPbBr$_3$ (0.034：1) 薄膜的时间分辨光致荧光光谱 (TRPL) 图；(b) 不同 CsBr：PbBr$_2$ 摩尔比的最大电流效率的平均值 (6 个器件)[125]

　　随后，PEO 作为钙钛矿前驱体的添加剂，采用全溶液法制备全无机钙钛矿电致发光器件，如图 5-36(a) 所示，CsPbBr$_3$-PEO 和纯 CsPbBr$_3$ 显示相同的 PL 值（在 521 nm 附近），但 CsPbBr$_3$-PEO 薄膜的荧光量子产率明显增加，达到 60%。如图 5-36(b) 所示，这主要是 CsPbBr$_3$-PEO 薄膜中非辐射复合减少，导致其与纯 CsPbBr$_3$ 薄膜相比，瞬态荧光寿命更长，归因于 PEO 的表面钝化缺陷。如图 5-36(c) 所示，即使洗涤后 PEO 在钙钛矿薄膜中的含量进一步减小，其荧光量子产率几乎仍保持不变，说明一层非常薄的 PEO 在表面结合即可达到钝化的目的。优化后的薄膜具有均匀的电导率，有利于器件性能的提升。基于此制备的绿光钙钛矿电致发光器件表现出高于 53 000 cd/m^2 的电致发光亮度和 4% 的效率[126]。此外，在钙钛矿前驱体溶液中同时引入 PEO/PVP，制备了无空穴、电子传输层的电致发光器件，器件在 4.8 V 下实现的最大亮度为 591 197 cd/m^2，外量子效率为 5.7%，流明效率为 14.1 lm/W[123]。结果表明，通过引入添加剂的方式，即使没有电子、空穴传输层也可以实现钙钛矿电致发光器件中的高效应用。

　　同时，将聚 (2-乙基-2-噁唑啉)(PEtOz) 聚合物引入 MAPbI$_3$ 钙钛矿前驱体中，制备的钙钛矿的晶粒尺寸为 20~30 nm，通过控制晶粒尺寸，在钙钛矿薄膜中出现的针孔得到明显改善，薄膜的粗糙度降低。同时，相较于 MAPbI$_3$ 中钙钛矿的激子结合能较小，容易引发激子解离和较低的辐射复合，PetOz 的引入可以提高钙钛矿薄膜中的复合率，改善钙钛矿电致发光器件性能。如图 5-37 所示，优化后的红光电致发光器件的辐射亮度为 12.31 W/(sr·m^2)，外量子效率为 0.76%[127]。

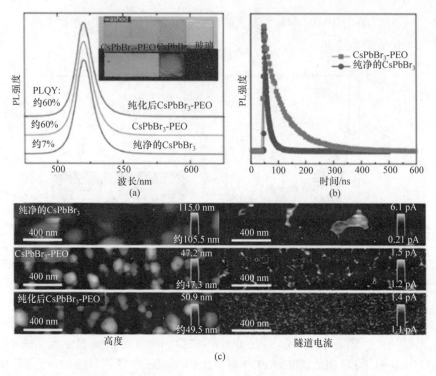

图 5-36　(a) CsPbBr₃、CsPbBr₃-PEO 的归一化 PL 光谱，插图为紫外线照射下的 CsPbBr₃、CsPbBr₃-PEO 的光学照片；(b) CsPbBr₃、CsPbBr₃-PEO 的 TRPL 图；(c) CsPbBr₃、CsPbBr₃-PEO 在局部电流作用下的薄膜形貌示意图[126]

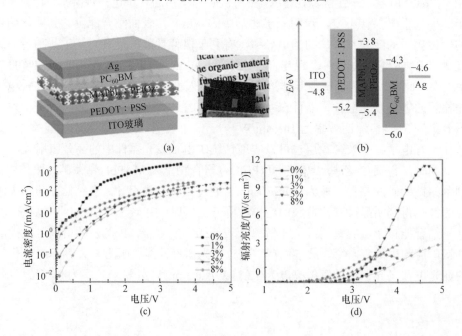

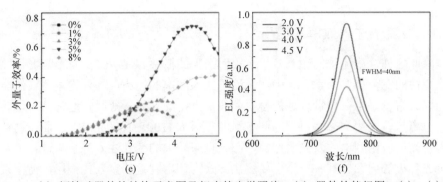

图 5-37　(a) 钙钛矿器件的结构示意图及相应的光学照片；(b) 器件的能级图；(c)～(e) 具有不同 PEtOz 含量的钙钛矿电致发光器件的电流密度-电压的关系曲线、辐射亮度-电压的关系曲线、外量子效率-电压的关系曲线；(f) 具有 5%PEtOz 含量的钙钛矿器件在不同偏压下的电致发光光谱[127]

　　除在钙钛矿前驱体中引入添加剂之外，在反溶剂中引入添加剂也是提高钙钛矿电致发光器件性能的另一种简单易行的方法。Song 等提出一种制备 MAPbBr$_3$ 纳米晶薄膜的新方法，钙钛矿薄膜制备方法如图 5-38(d) 所示，采用反溶剂法制备，并在反溶剂氯苯中引入苯甲胺(PMA)，图 5-38(b) 所示，制的钙钛矿薄膜的粒径为 31.7 nm 的均匀纳米晶。实验结果表明，通过调控钙钛矿的生长速度，能够有效地降低缺陷态密度、限制空间电荷，实现双分子辐射复合的最大化。与空白薄膜对比，引入添加剂后薄膜的荧光量子产率及寿命均得到提高，采用图 5-38(a) 所示 ITO/PEODT：PSS/MAPbBr$_3$/TPBi/LiF/Al 结构制备的电致发光器件的色纯度高，其半峰宽为 19.5 nm，最大亮度为 55 400 cd/m^2，电流效率为 55.2 cd/A，外量子效率为 12.1%[128]。

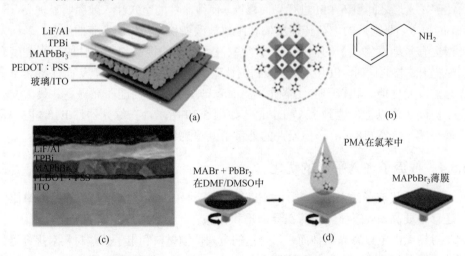

图 5-38　(a) MAPbBr$_3$ 钙钛矿的结构示意图；(b) PMA 的化学结构式；(c) MAPbBr$_3$ 钙钛矿器件的 SEM 图；(d) 通过反溶剂法制备 MAPbBr$_3$ 的示意图，其中 PMA 加入到氯苯反溶剂中[128]

5.5.3　载流子注入效率的提高

除此之外，载流子的注入效率、辐射损失的概率和注入平衡是影响器件性能和稳定性的三个重要因素。其中，载流子注入效率的提高，需要构建适宜的能级匹配，具有良好电荷传输特性的材料和致密光滑的高质量薄膜。通常而言，钙钛矿的电离势较大(≥5.6 eV)并且激子扩散长度较长(100～1000 nm)，从而使钙钛矿作为发光层应用到电致发光器件中，必须克服较大的空穴注入势垒和过程中发生的荧光猝灭等问题。其中一个主要解决方式为使用有效的空穴传输层，使空穴快速传输至钙钛矿层，并在钙钛矿层复合发光[129]。但是，传统的空穴传输材料PEDOT：PSS(5.2 eV)的空穴注入势垒较高(0.4～0.7 eV)，限制电荷注入，使得器件中的注入不平衡[130]。并且，钙钛矿的扩散长度较长，PEDOT：PSS容易引发空穴传输层和钙钛矿层界面的非辐射复合。因此，使用能够防止电致发光器件中的激子猝灭的高功函数空穴传输材料，对于通过克服高空穴注入势垒和发光猝灭来实现高效器件性能是至关重要的。

Lee课题组制备了2-甲氧基-N-(3-甲基-2-氧代-1, 2, 3, 4-四氢喹唑啉-6-基)苯磺酰胺(PFI)和PEDOT：PSS自组装的缓冲层，使得空穴传输层的功函数出现梯度效应。逐渐增加的功函数降低注入势垒促进空穴注入钙钛矿发光层。与此同时，自组装在表面的PFI富集在自组装缓冲层的表面，可以有效抑制界面处发生的激子猝灭，提高器件的发光亮度和寿命[18]。在此基础上，制备的绿光器件的最大亮度、电流效率和外量子效率依次为417 cd/m^2、0.577cd/A和0.125%，较参比器件的性能均有不同程度的提高[131]。受此启发，2016年，张宇课题组在空穴传输层和钙钛矿发光层之间引入PFI进行界面修饰，使得器件的空穴注入效率明显提高[132]。PFI的引入，修饰后的电荷传输层的功函数被改变，更有利于电荷的注入，确保发光层更有效地发生激子的辐射复合。空穴注入效率的提高使得器件的发光亮度有明显提升。与此同时，PFI层通过抑制钙钛矿纳米晶的充电过程，从而保持其本身优越的发光性能。相较于参比器件，界面修饰后的器件性能明显提高，最大发光亮度提高3倍以上，达到1377 cd/m^2。如图5-39所示，在绿光器件EL谱图中呈现最小的半峰宽(18 nm)，但器件的外量子效率也仅为0.06%。

5.5.4　载流子注入平衡的优化

在改善载流子注入平衡方面，研究报道相对较少。通常，电子的迁移率比空穴迁移率要高，从而导致电荷在界面堆积，这是引起器件不稳定的一个重要因素。因此对钙钛矿电致发光器件而言，合适的空穴传输材料和电子传输材料对提高器件的性能有十分重要的影响。早期报道的钙钛矿电致发光器件通常采用PEDOT：PSS作为空穴传输层，TPBi：Cs$_2$CO$_3$作为电子传输层，Al作为电极[55]。由于不平衡的载流子注入，极大地限制了器件的性能和稳定性的提高。基于以上原因，如图 5-40 所示，熊启华课题组采用 Cs_2CO_3 作为 n 型掺杂剂，能有效提高 TPBi 的传输能力，促进电子注入电极，从而降低器件的启亮电压。器件实现了 512 nm 的绿光发射，半峰宽仅为 26 nm，电流效率为 11.49 cd/A，最大亮度为 3515 cd/m² 和 3.8% 的外量子效率。受到启发，许多提高器件性能的努力都集中在增加电子传输层的迁移率上。例如，Shih 发现三[2, 4, 6-三甲基-3-(3-吡啶基)苯基]硼烷(3TPYMB)具有高电子迁移率，采用 3TPYMB 制备的 $FAPbBr_3$ 亮子点发光二极管其电流效率从 6.16 cd/A 提高到 13.12 cd/A[133]。

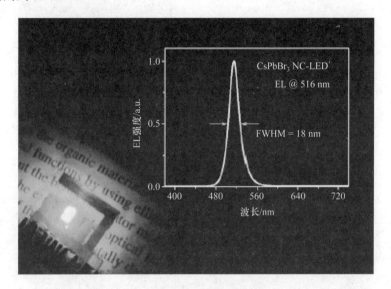

图 5-39　点亮的电致发光器件的光学照片及相应的 EL 光谱[132]

众所周知，$MAPbBr_3$ 的 HOMO 和 LUMO 能级分别为 −6.4 eV 和 −3.7 eV，由于钙钛矿发光层和空穴传输层之间存在较大的空穴注入势垒，极易引发过量的电子注入，引起钙钛矿发光层中的载流子注入不平衡。因此，在器件结构中引入注入势垒材料来平衡载流子的传输与注入是提高器件性能的简单易行的方法之一。如图 5-41 所示，裴启兵课题组设计了多层器件结构 ITO/PEDOT：PSS(40 nm)/PVK：TAPC(40 nm)/$MAPbBr_3$(20 nm)/TmPyPB(40 nm)/CsF(1 nm)/Al(90 nm)，通过将 PVK 与 TAPC 混合，以利用 PVK 较深的 HOMO 能级和 TAPC 较高的空穴迁移率来调控载流子的注入平衡。基于此制备的柔性电致发光器件电流效率和流明效率分别为 10.4 cd/A 和 8.1 lm/W，在 1000 cd/m² 的亮度下，外量子效率为 2.6%。同时，器件具有高度的柔性和机械强度，在弯曲半径为 2.5 mm、反复弯曲循环 1000 次后没有明显的器件性能的下降[134]。

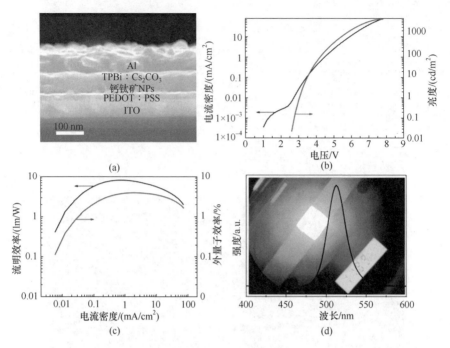

图 5-40 （a）MAPbBr₃ 钙钛矿电致发光器件截面的 SEM 图；（b）钙钛矿器件的电流密度、亮度与电压的关系曲线；（c）钙钛矿器件的流明效率、外量子效率与电压的关系曲线；（d）MAPbBr₃ 钙钛矿器件的电致发光光谱及在工作电压下的光学照片[55]

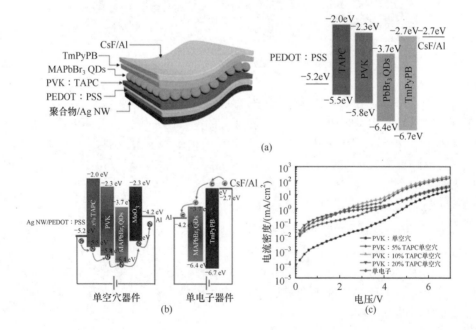

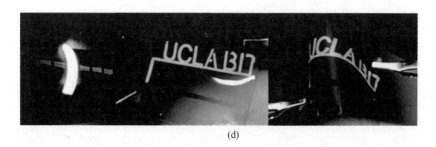

(d)

图 5-41　(a) 基于 MAPbBr₃ 钙钛矿电致发光器件的结构示意图及能级图；(b) 单电子/空穴的器件结构及电荷注入平衡示意图；(c) MAPbBr₃ 钙钛矿电致发光器件的电流密度与电压的关系曲线；(d) 钙钛矿电致发光器件在工作电压下的光学图像[134]

5.6　钙钛矿电致发光器件稳定性问题

尽管目前有许多改善提高钙钛矿电致发光器件性能的办法，但影响器件实用化发展的关键问题是稳定性。钙钛矿电致发光器件的不稳定主要归因于钙钛矿材料的不稳定性和器件在工作过程中的不稳定性。

5.6.1　钙钛矿材料的稳定性

钙钛矿材料的不稳定性主要受钙钛矿的晶体结构、温度及光照影响[135-137]。钙钛矿材料通常有三种晶体结构：立方晶系、四方晶系和正交晶系，在温度或者卤化物变化时可发生可逆转变。立方晶系钙钛矿具有更低的形成能，因此相较于其他两种晶系更为稳定[138, 139]。在室温下，$MAPbCl_3$ 和 $MAPbBr_3$ 是立方晶系，而 $MAPbI_3$ 为四方晶系，因此基于 $MAPbI_3$ 钙钛矿太阳电池在相对湿度超过 55% 时出现明显分解，而基于 $MAPb(Br_xI_{1-x})_3$ 的钙钛矿太阳电池在同样条件下，20 d 后仍能保持 35% 的初始效率（$x \geqslant 0.2$ 为立方晶系）[140]。钙钛矿电致发光器件在制备和工作过程中会受到温度影响，因此要求钙钛矿发光层具备热稳定性[141, 142]。在热条件下，$MAPbX_3$ 会发生一系列分解反应[137, 143-145]。对钙钛矿材料的热失重分析表明，$MAPbBr_3$ 的热分解温度为 220 ℃[146]，$MAPbI_3$ 的热分解温度为 200 ℃[147]、250 ℃[148]、294 ℃[143]。最新的研究报道表明，低于 200 ℃ 条件下，钙钛矿也会发生不同程度的降解[149-153]。当温度达到热分解温度时，钙钛矿材料会发生不可逆的分解，分解如式 (5-3)、式 (5-4) 所示。在电致发光器件的工作过程中，钙钛矿发光层的温度会迅速升高，随着器件工作而产生热量的积聚，会加速钙钛矿层的分解，导致器件性能快速下降。此外，钙钛矿材料在可见光或紫外线辐射下的稳定性也进行了研究，在氧气存在下，光照会引起钙钛矿分解加速，氧分子可以作为催化剂促进甲胺离子的去质子化过程[154, 155]。Aristidou 等报道氧分子会快速扩散进入钙钛矿薄膜中并在光诱导的作用下形成超氧化物。据报道,在 500 nm 厚的钙钛矿薄膜中氧分子完全扩散并达到饱和浓度只需要 10 min[156]。此外,湿度也会加速钙钛矿的分解[157, 158]。

$$CH_3NH_3PbX_3(s) \longrightarrow PbX_2(s) + CH_3NH_2(g) + HX(g) \tag{5-3}$$

$$CH_3NH_3PbX_3(s) \longrightarrow PbX_2(s) + CH_3X(g) + NH_3(g) \tag{5-4}$$

5.6.2　器件工作稳定性

　　钙钛矿电致发光器件的稳定性仍然只有几分钟,比最佳 OLED 短几个数量级。从钙钛矿 LED 的器件结构分析,当 Al 与 MAPbI3 直接接触时,即使在没有光、湿气等外部环境下也会自发发生氧化还原反应。当器件在 90% 相对湿度的情况下,器件会在 2 min 内全部降解。除钙钛矿材料本身的不稳定性外,影响器件不稳定性的另一个重要因素是电场作用下的离子迁移问题。离子迁移可以引起钙钛矿的晶格结构的破坏、缺陷态的产生、电极腐蚀,以及引发电荷在界面处的堆积等问题,以上问题均会引起钙钛矿电致发光器件性能的快速恶化[159-168]。钙钛矿本身存在肖特基缺陷、弗兰克尔缺陷、反位缺陷等结构缺陷,使得钙钛矿离子极易从晶格中逸出并沿着缺陷迁移[159]。其中,晶界是离子迁移的主要通道[169]。离子迁移是钙钛矿电致发光器件性能恶化的重要原因,且在外加电场作用下,在缺陷态和界面处的离子迁移更加严重,加剧钙钛矿层的降解[163, 170]。如图 5-42 所示,在施加电场(0.5 V/μm)下,连续照射的 FTO/MAPbBr3/Au 器件结构出现明显的离子迁移现象,在阳极区域有 Br⁻ 的聚集,形成富 Br 区域,表明外加电场可以诱导离子迁移,促进电荷在界面处的堆积,破坏钙钛矿层,随之产生非辐射复合,导致荧光强度和器件寿命的下降[170]。

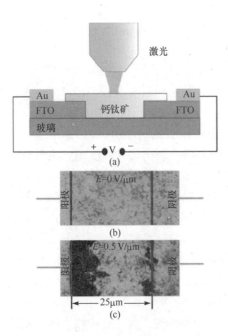

图 5-42　(a) 器件结构示意图; (b) 无电场作用下器件的光学图像; (c) 电场作用下器件的光学图像[170]

5.7　结论与展望

有机-无机杂化 MAPbX$_3$(X=Cl$^-$、Br$^-$、I$^-$)和全无机 CsPbX$_3$(X＝Cl$^-$、Br$^-$、I$^-$)钙钛矿量子点以其高发光效率和高可调性得到了人们的广泛关注，在有机电致发光器件中得到广泛应用。本书总结了不同的钙钛矿量子点类型，包括合成、结构特征、光学特性及相关的 LED 应用。在研究者的极大兴趣和不懈努力下，钙钛矿电致发光器件效率不断刷新纪录。2018 年 10 月，*Nature* 杂志相继报道了两篇钙钛矿电致发光器件的研究成果，分别来自南京工业大学的黄维院士和王建浦教授，以及华侨大学魏展画教授、新加坡南洋理工熊启华教授和加拿大 Edward H. Sargent 教授，所报道的 LED 器件最高外量子效率均突破了 20%，成为钙钛矿 LED 研究中的里程碑[171,172]。如图 5-43 所示，文献[171]通过对钙钛矿薄膜的结构设计，实现了由一层非连续的钙钛矿晶粒和嵌入在钙钛矿晶粒之间的低折射率有机绝缘层组成的发光层，进而大幅度地提高了 LED 的光提取效率。使用该方法制备的 LED 器件外量子效率达到 20.7%，在 100 mA/cm^2 的电流密度下能量转换效率达到 12%。文献[172]利用钙钛矿的组分分布调控策略得到平整致密且光电性能优异

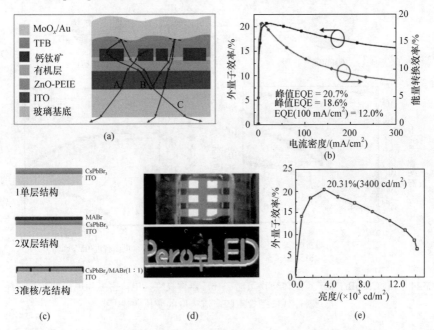

图 5-43　(a) 通过钙钛矿薄膜微观结构设计来提高光提取效率原理示意图(PEIE 表示乙基氧化的聚乙烯亚胺)；(b) 器件外量子效率及能量转换效率随电流密度的变化曲线[171]；(c) 使用不同方法制备的 CsPbBr$_3$ 薄膜示意图；(d) 钙钛矿电致发光器件工作照片；(e) 器件外量子效率随亮度的变化曲线[172]

的钙钛矿薄膜，并通过加入阻挡层改善电子空穴的注入平衡，得到的钙钛矿发光二极管的外量子效率达到 20%，同时，稳定性也得到极大地提升，远超国际同行。

在原位旋涂钙钛矿薄膜所制备器件外量子效率大幅提高的同时，基于钙钛矿量子点的电致发光器件其外量子效率也取得了重大突破。来自日本的研究者 Kido 等报道了基于红光钙钛矿量子点的电致发光器件[173]。如图 5-44 所示，他们使用碘化油胺和碘化苯胺对热注入法合成的绿光 CsPbBr₃ 量子点进行配体交换，获得了红光发射的 CsPb(Br/I)₃ 量子点。经过表征，他们发现配体交换有利于提升器件效率，通过优化最高外量子效率达到 21.3%，与文献中所报道的钙钛矿量子点 LED 相比，器件效率大幅提升。这篇文章证明，通过在溶液中合成量子点并对量子点表面配体进行优化也是获得高效钙钛矿电致发光器件的另一种重要途径。

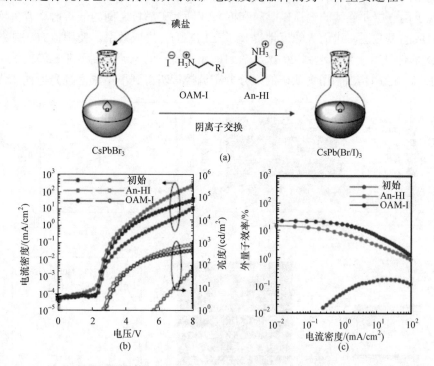

图 5-44 (a) CsPbBr₃ 量子点配体交换策略；(b) 器件亮度、电流密度随电压的变化曲线；(c) 器件外量子效率随电流密度的变化曲线[173]

以上最新的研究成果再次证实钙钛矿材料在显示领域表现出巨大的潜在应用前景。虽然，截至目前钙钛矿电致发光器件效率已经可以与 OLED 相媲美，但是在器件稳定性及寿命方面仍然面临挑战，主要存在的问题如下：

首先，就钙钛矿量子点本身而言，虽然钙钛矿量子点的合成方法较为简单，但其纯度通常难以保证。有机-无机杂化钙钛矿量子点的稳定性较差，极易出现团聚、沉淀，形成微米级尺寸的钙钛矿量子点。此外，钙钛矿量子点的分散体系受到一定限制，通常需要进行表面修饰来拓展应用体系，使得钙钛矿量子点的电致发光器件的应用受到一定程度的限制。目前，文献报道的钙钛矿量子点仍以含铅为主，而重金属元素铅本身具有一定的毒性，对人体和环境都存在一定的危害，因此，少铅、无铅钙钛矿量子点的开发也是未来电致发光器件研究的一个重要课题。

其次，钙钛矿量子点电致发光器件目前仍以绿光钙钛矿器件的研究为主，红光钙钛矿器件次之，蓝光钙钛矿器件的研究最少，为了满足显示需求，红光、蓝光钙钛矿器件的研究需要继续深入。钙钛矿量子点的颜色可以通过简单调整卤素阴离子来改变，但随之可能导致器件效率的降低，这主要是离子迁移引起的相分离导致的，准确、有效地调控卤素离子的替代可以改善器件的性能。此外，通过采用准二维结构钙钛矿也可以实现发光颜色的调控。

最后，对于钙钛矿器件，在工作过程中的稳定性是限制其商业化发展的重要因素。在实际应用中，氧气和水分对该钙钛矿材料的稳定性有十分重要的影响，因此理解钙钛矿电致发光器件的降解机制非常重要。此外，电场作用下的离子迁移加剧了钙钛矿的分解，导致器件的荧光量子产率迅速降低，器件性能的快速恶化。因此，钙钛矿薄膜的晶粒钝化、优化器件结构及对器件必要的封装都是提高钙钛矿器件工作稳定性的重要方法。

随着更多体系的开发和更多制备方法的使用，钙钛矿量子点会成为下一代光电器件核心材料的有力竞争者。

参 考 文 献

[1] Chen Q, De Marco N, Yang Y, et al. Under the spotlight: The organic-inorganic hybrid halide perovskite for optoelectronic applications. Nano Today, 2015, 10(3): 355-396.

[2] Green M A, Ho-Baillie A, Snaith H J. The emergence of perovskite solar cells. Nat Photonics, 2014, 8(7): 506-514.

[3] Kojima A, Teshima K, Shirai Y, et al. Organometal halide perovskites as visible-light sensitizers for photovoltaic cells. J Am Chem Soc, 2009, 131(17): 6050-6051.

[4] Dong Q, Fang Y, Shao Y, et al. Electron-hole diffusion lengths＞175μm in solution-grown $CH_3NH_3PbI_3$ single crystals. Science, 2015, 347(6225): 967-970.

[5] Kim H S, Lee C R, Im J H, et al. Lead iodide perovskite sensitized all-solid-state submicron thin film mesoscopic solar cell with efficiency exceeding 9%. Sci Rep, 2012, (2): 591.

[6] Burschka J, Pellet N, Moon S J, et al. Sequential deposition as a route to high-performance perovskite-sensitized solar cells. Nature, 2013, 499: 316-319.

[7] Liu D, Kelly T L. Perovskite solar cells with a planar heterojunction structure prepared using room-temperature solution processing techniques. Nat Photonics, 2013, 8: 133-138.

[8] Ha S T, Su R, Xing J, et al. Metal halide perovskite nanomaterials: Synthesis and applications. Chem Sci, 2017, 8(4): 2522-2536.

[9] Stranks S D, Snaith H J. Metal-halide perovskites for photovoltaic and light-emitting devices. Nat Nanotechnol, 2015, 10(5): 391-402.

[10] Tan Z K, Moghaddam R S, Lai M L, et al. Bright light-emitting diodes based on organometal halide perovskite. Nat Nanotechnol, 2014, 9: 687-692.

[11] Zhang F, Huang S, Wang P, et al. Colloidal synthesis of air-stable $CH_3NH_3PbI_3$ quantum dots by gaining chemical insight into the solvent effects. Chem Mater, 2017, 29: 3793-3799.

[12] Fang Y, Dong Q, Shao Y, et al. Highly narrowband perovskite single-crystal photodetectors enabled by surface-charge recombination. Nat Photonics, 2015, 9: 679-686.

[13] Dou L, Yang Y, You J, et al. Solution-processed hybrid perovskite photodetectors with high detectivity. Nat Commun, 2014, 5: 5404.

[14] Deschler F, Price M, Pathak S, et al. High photoluminescence efficiency and optically pumped lasing in solution-processed mixed halide perovskite semiconductors. J Phys Chem Lett, 2014, 5(8): 1421-1426.

[15] Ahmad S, Prakash G V. Strong room-temperature ultraviolet to red excitons from inorganic organic-layered perovskites, $(R-NH_3)_2MX_4$ $(M = Pb^{2+}, Sn^{2+}, Hg^{2+}; X = I^-, Br^-)$. J Nanophotonics, 2014, 8(1): 083892.

[16] Xing G, Mathews N, Lim S S, et al. Low-temperature solution-processed wavelength-tunable perovskites for lasing. Nat Mater, 2014, 13(5): 476-480.

[17] Tang C W, Vanslyke S A, Chen C H. Electroluminescence of doped organic thin-films. J Appl Phys, 1989, 65(9): 3610-3616.

[18] Han T H, Choi M R, Woo S H, et al. Molecularly controlled interfacial layer strategy toward highly efficient simple-structured organic light-emitting diodes. Adv Mater, 2012, 24(11): 1487-1493.

[19] Kim Y H, Wolf C, Cho H, et al. Highly efficient, simplified, solution-processed thermally activated delayed-fluorescence organic light-emitting diodes. Adv Mater, 2016, 28(4): 734-741.

[20] Dai X, Zhang Z, Jin Y, et al. Solution-processed, high-performance light-emitting diodes based on quantum dots. Nature, 2014, 515(7525): 96-99.

[21] Kim Y H, Cho H, Lee T W. Metal halide perovskite light emitters. Proc Natl Acad Sci USA, 2016, 113(42): 11694-11702.

[22] Norris D J, Bawendi M G. Measurement and assignment of the size-dependent optical spectrum in CdSe quantum dots. Phys Rev B, 1996, 53(24): 16338-16346.

[23] Norris D J, Efros A L, Rosen M, et al. Size dependence of exciton fine structure in CdSe quantum dots. Phys Rev B, 1996, 53(24): 16347-16354.

[24] Micic O I, Cheong H M, Fu H, et al. Size-dependent spectroscopy of InP quantum dots. J Phys Chem B, 1997, 101(25): 4904-4912.

[25] Wetzelaer G J A H, Scheepers M, Miquel Sempere A, et al. Trap-assisted non-radiative recombination in organic-inorganic perovskite solar cells. Adv Mater, 2015, 27(11): 1837-1841.

[26] Wright A D, Verdi C, Milot R L, et al. Electron-phonon coupling in hybrid lead halide perovskites.

Nat Commun, 2016, 7: 11755.

[27] Mitzi D B, Dimitrakopoulos C D, Kosbar L L. Structurally tailored organic-inorganic perovskites: Optical properties and solution-processed channel materials for thin-film transistors. Chem Mater, 2001, 13(10): 3728-3740.

[28] Hong X, Ishihara T, Nurmikko A V. Photoconductivity and electroluminescence in lead iodide based natural quantum-well structures. Solid State Commun, 1992, 84(6): 657-661.

[29] Era M, Morimoto S, Tsutsui T, et al. Organic-inorganic heterostructure electroluminescent device using a layered perovskite semiconductor $(C_6H_5C_2H_4NH_3)_2PbI_4$. Appl Phys Lett, 1994, 65(6): 676-678.

[30] Hattori T, Taira T, Era M, et al. Highly efficient electroluminescence from a heterostructure device combined with emissive layered-perovskite and an electron-transporting organic compound. Chem Phys Lett, 1996, 254(1-2): 103-108.

[31] D'innocenzo V, Kandada A R S, De Bastiani M, et al. Tuning the light emission properties by band gap engineering in hybrid lead halide perovskite. J Am Chem Soc, 2014, 136(51): 17730-17733.

[32] Wu K, Bera A, Ma C, et al. Temperature-dependent excitonic photoluminescence of hybrid organometal halide perovskite films. Phys Chem Chem Phys, 2014, 16(41): 22476-22481.

[33] Stranks S D, Burlakov V M, Leijtens T, et al. Recombination kinetics in organic-inorganic perovskites: Excitons, free charge, and subgap states. Phys Rev Appl, 2014, 2(3): 034007.

[34] D'innocenzo V, Grancini G, Alcocer M J P, et al. Excitons versus free charges in organo-lead tri-halide perovskites. Nat Commun, 2014, 5: 3586.

[35] Manser J S, Kamat P V. Band filling with free charge carriers in organonietal halide perovskites. Nat Photonics, 2014, 8(9): 737-743.

[36] Yamada Y, Nakamura T, Endo M, et al. Photocarrier recombination dynamics in perovskite $CH_3NH_3PbI_3$ for solar cell applications. J Am Chem Soc, 2014, 136(33): 11610-11613.

[37] Alivisatos A P. Semiconductor clusters, nanocrystals, and quantum dots. Science, 1996, 271(5251): 933-937.

[38] Cao G. Nanostructures & Nanomaterials: Synthesis, Properties & Applications. London: Imperial College Press, 2004.

[39] Martin C R. Nanomaterials: A membrane-based synthetic approach. Science, 1994, 266(5193): 1961-1966.

[40] Alivisatos A P. Perspectives on the physical chemistry of semiconductor nanocrystals. J Phys Chem, 1996, 100(31): 13226-13239.

[41] Leite E R, Ribeiro C. Crystallization and Growth of Colloidal Nanocrystals. New York: Springer Science & Business Media, 2011.

[42] Kojima A, Ikegami M, Teshima K, et al. Highly luminescent lead bromide perovskite nanoparticles synthesized with porous alumina media. Chem Lett, 2012, 41(4): 397-399.

[43] Malgras V, Tominaka S, Ryan J W, et al. Observation of quantum confinement in monodisperse methylammonium lead halide perovskite nanocrystals embedded in mesoporous silica. J Am Chem Soc, 2016, 138(42): 13874-13881.

[44] Dirin D N, Protesescu L, Trummer D, et al. Harnessing defect-tolerance at the nanoscale: Highly luminescent lead halide perovskite nanocrystals in mesoporous silica matrixes. Nano Lett, 2016, 16(9): 5866-5874.

[45] Zhou Q, Bai Z, Lu W G, et al. In situ fabrication of halide perovskite nanocrystal-embedded polymer composite films with enhanced photoluminescence for display backlights. Adv Mater, 2016, 28(41): 9163-9168.

[46] Schmidt L C, Pertegas A, Gonzalez-Carrero S, et al. Nontemplate synthesis of $CH_3NH_3PbBr_3$ perovskite nanoparticles. J Am Chem Soc, 2014, 136(3): 850-853.

[47] Protesescu L, Yakunin S, Bodnarchuk M I, et al. Nanocrystals of cesium lead halide perovskites $(CsPbX_3, X = Cl, Br, and I)$: Novel optoelectronic materials showing bright emission with wide color gamut. Nano Lett, 2015, 15(6): 3692-3696.

[48] Kasai H, Nalwa H S, Oikawa H, et al. A novel preparation method of organic microcrystals. Jpn J Appl Phys Part 2, 1992, 31(8A): L1132.

[49] Kasai H, Oikawa H, Okada S, et al. Crystal growth of perylene microcrystals in the reprecipitation method. B Chem Soc Jpn, 1998, 71(11): 2597-2601.

[50] Kang L, Wang Z, Cao Z, et al. Colloid chemical reaction route to the preparation of nearly monodispersed perylene nanoparticles: Size-tunable synthesis and three-dimensional self-organization. J Am Chem Soc, 2007, 129(23): 7305-7312.

[51] Niu Y, Zhang F, Bai Z, et al. Aggregation-induced emission features of organometal halide perovskites and their fluorescence probe applications. Adv Opt Mater, 2015, 3(1): 112-119.

[52] Zhang F, Zhong H, Chen C, et al. Brightly luminescent and color-tunable colloidal $CH_3NH_3PbX_3$ $(X = Br, I, Cl)$ quantum dots: Potential alternatives for display technology. ACS Nano, 2015, 9(4): 4533-4542.

[53] Huang H, Susha A S, Kershaw S V, et al. Control of emission color of high quantum yield $CH_3NH_3PbBr_3$ perovskite quantum dots by precipitation temperature. Adv Sci, 2015, 2(9):1500194.

[54] Sichert J A, Tong Y, Mutz N, et al. Quantum size effect in organometal halide perovskite nanoplatelets. Nano Lett, 2015, 15(10): 6521-6527.

[55] Xing J, Yan F, Zhao Y, et al. High-efficiency light-emitting diodes of organometal halide perovskite amorphous nanoparticles. ACS Nano, 2016, 10(7): 6623-6630.

[56] Ling Y, Yuan Z, Tian Y, et al. Bright light-emitting diodes based on organometal halide perovskite nanoplatelets. Adv Mater, 2016, 28(2): 305-311.

[57] Sun S, Yuan D, Xu Y, et al. Ligand-mediated synthesis of shape-controlled cesium lead halide perovskite nanocrystals via reprecipitation process at room temperature. ACS Nano, 2016, 10(3): 3648-3657.

[58] Levchuk I, Osvet A, Tang X, et al. Brightly luminescent and color-tunable formamidinium lead halide perovskite $FAPbX_3$ $(X = Cl, Br, I)$ colloidal nanocrystals. Nano Lett, 2017, 17(5): 2765-2770.

[59] Leng M, Chen Z, Yang Y, et al. Lead-free, blue emitting bismuth halide perovskite quantum dots. Angew Chem Int Ed, 2016, 55(48): 15012-15016.

[60] Zhang J, Yang Y, Deng H, et al. High quantum yield blue emission from lead free inorganic antimony halide perovskite colloidal quantum dots. ACS Nano, 2017, 11(9): 9294-9302.

[61] Huang H, Zhao F, Liu L, et al. Emulsion synthesis of size-tunable $CH_3NH_3PbBr_3$ quantum dots: An alternative route toward efficient light-emitting diodes. ACS Appl Mater Interfaces, 2015, 7(51): 28128-28133.

[62] Liu L, Huang S, Pan L, et al. Colloidal synthesis of $CH_3NH_3PbBr_3$ nanoplatelets with polarized emission through self-organization. Angew Chem Int Ed, 2017, 56(7): 1780-1783.

[63] Tong Y, Bladt E, Ayg Ler M F, et al. Highly luminescent cesium lead halide perovskite nanocrystals with tunable composition and thickness by ultrasonication. Angew Chem Int Ed, 2016, 55(44): 13887-13892.

[64] Hintermayr V A, Richter A F, Ehrat F, et al. Tuning the optical properties of perovskite nanoplatelets through composition and thickness by ligand-assisted exfoliation. Adv Mater, 2016, 28(43): 9478-9485.

[65] Zhu Z Y, Yang Q Q, Gao L F, et al. Solvent-free mechanosynthesis of composition-tunable cesium lead halide perovskite quantum dots. J Phys Chem Lett, 2017, 8(7): 1610-1614.

[66] Jana A, Mittal M, Singla A, et al. Solvent-free, mechanochemical syntheses of bulk trihalide perovskites and their nanoparticles. Chem Comm, 2017, 53(21): 3046-3049.

[67] Bhooshan Kumar V, Gouda L, Porat Z E, et al. Sonochemical synthesis of $CH_3NH_3PbI_3$ perovskite ultrafine nanocrystal sensitizers for solar energy applications. Ultrason Sonochem, 2016, 32: 54-59.

[68] Jodlowski A D, Alfonso Y, Luque R, et al. Benign-by-design solventless mechanochemical synthesis of three-, two-, and one-dimensional hybrid perovskites. Angew Chem Int Ed, 2016, 55(48): 14972-14977.

[69] Huang H, Chen B, Wang Z, et al. Water resistant $CsPbX_3$ nanocrystals coated with polyhedral oligomeric silsesquioxane and their use as solid state luminophores in all-perovskite white light-emitting devices. Chem Sci, 2016, 7(9): 5699-5703.

[70] Chondroudis K, Mitzi D B. Electroluminescence from an organic-inorganic perovskite incorporating a quaterthiophene dye within lead halide perovskite layers. Chem Mater, 1999, 11(11): 3028-3030.

[71] Yang X, Zhang X, Deng J, et al. Efficient green light-emitting diodes based on quasi-two-dimensional composition and phase engineered perovskite with surface passivation. Nat Commun, 2018, 9(1): 570.

[72] Zhang S, Yi C, Wang N, et al. Efficient red perovskite light-emitting diodes based on solution-processed multiple quantum wells. Adv Mater, 2017, 29(22): 1606600.

[73] Cho H, Jeong S H, Park M H, et al. Overcoming the electroluminescence efficiency limitations of perovskite light-emitting diodes. Science, 2015, 350(6265): 1222-1225.

[74] Zhang M, Yuan F, Zhao W, et al. High performance organo-lead halide perovskite light-emitting diodes via surface passivation of phenethylamine. Org Electron, 2018, 60: 57-63.

[75] Cho H, Wolf C, Kim J S, et al. High-efficiency solution-processed inorganic metal halide perovskite light-emitting diodes. Adv Mater, 2017, 29(31): 1700579.

[76] Chen P, Meng Y, Ahmadi M, et al. Charge-transfer versus energy-transfer in quasi-2D perovskite light-emitting diodes. Nano Energy, 2018, 50: 615-622.

[77] Zou W, Li R, Zhang S, et al. Minimising efficiency roll-off in high-brightness perovskite light-emitting diodes. Nat Commun, 2018, 9(1): 608.

[78] Chen J, Zhou S, Jin S, et al. Crystal organometal halide perovskites with promising optoelectronic applications. J Mater Chem C, 2016, 4(1): 11-27.

[79] Bai S, Yuan Z, Gao F. Colloidal metal halide perovskite nanocrystals: Synthesis, characterization, and applications. J Mater Chem C, 2016, 4(18): 3898-3904.

[80] Yang G L, Zhong H Z. Organometal halide perovskite quantum dots: Synthesis, optical properties, and display applications. Chin Chem Lett, 2016, 27(8): 1124-1130.

[81] Kovalenko M V, Protesescu L, Bodnarchuk M I. Properties and potential optoelectronic applications of lead halide perovskite nanocrystals. Science, 2017, 358(6364): 745-750.

[82] Kim Y H, Wolf C, Kim Y T, et al. Highly efficient light-emitting diodes of colloidal metal halide perovskite nanocrystals beyond quantum size. ACS Nano, 2017, 11(7): 6586-6593.

[83] Wang N, Cheng L, Ge R, et al. Perovskite light-emitting diodes based on solution-processed self-organized multiple quantum wells. Nat Photonics, 2016, 10(11): 699-704.

[84] Yuan M, Quan L N, Comin R, et al. Perovskite energy funnels for efficient light-emitting diodes. Nat Nanotechnol, 2016, 11: 872-877.

[85] Song Y H, Park S Y, Yoo J S, et al. Efficient and stable green-emitting $CsPbBr_3$ perovskite nanocrystals in a microcapsule for light emitting diodes. Chem Eng J, 2018, 352: 957-963.

[86] Veldhuis S A, Boix P P, Yantara N, et al. Perovskite materials for light-emitting diodes and lasers. Adv Mater, 2016, 28(32): 6804-6834.

[87] Fan L, Ding K, Chen H, et al. Efficient pure green light-emitting diodes based on formamidinium lead bromide perovskite nanocrystals. Org Electron, 2018, 60: 64-70.

[88] Teunis M B, Lawrence K N, Dutta P, et al. Pure white-light emitting ultrasmall organic-inorganic hybrid perovskite nanoclusters. Nanoscale, 2016, 8(40): 17433-17439.

[89] Qian L, Zheng Y, Xue J, et al. Stable and efficient quantum-dot light-emitting diodes based on solution-processed multilayer structures. Nat Photonics, 2011, 5: 543-548.

[90] Yuan S, Wang Z K, Zhuo M P, et al. Self-assembled high quality $CsPbBr_3$ quantum dot films toward highly efficient light-emitting diodes. ACS Nano, 2018, 12(9): 9541-9548.

[91] Huang H, Susha A S, Kershaw S V, et al. Control of emission color of high quantum yield $CH_3NH_3PbBr_3$ perovskite quantum dots by precipitation temperature. Adv Sci, 2015, 2(9): 1500194.

[92] Zhao X, Park N G. Stability issues on perovskite solar cells. Photonics, 2015, 2(4): 1139-1151.

[93] Zhumekenov A A, Saidaminov M I, Haque M A, et al. Formamidinium lead halide perovskite crystals with unprecedented long carrier dynamics and diffusion length. ACS Energy Lett, 2016, 1(1): 32-37.

[94] Hanusch F C, Wiesenmayer E, Mankel E, et al. Efficient planar heterojunction perovskite solar cells based on formamidinium lead bromide. J Phys Chem Lett, 2014, 5(16): 2791-2795.

[95] Perumal A, Shendre S, Li M, et al. High brightness formamidinium lead bromide perovskite

nanocrystal light emitting devices. Sci Rep, 2016, 6: 36733.

[96] Liu Y, Gibbs M, Puthussery J, et al. Dependence of carrier mobility on nanocrystal size and ligand length in PbSe nanocrystal solids. Nano Lett, 2010, 10(5): 1960-1969.

[97] Kim Y H, Lee G H, Kim Y T, et al. High efficiency perovskite light-emitting diodes of ligand-engineered colloidal formamidinium lead bromide nanoparticles. Nano Energy, 2017, 38: 51-58.

[98] Wang J, Song C, He Z, et al. All-solution-processed pure formamidinium-based perovskite light-emitting diodes. Adv Mater, 2018, 30(39): 1804137.

[99] Xu B, Wang W, Zhang X, et al. Bright and efficient light-emitting diodes based on MA/Cs double cation perovskite nanocrystals. J Mater Chem C, 2017, 5(25): 6123-6128.

[100] Zhang X, Liu H, Wang W, et al. Hybrid perovskite light-emitting diodes based on perovskite nanocrystals with organic-inorganic mixed cations. Adv Mater, 2017, 29(18): 1606405.

[101] Deng W, Xu X, Zhang X, et al. Organometal halide perovskite quantum dot light-emitting diodes. Adv Funct Mater, 2016, 26(26): 4797-4802.

[102] Song J, Li J, Li X, et al. Quantum dot light-emitting diodes based on inorganic perovskite cesium lead halides (CsPbX₃). Adv Mater, 2015, 27(44): 7162-7167.

[103] Liu P, Chen W, Wang W, et al. Halide-rich synthesized cesium lead bromide perovskite nanocrystals for light-emitting diodes with improved performance. Chem Mater, 2017, 29(12): 5168-5173.

[104] Jellicoe T C, Richter J M, Glass H F J, et al. Synthesis and optical properties of lead-free cesium tin halide perovskite nanocrystals. J Am Chem Soc, 2016, 138(9): 2941-2944.

[105] Zhang X, Cao W, Wang W, et al. Efficient light-emitting diodes based on green perovskite nanocrystals with mixed-metal cations. Nano Energy, 2016, 30: 511-516.

[106] Lai M L, Tay T Y S, Sadhanala A, et al. Tunable near-infrared luminescence in tin halide perovskite devices. J Phys Chem Lett, 2016, 7(14): 2653-2658.

[107] Hong W L, Huang Y C, Chang C Y, et al. Efficient low-temperature solution-processed lead-free perovskite infrared light-emitting diodes. Adv Mater, 2016, 28(36): 8029-8036.

[108] Zhu J, Yang X, Zhu Y, et al. Room-temperature synthesis of Mn-doped cesium lead halide quantum dots with high Mn substitution ratio. J Phy Chem Lett, 2017, 8(17): 4167-4171.

[109] Leng M, Yang Y, Zeng K, et al. All-inorganic bismuth-based perovskite quantum dots with bright blue photoluminescence and excellent stability. Adv Funct Mater, 2017, 28(1): 1704446.

[110] Dai J, Xi J, Li L, et al. Charge transport between coupling colloidal perovskite quantum dots assisted by functional conjugated ligands. Angew Chem Int Ed, 2018, 57(20): 5754-5758.

[111] Pan J, Quan L N, Zhao Y, et al. Highly efficient perovskite-quantum-dot light-emitting diodes by surface engineering. Adv Mater, 2016, 28(39): 8718-8725.

[112] Sun H, Yang Z, Wei M, et al. Chemically addressable perovskite nanocrystals for light-emitting applications. Adv Mater, 2017, 29(34): 1701153.

[113] Zhang X, Sun C, Zhang Y, et al. Bright perovskite nanocrystal films for efficient light-emitting devices. J Phys Chem Lett, 2016, 7(22): 4602-4610.

[114] Sun C, Zhang Y, Ruan C, et al. Efficient and stable white LEDs with silica-coated inorganic perovskite quantum dots. Adv Mater, 2016, 28(45): 10088-10094.

[115] Li J, Xu L, Wang T, et al. 50-Fold EQE improvement up to 6.27% of solution-processed all-inorganic perovskite CsPbBr₃ QLEDs via surface ligand density control. Adv Mater, 2017, 29(5): 1603885.

[116] Song J, Li J, Xu L, et al. Room-temperature triple-ligand surface engineering synergistically boosts ink stability, recombination dynamics, and charge injection toward EQE-11.6% perovskite QLEDs. Adv Mater, 2018, 30(30): 1800764.

[117] Li G, Wang H, Zhang T, et al. Solvent-polarity-engineered controllable synthesis of highly fluorescent cesium lead halide perovskite quantum dots and their use in white light-emitting diodes. Adv Funct Mater, 2016, 26(46): 8478-8486.

[118] Chiba T, Hoshi K, Pu Y J, et al. High-efficiency perovskite quantum-dot light-emitting devices by effective washing process and interfacial energy level alignment. ACS Appl Mater Interfaces, 2017, 9(21): 18054-18060.

[119] Lu M, Zhang X, Bai X, et al. Spontaneous silver doping and surface passivation of CsPbI₃ perovskite active layer enable light-emitting devices with an external quantum efficiency of 11.2%. ACS Energy Lett, 2018, 3(7): 1571-1577.

[120] Zhang X, Xu B, Zhang J, et al. All-inorganic perovskite nanocrystals for high-efficiency light emitting diodes: dual-phase CsPbBr₃-CsPb₂Br₅ composites. Adv Funct Mater, 2016, 26(25): 4595-4600.

[121] Lee J W, Choi Y J, Yang J M, et al. In-situ formed type i nanocrystalline perovskite film for highly efficient light-emitting diode. ACS Nano, 2017, 11(3): 3311-3319.

[122] Zhao L, Yeh Y W, Tran N L, et al. In situ preparation of metal halide perovskite nanocrystal thin films for improved light-emitting devices. ACS Nano, 2017, 11(4): 3957-3964.

[123] Li J, Shan X, Bade S G R, et al. Single-layer halide perovskite light-emitting diodes with sub-band gap turn-on voltage and high brightness. J Phys Chem Lett, 2016, 7(20): 4059-4066.

[124] Li G, Tan Z K, Di D, et al. Efficient light-emitting diodes based on nanocrystalline perovskite in a dielectric polymer matrix. Nano Lett, 2015, 15(4): 2640-2644.

[125] Song L, Guo X, Hu Y, et al. Efficient inorganic perovskite light-emitting diodes with polyethylene glycol passivated ultrathin CsPbBr₃ films. J Phys Chem Lett, 2017, 8(17): 4148-4154.

[126] Ling Y, Tian Y, Wang X, et al. Enhanced optical and electrical properties of polymer-assisted all-inorganic perovskites for light-emitting diodes. Adv Mater, 2016, 28(40): 8983-8989.

[127] Lin H, Zhu L, Huang H, et al. Efficient near-infrared light-emitting diodes based on organometallic halide perovskite-poly(2-ethyl-2-oxazoline) nanocomposite thin films. Nanoscale, 2016, 8(47): 19846-19852.

[128] Lee S, Park J H, Nam Y S, et al. Growth of nanosized single crystals for efficient perovskite light-emitting diodes. ACS Nano, 2018, 12(4): 3417-3423.

[129] Kim J S, Friend R H, Grizzi I, et al. Spin-cast thin semiconducting polymer interlayer for improving device efficiency of polymer light-emitting diodes. Appl Phys Lett, 2005, 87(2): 023506.

[130] Schulz P, Edri E, Kirmayer S, et al. Interface energetics in organo-metal halide perovskite-based

photovoltaic cells. Energy Environ Sci, 2014, 7(4): 1377-1381.

［131］Kim Y H, Cho H, Heo J H, et al. Multicolored organic/inorganic hybrid perovskite light-emitting diodes. Adv Mater, 2014, 27(7): 1248-1254.

［132］Zhang X, Lin H, Huang H, et al. Enhancing the brightness of cesium lead halide perovskite nanocrystal based green light-emitting devices through the interface engineering with perfluorinated ionomer. Nano Lett, 2016, 16(2): 1415-1420.

［133］Kumar S, Jagielski J, Kallikounis N, et al. Ultrapure green light-emitting diodes using two-dimensional formamidinium perovskites: Achieving recommendation 2020 color coordinates. Nano Lett, 2017, 17(9): 5277-5284.

［134］Zhao F, Chen D, Chang S, et al. Highly flexible organometal halide perovskite quantum dot based light-emitting diodes on a silver nanowire-polymer composite electrode. J Mater Chem C, 2017, 5(3): 531-538.

［135］Tiep N H, Ku Z, Fan H J. Recent advances in improving the stability of perovskite solar cells. Adv Energy Mater, 2015, 6(3): 1501420.

［136］Berhe T A, Su W N, Chen C H, et al. Organometal halide perovskite solar cells: Degradation and stability. Energ Environ Sci, 2016, 9(2): 323-356.

［137］Kim H S, Seo J Y, Park N G. Material and device stability in perovskite solar cells. ChemSusChem, 2016, 9(18): 2528-2540.

［138］Li Z, Yang M, Park J S, et al. Stabilizing perovskite structures by tuning tolerance factor: Formation of formamidinium and cesium lead iodide solid-state alloys. Chem Mater, 2016, 28(1): 284-292.

［139］Yi C, Luo J, Meloni S, et al. Entropic stabilization of mixed A-cation ABX$_3$ metal halide perovskites for high performance perovskite solar cells. Energy Environ Sci, 2016, 9(2): 656-662.

［140］Noh J H, Im S H, Heo J H, et al. Chemical management for colorful, efficient, and stable inorganic-organic hybrid nanostructured solar cells. Nano Lett, 2013, 13(4): 1764-1769.

［141］Tyagi P, Indu Giri L, Tuli S, et al. Elucidation on joule heating and its consequences on the performance of organic light emitting diodes. J Appl Phys, 2014, 115(3): 034518.

［142］Park J, Ham H, Park C. Heat transfer property of thin-film encapsulation for OLEDs. Org Electron, 2011, 12(2): 227-233.

［143］Juarez-Perez E J, Hawash Z, Raga S R, et al. Thermal degradation of CH$_3$NH$_3$PbI$_3$ perovskite into NH$_3$ and CH$_3$I gases observed by coupled thermogravimetry-mass spectrometry analysis. Energy Environ Sci, 2016, 9(11): 3406-3410.

［144］Brunetti B, Cavallo C, Ciccioli A, et al. On the thermal and thermodynamic (In) stability of methylammonium lead halide perovskites. Sci Rep, 2016, 6: 31896.

［145］Latini A, Gigli G, Ciccioli A. A study on the nature of the thermal decomposition of methylammonium lead iodide perovskite CH$_3$NH$_3$PbI$_3$: An attempt to rationalise contradictory experimental results. Sustain Energ Fuels, 2017, 1(6): 1351-1357.

［146］Kulbak M, Gupta S, Kedem N, et al. Cesium enhances long-term stability of lead bromide perovskite-based solar cells. J Phys Chem Lett, 2016, 7(1): 167-172.

［147］Song Z, Watthage S C, Phillips A B, et al. Impact of processing temperature and composition on the formation of methylammonium lead iodide perovskites. Chem Mater, 2015, 27(13): 4612-4619.

[148] Dualeh A, Gao P, Seok S I, et al. Thermal behavior of methylammonium lead-trihalide perovskite photovoltaic light harvesters. Chem Mater, 2014, 26(21): 6160-6164.

[149] Dualeh A, Treault N, Moehl T, et al. Effect of annealing temperature on film morphology of organic-inorganic hybrid pervoskite solid-state solar cells. Adv Funct Mater, 2014, 24(21): 3250-3258.

[150] Supasai T, Rujisamphan N, Ullrich K, et al. Formation of a passivating $CH_3NH_3PbI_3/PbI_2$ interface during moderate heating of $CH_3NH_3PbI_3$ layers. Appl Phys Lett, 2013, 103(18): 183906.

[151] Conings B, Drijkoningen J, Gauquelin N, et al. Intrinsic thermal instability of methylammonium lead trihalide perovskite. Adv Energy Mater, 2015, 5(15): 1500477.

[152] Kim Y H, Cho H, Heo J H, et al. Effects of thermal treatment on organic-inorganic hybrid perovskite films and luminous efficiency of light-emitting diodes. Curr Appl Phys, 2016, 16(9): 1069-1074.

[153] Misra R K, Aharon S, Li B, et al. Temperature- and component-dependent degradation of perovskite photovoltaic materials under concentrated sunlight. J Phys Chem Lett, 2015, 6(3): 326-330.

[154] Manshor N A, Wali Q, Wong K K, et al. Humidity versus photo-stability of metal halide perovskite films in a polymer matrix. Phys Chem Chem Phys, 2016, 18(31): 21629-21639.

[155] Bryant D, Aristidou N, Pont S, et al. Light and oxygen induced degradation limits the operational stability of methylammonium lead triiodide perovskite solar cells. Energy Environ Sci, 2016, 9(5): 1655-1660.

[156] Sutherland B R, Sargent E H. Perovskite photonic sources. Nat Photonics, 2016, 10(5): 295-302.

[157] Zhang L, Ju M G, Liang W. The effect of moisture on the structures and properties of lead halide perovskites: A first-principles theoretical investigation. Phys Chem Chem Phys, 2016, 18(33): 23174-23183.

[158] Habisreutinger S N, Leijtens T, Eperon G E, et al. Carbon nanotube/polymer composites as a highly stable hole collection layer in perovskite solar cells. Nano Lett, 2014, 14(10): 5561-5568.

[159] Yuan Y, Huang J. Ion migration in organometal trihalide perovskite and its impact on photovoltaic efficiency and stabilit. Acc Chem Res, 2016, 49(2): 286-293.

[160] Back H, Kim G, Kim J, et al. Achieving long-term stable perovskite solar cells via ion neutralization. Energy Environ Sci, 2016, 9(4): 1258-1263.

[161] Besleaga C, Abramiuc L E, Stancu V, et al. Iodine migration and degradation of perovskite solar cells enhanced by metallic electrodes. J Phys Chem Lett, 2016, 7(24): 5168-5175.

[162] Carrillo J, Guerrero A, Rahimnejad S, et al. Ionic reactivity at contacts and aging of methylammonium lead triiodide perovskite solar cells. Adv Energy Mater, 2016, 6(9): 1502246.

[163] Ahn N, Kwak K, Jang M S, et al. Trapped charge-driven degradation of perovskite solar cells. Nat Commun, 2016, 7: 13422.

[164] Lee S, Park J H, Lee B R, et al. Amine-based passivating materials for enhanced optical

properties and performance of organic-inorganic perovskites in light-emitting diodes. J Phys Chem Lett, 2017, 8(8): 1784-1792.

[165] Haruyama J, Sodeyama K, Han L, et al. First-principles study of ion diffusion in perovskite solar cell sensitizers. J Am Chem Soc, 2015, 137(32): 10048-10051.

[166] Egger D A, Kronik L, Rappe A M. Theory of hydrogen migration in organic-inorganic halide perovskites. Angew Chem Int Ed, 2015, 54(42): 12437-12441.

[167] Eames C, Frost J M, Barnes P R F, et al. Ionic transport in hybrid lead iodide perovskite solar cells. Nat Commun, 2015, 6: 7497.

[168] Yang T Y, Gregori G, Pellet N, et al. The significance of ion conduction in a hybrid organic-inorganic lead-iodide-based perovskite photosensitizer. Angew Chem, 2015, 127(27): 8016-8021.

[169] Shao Y, Fang Y, Li T, et al. Grain boundary dominated ion migration in polycrystalline organic-inorganic halide perovskite films. Energy Environ Sci, 2016, 9(5): 1752-1759.

[170] Chen S, Wen X, Sheng R, et al. Mobile ion induced slow carrier dynamics in organic-inorganic perovskite CH₃NH₃PbBr₃. ACS Appl Mater Interfaces, 2016, 8(8): 5351-5357.

[171] Cao Y, Wang N, Tian H, et al. Perovskite light-emitting diodes based on spontaneously formed submicrometre-scale structures. Nature, 2018, 562(7726): 249-253.

[172] Lin K, Xing J, Quan L N, et al. Perovskite light-emitting diodes with external quantum efficiency exceeding 20 per cent. Nature, 2018, 562(7726): 245-248.

[173] Chiba T, Hayashi Y, Ebe H, et al. Anion-exchange red perovskite quantum dots with ammonium iodine salts for highly efficient light-emitting devices. Nat Photonics, 2018, 12: 681-687.

第 **6** 章

有机-无机复合光电材料及其光电探测器

太阳是地球上电磁波辐射的主要来源,现代文明的发展伴随着对电磁波的认识和利用的不断深入与发展。电磁波中,从波长 0.001 nm 到 2 μm 这部分(包括 X 射线、紫外光、可见光、红外光)与人类活动的联系最为紧密。光电探测器可以将上述光信号转化为电信号,在科学测量、工业制造、光通信、光成像、环境监测及化学/生物传感等诸多领域有着广泛的应用。

6.1 有机-无机复合光电探测器简介

有机-无机复合光电探测器的结构主要有三种类型,光导型、光电二极管型和光敏晶体管型。光导型探测器结构简单,其工作原理基于半导体材料的光电导效应,即半导体受到光照后,非平衡自由载流子浓度增加,电导率增大,在亮暗态下呈现出不同大小的电流响应;光电二极管型探测器是以有机-无机复合异质结为活性层的光电探测器,入射光被活性层吸收后,在内光电效应作用下形成光生载流子;光敏晶体管型探测器以有机-无机复合半导体材料为晶体管沟道层材料,利用在光照下的组分间电荷转移,以及漏极、栅极电压作用下的电荷注入,获得器件在亮暗态下的不同的电流响应。

光电探测器可以探测的光波长范围称为响应光谱,可以用响应度或(比)探测率与波长的对应关系来表示。响应光谱的长波截止端取决于材料的带隙宽度和光吸收系数。响应时间用于衡量探测器对入射光的响应速度。响应时间定义为光源开启、关闭时电流变化所需要的时间,可分为上升(开启)时间和衰减(关闭)时间。

光电探测器将光信号转换成电信号的能力,可以用光暗电流比、信噪比、响应度、等效噪声功率、探测率、比探测率、外量子效率、光电增益、线性动态范围等指标来表示。

光暗电流比(P)、信噪比可用于简单评判探测器区分信号与噪声的能力。$P = (J_{light}-J_{dark})/J_{dark}$，其中，$J_{light}$、$J_{dark}$ 分别为亮、暗态下的电流密度。信噪比可用负载电阻上的信号功率和噪声功率之比来表示。

响应度(R)定义为光电流密度与入射光照度的比值，是单位功率入射光所能够产生的光电流大小，反映了探测器将光信号转换为电流的能力。响应度可根据公式 $R = (J_{light}-J_{dark})/W_{incident}$ 计算，其中，$W_{incident}$ 为入射光信号的辐照度。

等效噪声功率(NEP)是信噪比等于 1 时入射到探测器上的信号光功率，是探测器可探测的入射光的最小功率。等效噪声功率越小，噪声越小，器件性能越好。

探测率(D)定义为等效噪声功率的倒数。探测率表示了光电探测器在其噪声电平之上产生一个可观测的电信号的能力。探测率越大，光电探测器的性能越好。

比探测率(D^*)是将探测器的光敏面面积和测量带宽归一化后的探测率，可用于不同探测器间性能的比较。比探测率可表示为入射功率为 1W 的光打在光敏面面积为 1cm^2 的探测器上，用带宽 1Hz 的电路测量时所得到的探测器的信噪比。

外量子效率(EQE)定义为被利用的光子数与入射光子数之比，它是衡量光子利用效率的指标。$EQE = hcR/(q\lambda)$，其中，h 为普朗克常量；c 为光速；q 为电子电荷量；λ 为入射光的波长。

光电增益(Gain)表示为 $Gain = R \times E_{hv}$，其中，E_{hv} 为以电子伏特为单位的入射光的光子能量。

线性动态范围(LDR)定义为光电流与光照强度呈线性关系的光强范围。

从上述指标的定义可知，提高光电流或者抑制暗电流(或噪声电流)，都将有助于提高探测器的性能。

6.2　有机-纳米晶复合光电探测材料与器件

有机-纳米晶复合光电探测材料中无机纳米晶(或量子点)的选择通常以所需要的响应光谱为依据。窄带隙的 PbS 纳米晶可用于近红外光探测器，CdSe、CdTe 等可用于可见光探测器，宽带隙半导体如 ZnO、TiO$_2$ 等一般用于紫外光探测器。

在近红外光探测方面，Sargent 课题组[1]采用湿化学法合成了辛胺修饰的 PbS 纳米晶，以 MEH-PPV 为有机给体，通过溶液共混制备了 MEH-PPV/PbS 纳米复合薄膜，MEH-PPV 与 PbS 相匹配的能级位置构成了有利于光致电荷转移的 II 型异质结结构。他们通过对 PbS 粒径的控制，实现了对复合薄膜吸收光谱的调节，获得了 955 nm、1200 nm 和 1355 nm 三种不同吸收峰位的薄膜材料。以 MEH-

PPV/PbS 纳米复合薄膜为活性层的二极管型光电探测器,在–5 V 偏压、2.7 mW 近红外光(975 nm)照射下,光暗电流比为 59,响应度为 3.1×10^{-3} A/W(图 6-1)。他们进一步的研究还发现[2],纳米晶表面配体对探测器的光暗电流比有较大的影响。以油酸修饰的 PbS 纳米晶为受体时,器件几乎没有光电响应,而将油酸用辛胺替代后,光暗电流比可以提高到 160。Rauch 等[3]制备了 P3HT/PCBM/PbS 纳米晶三元共混本体异质结(图 6-2),其中 P3HT 与 PCBM 可分别作为 PbS 纳米晶中近红外光生空穴、电子的传输材料。器件在–8 V 偏压下,外量子效率达到 51%,响应度为 0.5 A/W,比探测率达到 2.3×10^9 Jones,响应光谱带边达 1.8 μm。将其与非晶硅有源矩阵相结合后,实现了基于有机-无机复合光电材料的近红外成像。

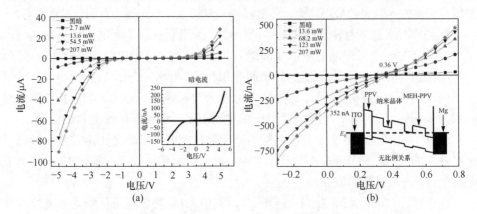

图 6-1 基于 MEH-PPV/PbS 复合薄膜(约 90wt% PbS)的光电二极管在
不同强度光照下的电流-电压关系曲线[1]

(a) –5~5V,插图为暗电流曲线; (b) –0.3~0.8V,插图为器件能级结构,E_F 代表费米能级

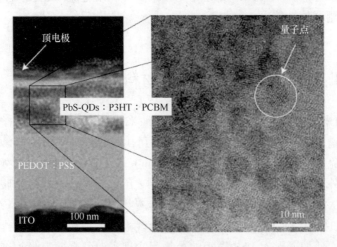

图 6-2 P3HT/PCBM/PbS 纳米晶复合薄膜截面 TEM 图与 PbS 纳米晶的高分辨 TEM 图[3]

Szendrei 等[4]将 PbS 纳米晶与 PCBM 共混用于光敏场效应晶体管的沟道层，利用近红外光照下，复合体系中从 PbS 到 PCBM 快速的光致电荷转移，实现了优于 PCBM 的光电响应(图6-3)。器件在 1200 nm 光照下的比探测率达到 2.5×10^{10} Jones，性能与商业化的室温工作近红外探测器相当。Osedach 等[5]比较了层状与共混结构的 PCBM/PbS 纳米晶复合体系的光致电荷转移，发现采用化学修饰和空气氧化的方法，可以改变双层复合异质结结构中 PbS 纳米晶的电荷传输特性，以及给受体界面上的电荷转移动力学，进而利用界面复合将光敏场效应晶体管的响应速度提高到了 10^{-6} s。而单层的复合结构更加有利于获得高的光敏性。采用热退火的方法对 PbS 进行表面氧化处理，通过对器件噪声电流的抑制，可以将比探测率提高到 3.3×10^{11} Jones。

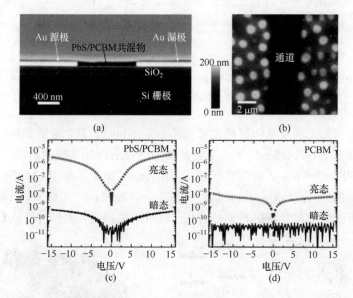

图 6-3　(a) 场效应晶体管截面 SEM 图；(b) PbS/PCBM 复合薄膜的 AFM 图；(c) 亮暗态下 PCBM/PbS 复合薄膜的电流-电压曲线；(d) 亮暗态下 PCBM 薄膜的电流-电压特性[4]

在可见光探测方面，有机-无机复合光电探测材料多采用 CdSe 纳米晶[6-9]、纳米线[10,11]作为受体组分。黄劲松课题组制备了 P3HT/CdTe 纳米复合物，利用 P3HT 中 S 原子与 CdTe 纳米晶表面 Cd^{2+} 的相互作用，钝化了 CdTe 纳米晶表面的缺陷，从而将相应的光电二极管探测器的响应时间缩短到 2 μs 以下，并同时保持了高的增益水平。器件在紫外-可见光区的比探测率达到了 10^{13} Jones(图 6-4)[8]。之后，该课题组以 P3HT/PCBM/CdTe 纳米晶三元复合物体系为光敏层，制备了光电二极管探测器。器件在 660 nm 光照下的比探测率达到 7.3×10^{11} Jones，线性动态范围达到 110 dB[9]。Wang 等在硬质的 Si 基底上制备了 P3HT/CdSe 纳米线异质结光电探测器，CdSe 纳米线通过热蒸镀的方法制备，在 3 V 偏压、140 mW/cm² 白光照射下响应时间小于 0.1 s。他们还在 PET 和印刷纸基底上制备了弯折 180° 仍可工作的柔性光探测器，器件光暗电流比大于 500，响应时间约 10 ms，对波长为 300~700 nm 的光信号都具有响应能力[10]。

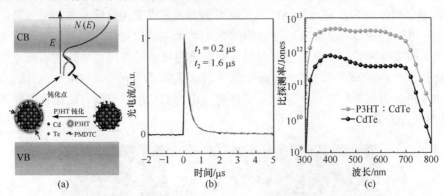

图 6-4　(a) P3HT 钝化 CdTe 表面缺陷示意；(b) P3HT：CdTe 光电二极管在 337 nm 脉冲激光下的瞬态光电流衰减曲线；(c) CdTe 和 P3HT：CdTe 光电探测器的比探测率(−5 V 偏压)[8]

三元或四元无机半导体材料也可以作为受体材料。万立骏课题组[12]采用溶液法制备了以 P3HT/CuInSe₂ 纳米晶复合薄膜为活性层的光电探测器，器件光谱响应范围覆盖 300~700 nm 区域，暗态电流为 0.15pA，小于单独以 CuInSe₂、P3HT 作为活性层的器件(图 6-5)。在 0.4 V 偏压、7.63 mW/cm² 光照条件下，光电流为 17 pA，光暗电流比大于 100。他们还合成了纤锌矿结构四元无机半导体 Cu₂Zn SnSe₄

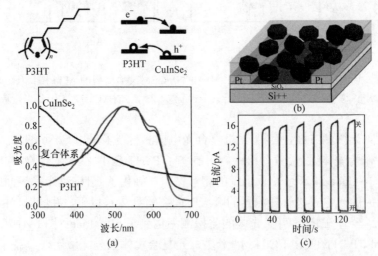

图 6-5　P3HT/CuInSe₂ 复合光电探测器的能级结构与吸收光谱(a)，结构示意(b)和开关响应特性(c)[12]

纳米晶，将其与 P3HT 进行复合后获得了暗态条件下近乎绝缘的活性层薄膜，0.4 V 偏压下暗电流仅为 0.012 pA，7.63 mW/cm² 白光下光电流为 2.24 pA，光暗电流比超过 150[13]。

作为无机紫外光电探测的补充，有机-纳米晶复合紫外光探测材料与器件的研究也得到了研究者的广泛关注。其采用的受体材料主要为各种形状的宽带隙无机纳米材料，如 ZnO 纳米带[14,15]、纳米线[16-18]、纳米晶[19-24]、纳米棒[25-28]和纳米异形体[29]，以及 TiO₂ 纳米晶[30-33]、纳米棒阵列[34,35]等。

王中林课题组在研究 ZnO 纳米带的紫外光导时发现，用有机材料对其进行表面修饰可以显著提高其紫外光电响应。尤其是选择 PSS 修饰时，ZnO 纳米带在 280 nm 紫外光下的光响应可提高 5 个数量级[图 6-6(a)][14]。聚合物的存在被认为促进了光生电子-空穴的分离，从而实现了光电流的大幅度提高。此后，他们又用聚丙烯腈包覆 ZnO 纳米带，发现其紫外光响应可提高 750 倍[15]。Chen 等采用热蒸镀工艺将酞菁铜蒸镀到 ZnO 纳米线上，制备了光敏晶体管型光电探测器。酞菁铜与 ZnO 纳米线复合形成异质结，并增厚了表面耗尽层，抑制了暗电流，因而提高了光电增益。ZnO 纳米线的紫外光电响应取决于水、氧分子的吸附，响应速度较慢。而酞菁铜/ZnO 纳米线异质结的光电响应取决于异质结界面的光生电子-空穴分离与复合，因而具有更快的响应速度[图 6-6(b)]。在 1 V 偏压、350 nm 波长、100 μW/cm² 紫外光照射下，器件的开启时间和衰减时间分别为 2.4 s 和 3.0 s，光暗电流比达到 3×10⁴，是 ZnO 纳米线的 850 倍，光电增益和响应度分别为 1×10⁷ 和 2.9×10⁶ A/W[16]。

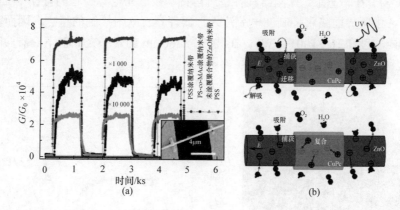

图 6-6　(a) 涂覆有不同聚合物的单根 ZnO 纳米带器件在紫外光下的开关响应[14]；(b) ZnO 纳米线在亮暗态下的工作机制示意[16]

陈红征课题组将湿化学法制备的 ZnO 纳米晶分散在聚(9,9-二己基芴)(PFH)溶液中，采用旋涂法得到 PFH/ZnO 纳米复合薄膜，并以此为活性层制备了二极管型紫外光探测器。在−1 V 偏压、365 nm 波长、1 mW/cm² 紫外光照射下，器件的响应度为 94 mA/W，光暗电流比达到 3 个数量级[图 6-7(a)]。通过考察不同条件下器件的开关响应特性的变化[图 6-7(b)、(c)]，他们提出 PFH/ZnO 纳米晶复合光电探测器持续光导现象的成因，在于具有缺陷的 ZnO 纳米晶受紫外信号激励后，被深能级陷阱捕获的空穴与异质结材料中自由电子的缓慢复合[19, 20]。采用空气陈化或 ZnO 纳米晶表面修饰的方法，可以钝化 ZnO 纳米晶表面缺陷，减少深能级陷阱，达到克服持续光导的目的[19-23]。

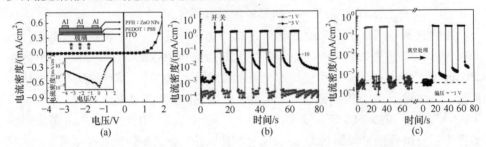

图 6-7　(a) PFH/ZnO 复合光电二极管的结构示意与亮暗态下的电流密度-电压特性曲线；(b) 新制备器件在不同偏压下的开关响应特性；(c) 经过空气陈化的器件在真空处理前后的开关响应特性[19]

　　黄劲松课题组采用溶液法制备了聚合物半导体/ZnO 纳米晶复合紫外光探测器，器件的响应光谱由聚合物半导体的带隙宽度决定。以 P3HT 为给体时，器件对紫外光、可见光都有响应，而以 PVK 为给体时，器件呈现可见盲的光谱响应特性(图 6-8)。在暗态下，探测器具有整流肖特基接触光电二极管的特性；在紫外光照射下，由于界面陷阱控制的电荷注入，器件具有欧姆接触的特点，因而获得了很高的响应度(721~1001 A/W)。在波长为 360 nm 的紫外光照射下，器件的比探测率达到 3.4×10^{15} Jones (偏压<10 V)[24]。

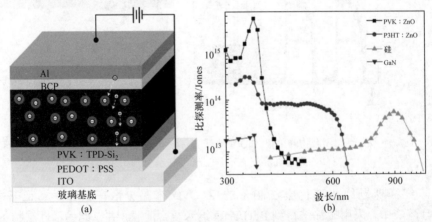

图 6-8　(a) PVK/ZnO 复合光电二极管的结构示意；(b) 器件在不同波长下的比探测率[24]

Lin 等[25]以聚芴(PFO)和 ZnO 纳米棒为给受体材料，制备了二极管型紫外光探测器。ZnO 纳米棒的 SEM 图、器件结构与光电响应如图 6-9 所示，–2 V 偏压下，300 nm 波长处的响应度为 0.18 A/W。Wang 等[26]以 PVK 和电沉积得到的 ZnO 纳米棒为给受体材料，制备的器件在 364 nm 处有较窄的响应峰，半峰宽为 26 nm，–5 V 偏压下光暗电流比大于 3 个数量级，对 1.2 mW/cm^2 365 nm 紫外光的响应度为 110 mA/W。Game 等通过溶液法合成了取向的 ZnO 纳米棒，并与 spiro-OMeTAD 复合制备了紫外光探测器。该器件具有可见盲的光谱响应特征，在 0 V 偏压，3 mW/cm^2 390 nm 光照下，光暗电流比大于 10^2，开启时间和关闭时间分别为 200 ms 和 950 ms。当采用 N 元素对 ZnO 进行掺杂后，器件响应光谱的带边红移到可见光区域[27]。此外，PEDOT：PSS 也被用来与 ZnO 复合构建紫外光探测器[17, 18, 28, 29]。Ranjith 等[28]制备了结构为 ITO/ZnO/PEDOT：PSS/Au 的探测器，在 256 nm 波长紫外光照射下，响应度为 5.046 A/W，光暗电流比为 37.65，分别比单独的 ZnO 纳米棒阵列器件提高了 10 倍和 8 倍。

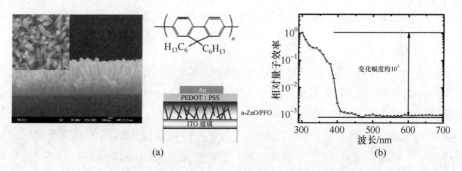

图 6-9　(a) ZnO 纳米棒的 SEM 图和 PFO/ZnO 纳米棒复合光电二极管结构示意；(b) 不同波长下器件的相对量子效率[25]

纳米 TiO$_2$ 是除 ZnO 以外，另一广泛用于有机-无机复合紫外光电探测的无机纳米受体。陈红征课题组采用化学接枝方法，实现了 TiO$_2$ 与 PVK 的原位复合，得到了比纯 PVK 高一倍的紫外光响应[30]。他们还用溶剂热法合成了表面修饰油酸配体的单分散 TiO$_2$ 纳米晶，制备的 PFH/TiO$_2$ 纳米晶复合二极管型光电探测器的响应光谱范围为 300~420 nm。在 0 V 偏压，波长 365 nm 紫外光照射下，器件响应度为 6.92 mA/W，光暗电流比大于 3 个数量级，开关响应时间小于 200 ms[31]。当 TiO$_2$ 纳米晶没有有机配体修饰时，PFH/TiO$_2$ 纳米晶复合光电探测器在 365 nm 紫外光下的响应度可达 54.6 mA/W[32]。Shao 等选择纳米 TiO$_2$/1, 3-二(N-咔唑)苯 (mCP) 复合薄膜为活性层，制备了紫外光探测器，结构为 ITO/MoO$_3$/mCP-TiO$_2$/BCP/Al。有机组分作为一个"阀"能够控制紫外光照射下空穴的注入(图 6-10)。在 –10 V 偏压，351 nm 波长紫外光照射下，该器件的最大光响应为 240 A/W，光

暗电流比达 10^4，外量子效率约为 $8.5×10^4$%，比探测率为 $3.72×10^{14}$ Jones，开启时间和关闭时间分别为 21 ms 和 23 ms[33]。陈红征课题组还在 FTO 玻璃上通过水热法制备了垂直生长的金红石相单晶 TiO_2 纳米棒阵列，然后旋涂上一层 PFH 薄膜制备了光电探测器。在 3.2 mW/cm² 紫外光照射下，该器件的光暗电流比接近 3 个数量级，响应时间小于 200 ms[34]。如果用 $TiCl_4$ 对 TiO_2 纳米棒进行处理，器件在 0V 偏压、395 nm 波长光照射下的最大响应度可达 33.2 mA/W[35]。

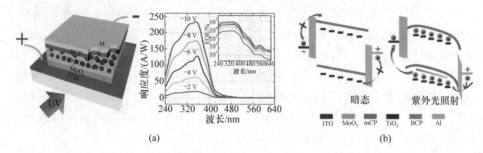

图 6-10   ITO/MoO₃/mCP-TiO₂/BCP/Al 器件的结构图和响应光谱图(a)，以及能级结构和紫外光照射下的电荷转移(b)[33]

在宽光谱探测方面，黄劲松课题组[36]制备了结构如图 6-11 所示的从紫外到近红外都有响应的复合光电探测器。该结构利用 ZnO 纳米晶吸收紫外光，PbS 纳米晶吸收近红外光，P3HT 吸收可见光，并发挥 PCBM 优异的电子传输能力，器件在−4 V 偏压下，外量子效率超过 100%。当复合体系仅以 PbS 纳米晶为受体时，器件并未产生明显的光电增益，加入 ZnO 后产生较大的光电增益。在−4 V 偏压、350 nm 紫外光照射下，该器件的响应度为 4.58 A/W，比探测率为 $8.28×10^{11}$ Jones。

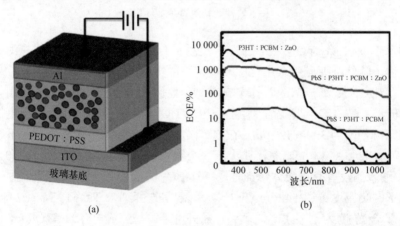

图 6-11   (a) P3HT/纳米 ZnO/纳米 PbS 复合光电二极管结构示意；(b) 不同活性层材料的器件响应光谱[36]

Chen 等采用 CVD 方法在 Cd 片上制备了迁移率为 2.94 cm^2/(V · s)的 p 型 Cd$_3$P$_2$ 单晶纳米线，获得了 300～1300 nm 的宽光谱响应。将 n 型的 PC$_{61}$BM 覆盖于 Cd$_3$P$_2$ 纳米线之上，由于给受体间的光致电荷转移，Cd$_3$P$_2$/PC$_{61}$BM 复合光敏晶体管的光电增益比 Cd$_3$P$_2$ 高出近 1 倍。在 300 nm 波长下，该器件的响应度为 5.9×10^4 A/W[37]。用类似方法制备的 GaP 纳米线/PC$_{61}$BM 复合光敏晶体管，响应时间约为 43 ms，光暗电流比约为 170，均优于 GaP 纳米线[38]。

6.3　钙钛矿光电探测器

6.3.1　光导型光电探测器

Hu 等[39]在柔性 PET 薄膜上制备了以 MAPbI$_3$ 钙钛矿为光敏材料的光导型光电探测器。该器件在 0.01 mW/cm^2 365 nm 紫外光照射下，响应度为 0.0367 A/W，响应时间为 0.2 s；在 0.01 mW/cm^2 780 nm 可见光照射下，响应度为 3.49 A/W，响应时间为 0.1 s（3 V 偏压）。他们认为，光照下器件电流的增大是钙钛矿中载流子浓度提高而导致能带弯曲，从而降低肖特基势垒，使界面处的载流子容易传输到电极，如图 6-12 所示。由于 PET 基底的柔性，器件经过 120 次反复弯曲后性能基本保持不变。

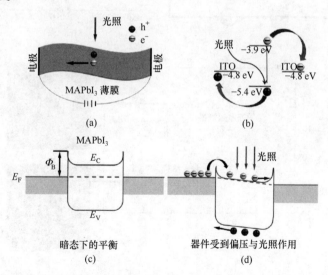

图 6-12　（a）、（b）MAPbI$_3$ 薄膜柔性光电探测器的结构示意和器件能级示意；（c）、（d）钙钛矿光电探测器在暗态时的平衡及在光照下的载流子传输机理，E_F 为费米能级，E_C 为导带能级，E_V 为价带能级，Φ_B 为肖特基势垒高度[39]

  Guo 等[40]制备了以 MAPbI$_{3-x}$Cl$_x$ 薄膜为光敏层的光导型光电探测器，在 66 nW/cm^2 白光和 0.85 μW/cm^2 254 nm 紫外光照射下，分别获得了 14.5 A/W 和 7.85 A/W 的响应度。采用在器件表面覆盖含氟高分子(CYTOP)薄膜的方法，可以提高器件稳定性，使其在 100 d 后仍能保持约 75%的性能。Wang 等[41]制备了响应时间为 20 μs 的 MAPbI$_{3-x}$Cl$_x$ 薄膜光导型光电探测器，响应度为 55 mA/W (10 mW/cm^2 475 nm 光照，10 V 偏压)。Zhang 等[42]制备了以岛状微结构 MAPbI$_3$ 薄膜为活性层的光导型光电探测器。如图 6-13 所示，在 6.59 mW/cm^2 光照下，该器件的光暗电流比达到 10^4 以上，当入射光信号降低到 0.018 mW/cm^2 时，光暗电流比仍超过 100(60V 偏压)。该器件的响应时间小于 50 ms。Zhou 等[43]以二维层状钙钛矿(C$_4$H$_9$NH$_3$)$_2$(CH$_3$NH$_3$)$_{n-1}$Pb$_n$I$_{3n+1}$ (n =1～3)为活性层材料制备了光电探测器，器件具有可重复的开关响应特性。当 n=3 时，由于活性层材料带隙的减小，以及薄膜形貌的优化，该器件性能达到最佳，上升与衰减时间分别为 10.0 ms 和 7.5 ms，响应度为 12.78 mA/W。

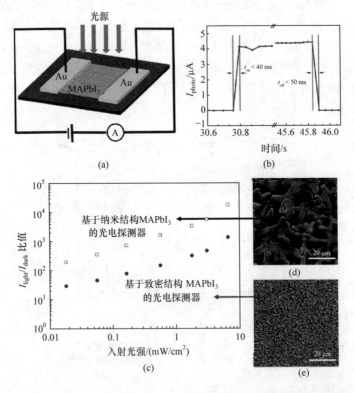

图 6-13 (a)、(b)利用岛状钙钛矿薄膜制备的光电探测器的结构示意图(a)及其探测器响应时间(b)；(c)致密钙钛矿薄膜光电探测器与纳米结构钙钛矿薄膜光电探测器在不同强度光照下的光暗电流比；(d)、(e)纳米结构(d)、致密结构(e)钙钛矿薄膜的 SEM 图[42]

也有研究者在钙钛矿基础上进行再一次的材料间的复合,以提升器件的性能。Xia 等[44]制备了 TiO$_2$/MAPbI$_3$ 复合光电探测器,如图 6-14 所示。当不含钙钛矿时,该器件表现出较低的响应度(0.16 μA/W)和较长的响应时间(上升时间 2.7 s、衰减时间 0.5 s),当加入 MAPbI$_3$ 钙钛矿层之后响应度增大(0.49 μA/W),响应时间缩短(上升、衰减时间均为 0.02 s)。他们认为,当以 TiO$_2$ 作为活性层时,光响应依赖于 TiO$_2$ 表面对 O$_2$ 的吸附和解吸附,当加入钙钛矿层之后,其光响应速度取决于钙钛矿中光生载流子的输运与复合,因此器件性能有所提高。更多的研究集中在钙钛矿与碳材料的复合[45-47]。Wang 等将 MAPbI$_3$ 与石墨纳米晶(NCG)复合制备光导型光电探测器[图 6-15(a)、(b)],在 5 V 偏压、0.2 mW/cm^2 500 nm 光照下,获得了 0.795A/W 的响应度,响应时间为 25 ms[45]。He 等把氧化石墨烯(rGO)与 MAPbI$_3$ 复合,用作光电探测器的光敏层材料[图 6-15(c)、(d)]。与未添加 rGO 的 MAPbI$_3$ 对比,在 3.2 mW/cm^2 520 nm 光照条件下,响应度从 11.1 mA/W 增加到 73.9 mA/W,响应时间分别从 53.5 ms(上升)、69.6 ms(衰减)缩短到 40.9 ms(上升)、28.8 ms(衰减)[46]。

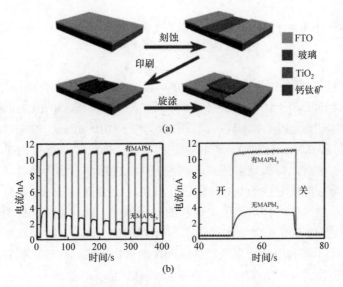

图 6-14　TiO$_2$/MAPbI$_3$ 复合光电探测器的制备过程(a)和开关响应行为(b)[44]

除了以杂化钙钛矿及其复合物薄膜为活性层材料外,研究者还采用各种纳米结构[48-58]和单晶材料[59-67]来制备光电探测器。Horváth 等[48]使用滑动涂布的方法制备了 MAPbI$_3$ 纳米线,以 Pt 作为电极材料,得到了 2.5 W/cm^2 红光下,5 mA/W 的响应度,开关响应时间小于 500 μs。Zhuo 等[49]以含 Pb^{2+} 纳米线为前驱体,制备了 MAPbBr$_3$ 多孔纳米线,其反应过程如图 6-16 (a)所示。该器件响应光谱截止带边约为 550 nm,

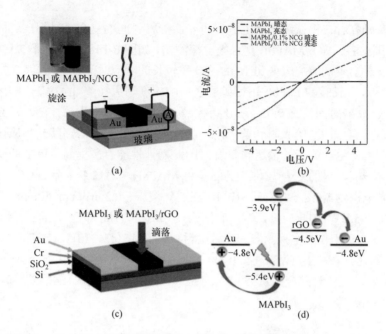

图 6-15　钙钛矿/石墨光导型光电探测器(a)及其光响应性能(b)[45]; rGO 修饰钙钛矿光导型光
电探测器(c)及其能级结构图(d)[46]

响应上升与衰减时间分别为 0.120 s 与 0.086 s, 如图 6-16(b)和(c)所示。Deng 等[50]
制备了具有良好取向的 MAPbI₃ 钙钛矿纳米线, 在 1 V 偏压、80 μW/cm² 650 nm 光照
下, 器件的响应度达到 1.3 A/W, 比探测率为 $2.5×10^{12}$ Jones, 响应时间分别约为
0.2 ms(上升)和 0.3 ms(衰减)。Zhu 等[51]在覆盖了钙钛矿薄膜的 PET 基底上滴加
溶剂使钙钛矿溶解, 再加热重结晶, 制备了 MAPbI₃ 纳米线柔性光导型光电探测
器, 器件的响应时间分别为 0.12 s(上升)和 0.21 s(衰减)。Deng 等制备了高质量
的钙钛矿单晶纳米线, 并得到了大面积的取向阵列, 以其为活性层的光电探测器
的响应度高达 12 500 A/W, 比探测率为 $1.73×10^{11}$ Jones, 线性动态范围达到了
150 dB[52]。Gao 等利用油酸来钝化 MAPbI₃ 纳米线的表面缺陷, 制备的光导型光
电探测器响应度为 4.95 A/W, 比探测率为 $2×10^{13}$ Jones[53]。

　　Wang 等[59]采用低温溶液法, 通过对晶体位置和排列的控制, 在 4 in(1 in=
2.54 cm)的晶圆上实现了微片状钙钛矿晶体在图案化的金电极上的选择性生长,
从而实现可独立寻址的光电探测器阵列的制备。如图 6-17 所示, 在 0 V 偏压下,
沟道长度 8 μm 的器件的响应度为 7 A/W, 对应光电增益为 18, 响应时间约 50 ms。
缩短沟道长度至 100 nm, 器件的响应度可以达到 40 A/W。Liu 等[60]制备了基于
MAPbI₃ 二维纳米片的光电探测器, 在 1 V 偏压, 405 nm 和 532 nm 光照下, 响应
度分别达到 22 A/W 和 12 A/W。在周期性光照下, 器件光电流的上升和衰减时间

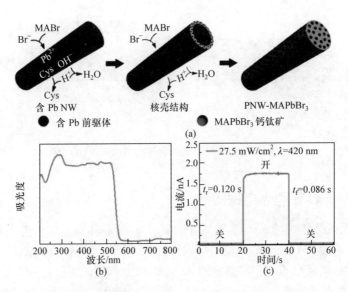

图 6-16　MAPbBr₃ 纳米线的反应过程示意图(a)、紫外-可见吸收光谱(b)及 420 nm 光照、1V
偏压下的开关响应曲线(c)[49]

分别为 20 ms 和 40 ms。Qin 等[61]采用简单的溶液浸渍方法制备了 MAPbI₃ 单晶纳
米线和纳米片，获得了优于多晶薄膜的光电探测器，在 73.7 mW/cm² 光照下，光
暗电流比最高达到 10^3。Saidaminov[62]等利用不良溶剂扩散法制备了毫米级别的
MAPbBr₃ 单晶颗粒。以此为基础在 ITO 玻璃上制备了沟道长 5 μm 的底接触光导
型光电探测器，如图 6-18 所示。该器件在 2 μW 光照下实现了高达 4000 A/W 的
响应度，大于 10^{14} 的光电增益和 10^{13} Jones 的比探测率，响应时间只有 25 μs。

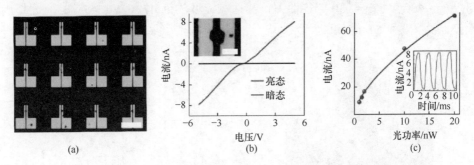

图 6-17　(a)在图案化电极上选择性生长 MAPbI₃ 晶体的光学照片，钙钛矿晶体微片桥架在阵
列化的电极对上，标尺长度 200 mm；(b)亮暗态下的电流-电压曲线，插图为桥架在金电极间
的钙钛矿晶体，标尺长度 20 mm；(c) 不同强度光照下器件的光电流变化(5 V 偏压)，插图为
器件开关响应特性(1.2 nW, 488 nm 激光，5 V 偏压)[59]

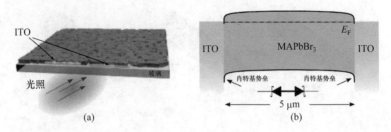

(a)　　　　　　　　　　　　　(b)

图 6-18　(a) 基于单晶颗粒的光导型光电探测器结构示意；(b) 器件能级结构图解[62]

6.3.2　光敏晶体管型光电探测器

　　有机-无机杂化钙钛矿光敏晶体管的研究主要集中于三维结构的杂化钙钛矿材料 $MAPbX_3$（X = I⁻, Br⁻, Cl⁻）及其与碳材料（石墨烯、碳纳米管）的复合物。Li 及其同事[68]通过溶液法合成了高质量的 $MAPbI_{3-x}Cl_x$ 薄膜，并以其为沟道层材料制备了底栅顶接触型场效应晶体管，第一次测量到了双极性场效应晶体管特性(图 6-19)。他们发现，当薄膜中不含 Cl 元素时，暗态条件下无法得到明显的场效应晶体管特性，当加入部分 Cl 元素后，暗态下的场效应性能有所提升，并呈现出双极性特征，空穴和电子饱和区迁移率分别为 $1.62×10^{-4}$ $cm^2/(V·s)$ 和 $1.17×10^{-4}$ $cm^2/(V·s)$。当器件置于 10 mW/cm^2 的白光 LED 光照下时，$MAPbI_3$ 的场效应空穴(电子)迁移率为 0.18 $cm^2/(V·s)$ [0.17 $cm^2/(V·s)$]，p 型(n 型)开关比 I_{on}/I_{off} 为 $3.32×10^4$ ($8.76×10^3$)。作为光电探测器，其响应度最高达 320 A/W(栅极电压 $V_G = -40$ V，源漏电压 $V_{DS} = -30$ V)，外量子效率约为 80%。当使用 $MAPbI_{3-x}Cl_x$ 作为沟道层材料时，相同光照下，器件空穴(电子)迁移率高达 1.24 $cm^2/(V·s)$ [1.01 $cm^2/(V·s)$]。在 $V_G = -40$ V，$V_{DS} = -30$ V 条件下，器件响应度约为 47 A/W，响应时间分别为 6.5 μs(上升)和 5.0 μs(衰减)。

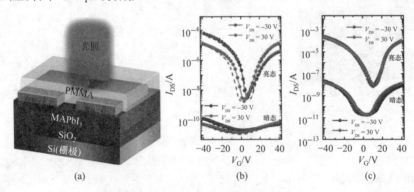

(a)　　　　　　　　(b)　　　　　　　　(c)

图 6-19　(a) 钙钛矿晶体管器件结构图；$MAPbI_3$ 晶体管(b)和 $MAPbI_{3-x}Cl_x$ 晶体管(c)暗态和
亮态转移曲线[68]

为提高光敏晶体管在室温下的载流子传输能力，不少学者采用将有机-无机杂化钙钛矿与碳材料复合的方法来制备晶体管的沟道层材料[69-74]。如图 6-20 所示，Lee 等[69]使用石墨烯与 MAPbI$_3$ 钙钛矿双层复合材料为沟道层，制备了底栅底接触结构的光敏晶体管，利用光照下钙钛矿向高导电能力的石墨烯的电荷转移，来提升器件的光响应能力。在 1 μW 520 nm 的光照条件下，器件响应度为 180 A/W，外量子效率约为 5×10^4 %，比探测率超过 10^9 Jones(V_{DS}= 0.1 V、V_G= 0 V)，响应时间分别为 87 ms(上升)和 540 ms(衰减)。Wang 等[70]将 MAPbBr$_2$I 钙钛矿岛状分散于单层石墨烯表面作为沟道层材料，制备了底栅顶接触结构光敏场效应晶体管。利用散射式近场光学显微术(s-SNOM)及光电流成像实验揭示了器件的工作机理：光生激子在钙钛矿与石墨烯的界面处分离，空穴进入石墨烯，对石墨烯进行掺杂，提高载流子浓度，而电子在钙钛矿材料中被捕获。在 1.052 nW 405 nm 光照条件下，得到了约 6×10^5 A/W 的超高响应度(V_{DS} =3 V)，响应时间分别为 120 ms(上升)和 750 ms(衰减)，光电增益大于 10^9。

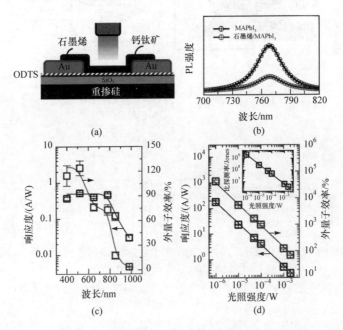

图 6-20 (a) 钙钛矿/石墨烯双层复合材料晶体管器件结构图；(b) 钙钛矿/石墨烯相比于纯钙钛矿材料出现荧光衰减现象；(c)、(d)响应度、外量子效率随波长(c)及光照强度(d)变化的情况，插图显示了比探测率随光照强度变化的情况[69]

ODTS 代表十八烷基三甲氧基硅烷

Spina 等[71]报道了 MAPbI$_3$ 纳米线/石墨烯复合材料作为沟道层的底栅顶接触光敏晶体管，如图 6-21 所示。该探测器具有对极弱光的探测能力，在 633 nm

3.3 pW（0.65 nW/mm²）的光照条件下，响应度高达 2.6×10⁶ A/W（V_{DS}=10 mV、V_G=0 V），响应时间分别为 55 s（上升）和 75 s（衰减）。之后，该课题组[72]又使用 MAPbI₃ 纳米线/单根碳纳米管复合材料作为沟道层，制备了底栅顶接触结构光敏晶体管。在极弱照度（6.25 nW/mm²）的 633 nm 光照下，探测器响应度达到 7.7×10⁵ A/W，外量子效率达到 1.5×10⁸ %（V_G= −5 V、V_{DS}= 0.2 V）。Sun 等[73]制备了以 MAPbI₃/石墨烯和 MAPbI₃/石墨烯/金纳米颗粒复合薄膜为沟道层的底栅底接触晶体管，尽管两者迁移率近似[分别为 0.15 cm²/(V·s) 和 0.14 cm²/(V·s)]，但掺有纳米金的器件在 532 nm（0.01 μW）光照下，响应度达到 2.1×10³ A/W，响应时间为 1.5 s（上升）（V_{DS}= 10 V、V_G= 0 V），均优于未掺纳米金的器件[响应度为 1.1×10³ A/W，响应时间为 1.8 s（上升）]。

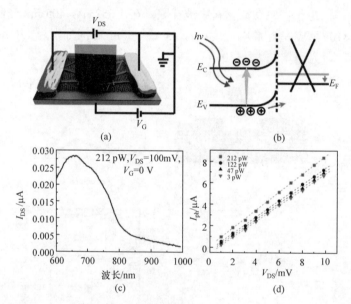

图 6-21　钙钛矿纳米线/石墨烯复合晶体管的结构示意(a)、能带结构示意(b)、响应光谱(c)和
电流-电压特性曲线(d)[71]

E_c 为钙钛矿导带能级；E_v 为钙钛矿价带能级；E_F 为石墨烯费米能级；I_{ph} 为光电流

　　采用二维结构的杂化钙钛矿材料为沟道层材料，可以避免三维结构中离子迁移造成的屏蔽效应。陈红征课题组采用溶液旋涂法制备了 (C₆H₅C₂H₄NH₃)₂SnI₄ 薄膜，室温条件下最高场效应空穴迁移率为 1.2 cm²/(V·s)。该器件对于微弱的不同波长可见光均表现出优异的响应性能，同时具备了高的响应度和高光暗电流比[75]。如图 6-22 所示，在 5 μW/cm² 红光（636 nm）照射下，该器件的光暗电流比和响应度分别达到了 800 和 1.4×10⁴ A/W（V_G= 13 V、V_{DS}= −40 V）；在 3 μW/cm² 绿光（516 nm）照射下，光暗电流比和响应度分别为 2000 和 1.6×10⁴ A/W（V_G= 14 V、V_{DS}= −40 V）；

当使用 5 μW/cm² 蓝光 (447 nm) 照射时，光暗电流比和响应度分别达到了更高的 8000 和 1.9×10^4 A/W ($V_G = 16$ V, $V_{DS} = -40$ V)。

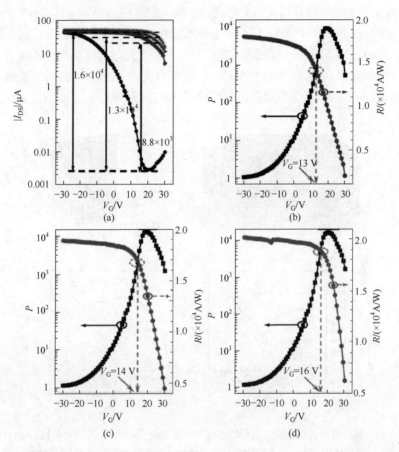

图 6-22　(a) 器件在暗态 (黑色) 与亮态 (红色：5 μW/cm² 红光，绿色：3 μW/cm² 绿光，蓝色：5 μW/cm² 蓝光) 条件下的转移曲线；(b) ~ (d) 红光 (b)、绿光 (c)、蓝光 (d) 照射下光暗电流比 (P)、响应度 (R) 与栅极电压 (V_G) 的关系曲线[75]

6.3.3　光敏二极管型光电探测器

三维结构杂化钙钛矿 $MAPbI_3$、$MAPbI_{3-x}Cl_x$ 晶体薄膜已经在太阳电池器件中表现出了很高的光电转换能力，因而在光电二极管探测器中也普遍采用上述材料作为光敏层。

为实现对弱光信号的灵敏探测，需要对器件的暗电流进行有效的抑制。相关研究主要集中于选择不同的载流子阻挡层材料。如图 6-23 所示，杨阳课题组[76]在以 $MAPbI_{3-x}Cl_x$ 为光敏层的光敏二极管器件中引入了不同的空穴阻挡层材料,发现选择 PFN 时可以获得最低的暗态电流密度。器件在 1 mW/cm² 550 nm 光照射下,比探测率高达 10^{14} Jones。Lin 等[77]以 MAPbI₃ 为光敏层,对比了四种电子传输层对光敏二极管器件暗态电流的影响,如图 6-24 所示。这四种电子传输层分别为: 10 nm PC₆₀BM(类型 1)、50 nm PC₆₀BM(类型 2)、130 nm C₆₀(类型 3)、PC₆₀BM (50 nm)/C₆₀ (130 nm) 叠层(类型 4)。结果发现,选择类型 4 的器件获得了最低的暗态电流,同时器件的外量子效率水平也未受影响,比探测率达到 10^{12} Jones,响应时间分别仅 1.7 μs(上升)和 1.0 μs(衰减)。

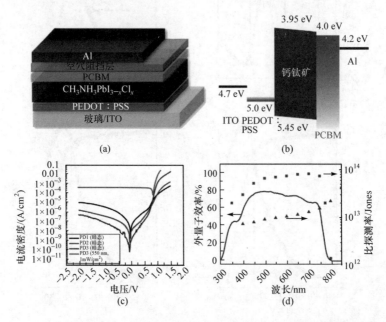

图 6-23　(a)、(b)分别为钙钛矿二极管的器件结构和能级结构;(c)无空穴阻挡层(PD1),BCP 作为空穴阻挡层(PD2),PFN 作为空穴阻挡层(PD3)时探测器的电流密度-电压曲线;(d)不同波长光下的外量子效率和比探测率(正方形),以单晶硅二极管比探测率(三角形)作为对比[76]

　　如图 6-25 所示,黄劲松课题组[78]研究了电子、空穴传输层的变化对探测器性能的影响。他们制备了三种器件,器件 A 采用 PEDOT:PSS 和 PCBM/C₆₀ (20 nm/20 nm) 分别作为空穴和电子传输层,器件 B 以交联的二苯基联苯衍生物(OTPD)作为空穴传输层,PCBM/C₆₀ (20 nm/20 nm) 作为电子传输层,器件 C 采用交联 OTPD 作为空穴传输层,PCBM/C₆₀ (20 nm/80 nm) 作为电子传输层。一方面,叠层的 PCBM/C₆₀ 有利于降低暗电流水平,另一方面,疏水的交联 OPTD 薄膜则有利于形成较大晶粒的钙钛矿薄膜,减少晶界处的复合,从而降低器件的噪声水平。而生长于 PEDOT:PSS 等亲水材料上的钙钛矿薄膜会产生较多晶界,导致陷阱增多,增加了晶界处的载流子复合。因此,器件 C 具有最佳的对弱光(1 pW/cm²)的探测能力,在 680 nm 光照下，比探测率可达到 7.4×10^{12} Jones。

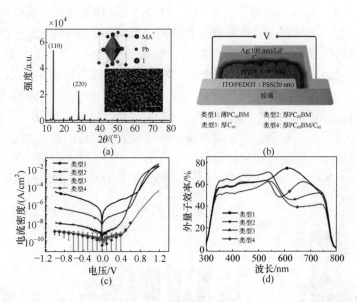

图 6-24　(a) MAPbI₃ 钙钛矿薄膜的 XRD 图，插图：钙钛矿薄膜的 SEM 图；(b) 二极管器件结构示意图；(c) 四种电子传输层暗态器件的电流密度电压曲线；(d) 采用四种电子传输层材料的器件的外量子效率图[77]

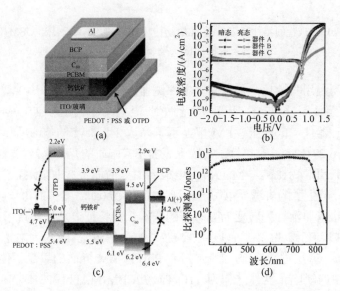

图 6-25　(a) 二极管光电探测器结构示意；(b) 三种不同传输层材料器件的亮、暗态电流密度-电压曲线；(c) 能级结构示意；(d) 器件比探测率[78]

Sargent 课题组[79]通过界面工程调控 MAPbI₃ 二极管的暗电流，器件结构如图 6-26(a) 所示，相应的能级结构如图 6-26(b) 所示。研究发现，采用在 TiO_2 沉积致密 Al_2O_3 层的方法可以有效降低器件的暗电流[图 6-26(c)，器件 I2]，在致密 Al_2O_3 与钙钛矿之间引入 PCBM 可以进一步降低暗电流水平(器件 I3)。在持续 10^9 次光脉冲信号过程中，器件 I3 光电流始终保持在较高的水平，比探测率达到 10^{12} Jones，600 nm 光照条件下的响应度为 0.4 A/W，响应光谱范围覆盖 400~780 nm。Chen 等[80]制备了不同致密程度 TiO_2，并以其为空穴阻挡层制备了基于 $MAPbI_{3-x}Cl_x$ 薄膜的二极管型光电探测器，发现溶液旋涂法制备的致密程度中等的 TiO_2 层对提高光电增益有积极的作用。当施加反向电压(<1 V)时，器件光电增益达到了 2400，外量子效率达到 $2.4×10^5$ %；当入射光强为 10 μW/cm² 时，最大响应度为 620 A/W。

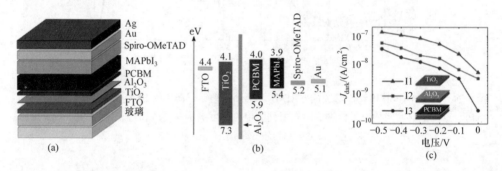

图 6-26　MAPbI₃ 二极管的器件结构(a) 和能级结构(b) 以及加入 Al_2O_3 或 PCBM 对器件暗电流的降低效果(c)[79]

对缺陷的利用与钝化，是提高光电探测器性能的有效途径[81-88]。黄劲松课题组 [81]制备了如图 6-27(a) 所示的光敏二极管，结构为 ITO/MAPbI₃/TPD-Si₂/MoO₃/Ag。器件在低偏压(−1 V)下显示了高达 242 A/W 的响应度和接近 500 的光电增益[图 6-27(b)]。这是钙钛矿薄膜上表面空穴陷阱的存在，导致光照时 MAPbI₃ 表面捕获空穴引起钙钛矿与 MoO₃/Ag 电极界面处的能带弯曲，增强了反向偏压下的电子注入，产生了陷阱诱导电子注入现象[图 6-27(c)]。器件的电压-电流曲线由暗态下的二极管整流行为转变为亮态下的欧姆接触特征，从而实现了超高的响应度和光电增益。龚雄课题组[82]以溶胶-凝胶法制备的致密 TiO_2 为电子传输层，并用 PCBM 对 TiO_2 层进行修饰，提高了 MAPbI₃/PCBM 界面的载流子传输，也钝化了 TiO_2 层中的缺陷。器件结构为 ITO/TiO₂/PCBM/MAPbI₃/P3HT/ MoO₃/Al，在 375~800 nm 范围内，比探测率超过 10^{12} Jones。Xiao 等[83]采用氩等离子体对 MAPbI₃ 表面进行处理，形成 Pb^{2+} 在表面的富集，更加有利于 $PC_{61}BM$ 对钙钛矿表面缺陷的钝化，器件的光响应速度提高了 100 倍。单晶薄膜由于具有远低于多晶薄膜的缺陷态密度，可以大大降低载流子的复合，采用钙钛矿单晶为光敏层的光电探测器都具有较高的光探测能力[85-88]。黄劲松课题组[85]制备了厚度为几十微米的 MAPbBr₃ 单晶薄膜，基于 MAPbBr₃ 单晶薄膜的光电探测器噪声水平很低，比探测率高达 $1.5×10^{13}$ Jones，线性动态范围达到了 256 dB。

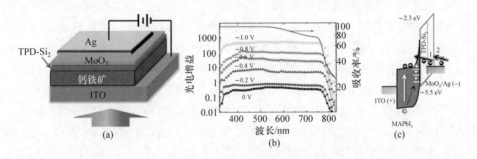

图 6-27　(a) MAPbI₃ 二极管器件结构；(b) 钙钛矿薄膜吸收光谱及不同波长下光电增益曲线；(c) 光照下器件工作原理示意[81]

拓宽钙钛矿光电探测器的光吸收范围[89-94]，就可以实现对紫外-可见-近红外信号的宽光谱探测。鄢炎发课题组采用 Sn^{2+} 部分取代 Pb^{2+} 的方法将杂化钙钛矿光电探测器的响应光谱拓宽到了 1000 nm，近红外光区的外量子效率达到了 65%[90]。然而，Sn^{2+} 在空气中易氧化的缺点是 Sn^{2+} 钙钛矿材料实际应用过程中必须解决的问题。将窄带隙的 PbS QDs 与钙钛矿复合也可以拓宽探测器的响应光谱。龚雄课题组[91]制备了如图 6-28 所示的 PbS QDs/MAPbI₃ 复合光电二极管，实现了从 375 nm 到 1100 nm 波长范围的探测，在可见光和红外光区的比探测率分别达到 10^{13} Jones 和 10^{12} Jones，优于 PbS QDs 探测器。

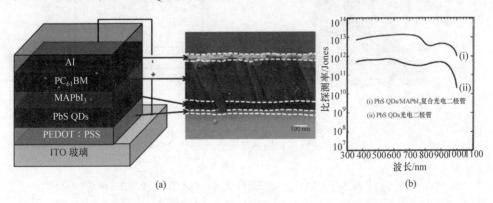

图 6-28　(a) PbS QDs/MAPbI₃ 二极管型光电探测器结构示意图；(b) PbS QDs/MAPbI₃ 复合光电二极管及 PbS QDs 光电二极管在不同波长下的比探测率对比[91]

　　将铅基钙钛矿薄膜与具有近红外响应特性的窄带隙有机异质结薄膜相复合，是实现宽光谱探测的另一有效策略。马东阁课题组[92]将窄带隙给体 PDPP3T 与 PC$_{71}$BM 共混制备本体异质结薄膜，并与 MAPbI$_3$ 薄膜层状复合，制备了复合光电探测器，结构为 ITO/PEDOT/MAPbI$_3$/PDPP3T：PC$_{71}$BM/Al[图 6-29(a)]。窄带隙聚合物 PDPP3T 的存在将器件的响应光谱拓宽至 950 nm。增加有机本体异质结中窄带隙给体的含量可以提高近红外区域的外量子效率。然而，本体异质结中受体材料(PC$_{71}$BM)含量的下降，影响了钙钛矿薄膜中光生电子的抽提效率，导致近红外外量子效率的提高，伴随着可见光区外量子效率的降低[图 6-29(b)]。器件的暗电流低于有机异质结光电探测器，比探测率最大值超过 3×10^{13} Jones，具有较好的对弱光的探测能力。龚雄课题组[93]制备了结构为 ITO/PEDOT：PSS/MAPbI$_3$：SWCNTs/NDI-DPP：PC$_{61}$BM/C$_{60}$/Al 的宽光谱光电探测器。单壁碳纳米管(SWCNTs)与窄带隙聚合物(NDI-DPP)构成Ⅱ型结构的异质结，有效利用了 NDI-DPP 在近红外区域的光吸收。同时，单壁碳纳米管还提供了高效的电荷传输通道，有效提升了可见光区的光致电荷转移。器件在可见光区的响应度和比探测率分别达到了 400 mA/W 和 6×10^{12} Jones，近红外区的响应度和比探测率分别为 150 mA/W 和 2×10^{12} Jones。黄劲松课题组[94]通过在 MAPbI$_3$ 薄膜上叠层 PDPPDTPT：PCBM 本体异质结的方法，制备了结构为 ITO/PTAA/MAPbI$_3$/PDPPDTPT：PCBM/BCP/Cu 的复合光电探测器，器件能级结构如图 6-30(a)所示。对本体异质结中给受体比例进行优化后，器件在近红外光区的比探测率超过了 10^{11} Jones。由于钙钛矿降低了器件的整体容抗，器件获得了 10 ns 以下的超快响应速度[图 6-30(b)]。

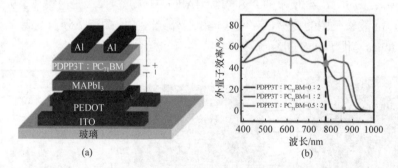

图 6-29　(a)杂化钙钛矿/有机异质结复合光电探测器结构示意；(b)选用不同给受体比例有机本体异质结获得的外量子效率-波长曲线[92]

　　X 射线在晶体结构表征、射电天文学及医学放射学领域都有非常重要的应用。由于重原子 Pb、I 的存在，MAPbI$_3$ 具有对 X 射线吸收截面高的特征。Yakunin 等[95]将杂化钙钛矿薄膜用于 X 射线的探测，器件采用如图 6-31(a)所示的二极管结构，利用 MAPbI$_3$ 直接的光电转换，实现了与 Se 探测器相仿的 X 射线探测能力，

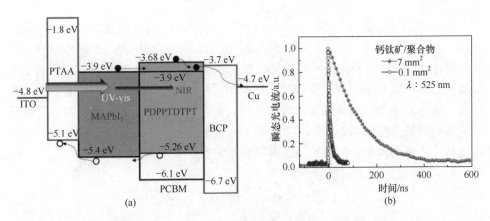

图 6-30　杂化钙钛矿/有机异质结复合光电探测器能级结构示意(a)和瞬态光电流响应特性(b)[94]

敏感度为 25 μC/(Gy$_{air}$ · cm^3)。由于 X 射线的强穿透性，X 射线探测器的光敏层需要有足够的厚度。为了充分吸收入射的 X 射线，他们以 60 μm 厚的 MAPbI$_3$ 薄膜制备了电极间距 100 μm 的光导型光电探测器，在 80 V 工作电压下，获得了 1.9×10^4 载流子/光子的响应能力，在实际应用时获得了清晰的图像[图 6-31 (b)]。黄劲松课题组[96, 97]报道了基于 MAPbBr$_3$ 单晶的 X 射线探测器件，敏感度达到了 1.9×10^4 μC/(Gy$_{air}$ · cm^3)。除了 X 射线，Yakunin 等[98]又以有机-无机复合钙钛矿单晶实现了对 γ 射线的探测。

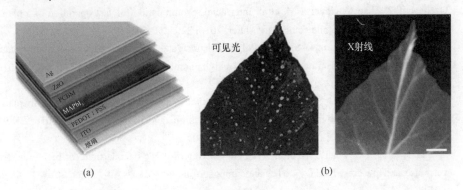

图 6-31　(a) MAPbI$_3$ 二极管器件结构示意图；(b) CH$_3$NH$_3$PbI$_3$ 光导型 X 射线探测器
成像效果[95]

6.4　结论与展望

在有机-纳米晶复合光电探测材料的研究中，研究者围绕不同带隙宽度的有机给体分子和无机纳米晶受体的设计与制备，给/受体复合薄膜聚集态和能级结构的调控、给/受体间的光致电荷转移、纳米晶表面修饰与给/受体界面缺陷态结构等科学问题，开展了广泛而又深入的研究工作，逐步揭示了有机-纳米晶复合体系光电探测的相关机制。有机-无机复合钙钛矿材料，是有机-无机复合光电功能材料"有序化"发展方向上的最为重要的成果之一，其作为光电探测器光敏材料已经显示出了非常好的性能。彻底解决有机-无机复合钙钛矿材料的稳定性和阵列化制备问题，将大大推动该类材料在光电探测器领域的实用化步伐。

参 考 文 献

[1] McDonald S A, Konstantatos G, Zhang S G, et al. Solution-processed PbS quantum dot infrared photodetectors and photovoltaics. Nat Mater, 2005, 4(2): 138-142.

[2] Zhang S, Cyr P W, McDonald S A, et al. Enhanced infrared photovoltaic efficiency in PbS nanocrystal semiconducting polymer composites 600-fold increase in maximum power output via control of the ligand barrier. Appl Phys Lett, 2005, 87(23): 233101.

[3] Rauch T, Boeberl M, Tedde S F, et al. Near-infrared imaging with quantum-dot-sensitized organic photodiodes. Nat Photonics, 2009, 3(6): 332-336.

[4] Szendrei K, Cordella F, Kovalenko M, et al. Solution-processable near-IR photodetectors based on electron transfer from PbS nanocrystals to fullerene derivatives. Adv Mater, 2009, 21(6): 683-687.

[5] Osedach T P, Zhao N, Geyer S M, et al. Interfacial recombination for fast operation of a planar organic/QD infrared photodetector. Adv Mater, 2010, 22: 5250-5054.

[6] An T K, Park C E, Chung D S, et al. Polymer-nanocrystal hybrid photodetectors with planar heterojunctions designed strategically to yield a high photoconductive gain. Appl Phys Lett, 2013, 102(19): 193306.

[7] Ha J U, Yoon S, Lee J S, et al. Organic-inorganic hybrid inverted photodiode with planar heterojunction for achieving low dark current and high detectivity. Nanotech, 2016, 27(9): 095203.

[8] Wei H T, Fang Y J, Yuan Y B, et al. Trap engineering of CdTe nanoparticle for high gain, fast response, and low noise P3HT：CdTe nanocomposite photodetectors. Adv Mater, 2015, 27: 4975-4981.

[9] Shen L, Fang Y J, Wei H T, et al. A highly sensitive narrowband nanocomposite photodetector with gain. Adv Mater, 2016, 28: 2043-2048.

[10] Wang X, Song W, Liu B, et al. High-performance organic-inorganic hybrid photodetectors based on P3HT：CdSe nanowire heterojunctions on rigid and flexible substrates. Adv Funct Mater, 2013, 23(9): 1202-1209.

[11] Yang X, Liu Y, Lei H, et al. An organic-inorganic broadband photodetector based on a single polyaniline nanowire doped with quantum dots. Nanoscale, 2016, 8: 15529-15537.

[12] Wang J J, Wang Y Q, Cao F F, et al. Synthesis of monodispersed wurtzite structure CuInSe$_2$

nanocrystals and their application in high-performance organic-inorganic hybrid photodetectors. J Am Chem Soc, 2010, 132: 12218-12221.

[13] Wang J J, Hu J S, Guo Y G, et al. Wurtzite Cu₂ZnSnSe₄ nanocrystals for high-performance organic-inorganic hybrid photodetectors. Npg Asia Materials, 2012, 4: e2.

[14] Lao C S, Park M C, Kuang Q, et al. Giant enhancement in UV response of ZnO nanobelts by polymer surface-functionalization. J Am Chem Soc, 2007, 129(40): 12096-12097.

[15] He J H, Lin Y H, McConney M E, et al. Enhancing UV photoconductivity of ZnO nanobelt by polyacrylonitrile functionalization. J Appl Phys, 2007, 102(8): 084303.

[16] Chen Q, Ding H, Wu Y, et al. Passivation of surface states in the ZnO nanowire with thermally evaporated copper phthalocyanine for hybrid photodetectors. Nanoscale, 2013, 5: 4162-4165.

[17] Zakirov A S, Yuldashev S U, Cho H D, et al. Electrical and photoelectrical characteristics of the ZnO/organic hybrid heterostructure. J Korean Phys Soc, 2011, 59: 482-484.

[18] Lin P, Yan X, Zhang Z, et al. Self-powered UV photosensor based on PEDOT：PSS/ZnO micro/nanowire with strain-modulated photoresponse. ACS Appl Mater Interfaces, 2013, 5: 3671-3676.

[19] Li H G, Wu G, Shi M M, et al. ZnO/poly(9,9-dihexylfluorene) based inorganic/organic hybrid ultraviolet photodetector. Appl Phys Lett, 2008, 93(15): 153309.

[20] Li H G, Fan C C, Wu G, et al. Solution-processed hybrid bilayer photodetectors with rapid response to ultraviolet radiation. J Phys D: Appl Phys, 2010, 43(42): 425101.

[21] Li H G, Wu G, Shi M M, et al. Synthesis of solution processable ultraviolet sensitive organic molecules and their application in hybrid UV photodetector. Synth Met, 2010, 160: 1648-1653.

[22] Li H G, Wu G, Chen H Z, et al. Polymer/ZnO hybrid materials for near-UV sensors with wavelength selective response. Sens Actuator B: Chem, 2011, 160: 1136-1140.

[23] Yang H Y, Son D I, Kim T W, et al. Enhancement of the photocurrent in ultraviolet photodetectors fabricated utilizing hybrid polymer-ZnO quantum dot nanocomposites due to an embedded graphene layer. Org Electron, 2010, 11(7): 1313-1317.

[24] Guo F, Yang B, Yuan Y, et al. A nanocomposite ultraviolet photodetector based on interfacial trap-controlled charge injection. Nat Nanotechnol, 2012, 7(12): 798-802.

[25] Lin Y Y, Chen C W, Yen W C, et al. Near-ultraviolet photodetector based on hybrid polymer/zinc oxide nanorods by low-temperature solution processes. Appl Phys Lett, 2008, 92: 233301.

[26] Wang L D, Zhao D X, Su Z S, et al. High spectrum selectivity organic/inorganic hybrid visible-blind ultraviolet photodetector based on ZnO nanorods. Org Electron, 2010, 11(7): 1318-1322.

[27] Game O, Singh U, Kumari T, et al. ZnO(N)-Spiro-MeOTAD hybrid photodiode: An efficient self-powered fast-response UV(visible) photosensor. Nanoscale, 2014, 6: 503-513.

[28] Ranjith K S, Kumar R T R. Facile construction of vertically aligned ZnO nanorod/PEDOT：PSS hybrid heterojunction-based ultraviolet light sensors: Efficient performance and mechanism. Nanotech, 2016, 27(9): 095304.

[29] Fang Y, Liao Q, Huang Y, et al. Self-powered ultraviolet photodetector based on a single ZnO tetrapod/PEDOT：PSS heterostructure. Semicond Sci Technol, 2013, 28(10): 105023.

[30] Han Y, Wu G, Chen H, et al. Preparation and optoelectronic properties of a novel poly(*N-*

vinylcarbazole) with covalently bonded titanium dioxide. J Appl Polym Sci, 2008, 109(2): 882-888.

[31] Han Y, Wu G, Wang M, et al. High efficient UV-A photodetectors based on monodispersed ligand-capped TiO$_2$ nanocrystals and polyfluorene hybrids. Polymer, 2010, 51(16): 3736-3743.

[32] Han Y, Wu G, Li H G, et al. Highly efficient ultraviolet photodetectors based on TiO$_2$ nanocrystal-polymer composites via wet processing. Nanotechnology, 2010, 21: 185708.

[33] Shao D, Yu M, Sun H, et al. High-performance ultraviolet photodetector based on organic-inorganic hybrid structure. ACS Appl Mater Interfaces, 2014, 6(16): 14690-14694.

[34] Han Y, Wu G, Wang M, et al. Hybrid ultraviolet photodetectors with high photosensitivity based on TiO$_2$ nanorods array and polyfluorene. Appl Surf Sci, 2009, 256(5): 1530-1533.

[35] Han Y, Fan C, Wu G, et al. Low-temperature solution processed ultraviolet photodetector based on an ordered TiO$_2$ nanorod array-polymer hybrid. J Phys Chem C, 2011, 115(27): 13438-13445.

[36] Dong R, Bi C, Dong Q, et al. An ultraviolet-to-NIR broad spectral nanocomposite photodetector with gain. Adv Opt Mater, 2014, 2: 549-554.

[37] Chen G, Liang B, Liu X, et al. High-performance hybrid phenyl-C$_{61}$-butyric acid methyl ester/Cd$_3$P$_2$ nanowire ultraviolet-visible-near infrared photodetectors. ACS Nano, 2014, 8: 787-796.

[38] Chen G, Xie X, Shen G. Flexible organic-inorganic hybrid photodetectors with n-type phenyl-C$_{61}$-butyric acid methyl ester (PCBM) and p-type pearl-like GaP nanowires. Nano Res, 2014, 7: 1777-1787.

[39] Hu X, Zhang D, Liang L, et al. High-performance flexible broadband photodetector based on organolead halide perovskite. Adv Funct Mater, 2014, 24: 7373-7380.

[40] Guo Y L, Liu C, Tanaka H, et al. Air-stable and solution-processable perovskite photodetectors for solar-blind UV and visible light. J Phys Chem Lett, 2015, 6: 535-539.

[41] Wang F, Mei J J, Wang Y P, et al. Fast photoconductive responses in organometal halide perovskite photodetectors. ACS Appl Mater Interfaces, 2016, 8: 2840-2846.

[42] Zhang Y, Du J, Wu X H, et al. Ultrasensitive photodetectors based on island-structured CH$_3$NH$_3$PbI$_3$ thin films. ACS Appl Mater Interfaces, 2015, 7: 21634-21638.

[43] Zhou J, Chu Y, Huang J. Photodetectors based on two-dimensional layer-structured hybrid lead iodide perovskite semiconductors. ACS Appl Mater Interfaces, 2016, 8(39): 25660-25666.

[44] Xia H R, Li J, Sun W T, et al. Organohalide lead perovskite based photodetectors with much enhanced performance. Chem Commun, 2014, 50: 13695-13697.

[45] Wang Y, Xia Z G, Du S N, et al. Solution-processed photodetectors based on organic-inorganic hybrid perovskite and nanocrystalline graphite. Nanotechnology, 2016, 27: 175201.

[46] He M, ChenY, Liu H, et al. Chemical decoration of CH$_3$NH$_3$PbI$_3$ perovskites with graphene oxides for photodetector applications. Chem Commun, 2015, 51(47): 9659-9661.

[47] Zhang X, Yang S, Zhou H, et al. Perovskite-erbium silicate nanosheet hybrid waveguide photodetectors at the near-infrared telecommunication band. Adv Mater, 2017, 29: 1604431.

[48] Horváth E, Spina M, Szekrényes Z, et al. Nanowires of methylammonium lead iodide (CH$_3$NH$_3$PbI$_3$) prepared by low temperature solution-mediated crystallization. Nano Lett, 2014,

14: 6761-6766.

[49] Zhuo S F, Zhang J F, Shi Y M, et al. Self-template-directed synthesis of porous perovskite nanowires at room temperature for high-performance visible-light photodetectors. Angew Chem Int Ed, 2015, 54: 5693-5696.

[50] Deng H, Dong D D, Qiao K K, et al. Growth, patterning and alignment of organolead iodide perovskite nanowires for optoelectronic devices. Nanoscale, 2015, 7: 4163-4170.

[51] Zhu P, Gu S, Shen X, et al. Direct conversion of perovskite thin films into nanowires with kinetic control for flexible optoelectronic devices. Nano Lett, 2016, 16: 871-876.

[52] Deng W, Huang L, Xu X, et al. Ultrahigh-responsivity photodetectors from perovskite nanowire arrays for sequentially tunable spectral measurement. Nano Lett, 2017, 17: 2482-2489.

[53] Gao L, Zeng K, Guo J, et al. Passivated single-crystalline $CH_3NH_3PbI_3$ nanowire photodetector with high detectivity and polarization sensitivity. Nano Lett, 2016, 16: 7446-7454.

[54] Xu X, Zhang X, Deng W, et al. Saturated vapor-assisted growth of single-crystalline organic-inorganic hybrid perovskite nanowires for high-performance photodetectors with robust stability. ACS Appl Mater Interfaces, 2018, 10: 10287-10295.

[55] Wang H, Deng W, Huang L, et al. Precisely patterned growth of ultra-long single-crystalline organic microwire arrays for near-infrared photodetectors. ACS Appl Mater Interfaces, 2016, 8: 7912-7918.

[56] Wang W, Ma Y, Qi L. High-performance photodetectors based on organometal halide perovskite nanonets. Adv Funct Mater, 2017, 27: 1603653.

[57] Zheng Z, Zhuge F W, Wang Y G, et al. Decorating perovskite quantum dots in TiO_2 nanotubes array for broadband response photodetector. Adv Funct Mater, 2017, 27: 1703115.

[58] Lin Y, Lin G, Sun B, et al. Nanocrystalline perovskite hybrid photodetectors with high performance in almost every figure of merit. Adv Funct Mater, 2018, 28: 1705589.

[59] Wang G, Li D, Cheng H, et al. Wafer-scale growth of large arrays of perovskite microplate crystals for functional electronics and optoelectronics. Sci Adv, 2015, 1: e1500613.

[60] Liu J, Xue Y, Wang Z, et al. Two-dimensional $CH_3NH_3PbI_3$ perovskite: Synthesis and optoelectronic application. ACS Nano, 2016, 10: 3536-3542.

[61] Qin X, Yao Y, Dong H, et al. Perovskite photodetectors based on $CH_3NH_3PbI_3$ single crystals. Chem Asian J, 2016, 11: 2675-2679.

[62] Saidaminov M I, Adinolfi V, Comin R, et al. Planar-integrated single-crystalline perovskite photodetectors. Nature Commun, 2015, 6: 8724.

[63] Ding J, Cheng X, Jing L, et al. Polarization-dependent optoelectronic performances in hybrid halide perovskite $MAPbX_3$ (X=Br, Cl) single-crystal photodetectors. ACS Appl Mater Interfaces, 2018, 10: 845-850.

[64] Ding J, Du S, Zuo Z, et al. High detectivity and rapid response in perovskite $CsPbBr_3$ single-crystal photodetector. J Phys Chem C, 2017, 121: 4917-4923.

[65] Wang K, Wu C, Jiang Y, et al. Quasi-two-dimensional halide perovskite single crystal photodetector. ACS Nano, 2018, 12: 4919-4929.

[66] Ji C, Wang P, Wu Z, et al. Inch-size single crystal of a lead-free organic-inorganic hybrid

perovskite for high-performance photodetector. Adv Funct Mater, 2018, 28(14): 1705467.

[67] Lin Q, Armin A, Burn P L, et al. Near infrared photodetectors based on sub-gap absorption in organohalide perovskite single crystals. Laser Photonics Rev, 2016, 10(6): 1047-1053.

[68] Li F, Ma C, Wang H, et al. Ambipolar solution-processed hybrid perovskite phototransistors. Nat Commun, 2015, 6: 8238-8245.

[69] Lee Y, Kwon J, Hwang E, et al. High-performance perovskite-graphene hybrid photodetector. Adv Mater, 2015, 27(1): 41-46.

[70] Wang Y, Zhang Y, Lu Y, et al. Hybrid graphene-perovskite phototransistors with ultrahigh responsivity and gain. Adv Opt Mater, 2015, 3(10): 1389-1396.

[71] Spina M, Lehmann M, Nafradi B, et al. Microengineered $CH_3NH_3PbI_3$ nanowire/graphene phototransistor for low-intensity light detection at room temperature. Small, 2015, 11: 4824-4828.

[72] Spina M, Nafradi B, Tohati H M, et al. Ultrasensitive 1D field-effect phototransistors: $CH_3NH_3PbI_3$ nanowire sensitized individual carbon nanotubes. Nanoscale, 2016, 8(9): 4888-4893.

[73] Sun Z, Aigouy L, Chen Z. Plasmonic-enhanced perovskite-graphene hybrid photodetectors. Nanoscale, 2016, 8: 7377.

[74] Qin L, Wu L, Kattel B, et al. Using bulk heterojunctions and selective electron trapping to enhance the responsivity of perovskite-graphene photodetectors. Adv Funct Mater, 2017, 27: 1704173.

[75] Chen C, Zhang X Q, Wu G, et al. Visible-light ultrasensitive solution-prepared layered organic-inorganic hybrid perovskite field-effect transistor. Adv Opt Mater, 2017, 1: 1500136.

[76] Dou L, Yang Y, You J, et al. Solution-processed hybrid perovskite photodetectors with high detectivity. Nat Commun, 2014, 5: 5404.

[77] Lin Q, Armin A, Lyons D M, et al. Low noise, IR-blind organohalide perovskite photodiodes for visible light detection and imaging. Adv Mater, 2015, 27(12): 2060-2064.

[78] Fang Y, Huang J. Resolving weak light of sub-picowatt per square centimeter by hybrid perovskite photodetectors enabled by noise reduction. Adv Mater, 2015, 27(17): 2804-2810.

[79] Sutherland B R, Johnston A K, Ip A H, et al. Sensitive, fast, and stable perovskite photodetectors exploiting interface engineering. ACS Photonics, 2015, 2(8): 1117-1123.

[80] Chen H W, Sakai N, Jena A K, et al. A switchable high-sensitivity photodetecting and photovoltaic device with perovskite absorber. J Phys Chem Lett, 2015, 6(9): 1773-1779.

[81] Dong R, Fang Y, Chae J, et al. High-gain and low-driving-voltage photodetectors based on organolead triiodide perovskites. Adv Mater, 2015, 27: 1912.

[82] Liu C, Wang K, Yi C, et al. Ultrasensitive solution-processed perovskite hybrid photodetectors. J Mater Chem C, 2015, 3(26): 6600-6606.

[83] Xiao X, Bao C, Fang Y, et al. Argon plasma treatment to tune perovskite surface composition for high efficiency solar cells and fast photodetectors. Adv Mater, 2018, 30: 1705176.

[84] Zhang D, Liu C, Li K, et al. Trapped-electron-induced hole injection in perovskite photodetector with controllable gain. Adv Opt Mater, 2018, 6: 1701189.

[85] Bao C, Chen Z, Fang Y, et al. Low-noise and large-linear-dynamic-range photodetectors based on hybrid-perovskite thin-single-crystals. Adv Mater, 2017, 29: 1703209.

［86］ Yang Z, Deng Y, Zhang X, et al. High-performance single-crystalline perovskite thin-film photodetector. Adv Mater, 2018, 30: 1704333.

［87］ Song J, Cui Q, Li J, et al. Ultralarge all-inorganic perovskite bulk single crystal for high-performance visible-infrared dual-modal photodetectors. Adv Opt Mater, 2017, 5: 1700157.

［88］ Maculan G, Sheikh A, Abdelhady A, et al. CH$_3$NH$_3$PbCl$_3$ single crystals: Inverse temperature crystallization and visible-blind UV-photodetector. J Phys Chem Lett, 2015, 6: 3781-3786.

［89］ Du B, Yang W, Jiang Q, et al. Plasmonic-functionalized broadband perovskite photodetector. Adv Opt Mater, 2018, 6: 1701271.

［90］ Wang W, Zhao D, Zhang F, et al. Highly sensitive low-bandgap perovskite photodetectors with response from ultraviolet to the near-infrared region. Adv Funct Mater, 2017, 27: 1703953.

［91］ Liu C, Wang K, Du P, et al. Ultrasensitive solution-processed broad-band photodetectors using CH$_3$NH$_3$PbI$_3$ perovskite hybrids and PbS quantum dots as light harvesters. Nanoscale, 2015, 7(39): 16460-16469.

［92］ Wang Y, Yang D, Zhou X, et al. Perovskite/polymer hybrid thin films for high external quantum efficiency photodetectors with wide spectral response from visible to near-infrared wavelengths. Adv Opt Mater, 2017, 5: 1700213.

［93］ Xu W, Guo Y, Zhang X, et al. Room-temperature-operated ultrasensitive broadband photodetectors by perovskite incorporated with conjugated polymer and single-wall carbon nanotubes. Adv Funct Mater, 2018, 28: 1705541.

［94］ Shen L, Lin Y, Bao C, et al. Integration of perovskite and polymer photoactive layers to produce ultrafast response, ultraviolet-to-near-infrared, sensitive photodetectors. Mater Horiz, 2017, 4: 242.

［95］ Yakunin S, Sytnyk M, Kriegner D, et al. Detection of X-ray photons by solution-processed lead halide perovskites. Nat Photon, 2015, 9(7): 444-449.

［96］ Wei H, Fang Y, Mulligan P, et al. Sensitive X-ray detectors made of methylammonium lead tribromide perovskite single crystals. Nat Photonics, 2016, 10: 333-340.

［97］ Wei W, Zhang Y, Xu Q, et al. Monolithic integration of hybrid perovskite single crystals with heterogenous substrate for highly sensitive X-ray imaging. Nat Photon, 2017, 11: 315-321.

［98］ Yakunin S, Dirin D N, Shynkarenko Y, et al. Detection of gamma photons using solution-grown single crystals of hybrid lead halide perovskites. Nat Photonics, 2016, 10: 585-590.

索　引

B

薄膜形貌　21
背光源显示　119
本征缺陷　115
比探测率　167
表面钝化　116

D

电荷传输　8
电荷逐步转移　3
电流效率　132
电致发光　112
电子传输层　39
短路电流　9

F

发光波长　112
复合半导体　3

G

钙钛矿　5
给体　10
光导　166
光电导　3
光电二极管　166
光电功能　190

光电探测　2
光电增益　167
光伏极性反转　4
光敏晶体管　166
光提取　153

H

互穿网络　10
混合溶剂　22

J

激子产生　8
激子分离　8
激子结合能　116
介孔支架　36
界面　9
界面工程　36
晶界　42
晶体结构　151

K

开路电压　9
空穴传输层　15
宽色域显示　112

L

离子迁移　152
量子点　10

N

纳米晶　5
能级结构　13
能量转换效率　7

O

偶极矩　15

P

配体　10
平面异质结　16

Q

迁移率　7
前驱体工程　97
取向　96
缺陷　40

R

热旋涂　64

S

受体　7
双层异质结　36

T

太阳电池　2

添加剂　45
填充因子　9

W

外量子效率　125
稳定性　151

X

陷阱　50
相分离　104
响应度　166
响应速度　169
形核生长理论　117

Y

荧光量子产率　114
原位制备　143

Z

载流子复合　10
载流子寿命　43
再沉淀　122
最大亮度　132